马克笔街景绘

马克笔手绘上色教程

灌木文化 编著

人民邮电出版社
北京

图书在版编目（CIP）数据

马克笔街景绘 ： 马克笔手绘上色教程 / 灌木文化编著. -- 北京 ： 人民邮电出版社, 2019.12
ISBN 978-7-115-51958-0

Ⅰ. ①马… Ⅱ. ①灌… Ⅲ. ①建筑画－绘画技法－教材 Ⅳ. ①TU204.11

中国版本图书馆CIP数据核字(2019)第201904号

内 容 提 要

本书是一本讲解如何用马克笔画出特别又有趣的街景画的教程。

全书共有 5 章。第 1 章为马克笔绘画基础知识，介绍了马克笔绘画所需的工具和材料，马克笔基础绘画技法，马克笔绘画的小妙招；第 2 章至第 5 章按不同题材分为街道转角的小风景、香气萦绕的店铺、一见倾心的地方和记忆中的建筑。全书案例配有详细的图解教程和对绘画要点的详细解析，可以帮助读者快速上手。

本书是一本适合绘画爱好者、插画爱好者和手账爱好者的马克笔绘画教程。

◆ 编　　著　灌木文化
　责任编辑　王雅倩
　责任印制　陈　犇
◆ 人民邮电出版社出版发行　　北京市丰台区成寿寺路 11 号
　邮编　100164　　电子邮件　315@ptpress.com.cn
　网址　https://www.ptpress.com.cn
　涿州市般润文化传播有限公司印刷
◆ 开本：787×1092　1/16
　印张：9　　　　　　　　　2019 年 12 月第 1 版
　字数：230 千字　　　　　 2024 年 12 月河北第 13 次印刷

定价：55.00 元

读者服务热线：(010)81055296　印装质量热线：(010)81055316
反盗版热线：(010)81055315
广告经营许可证：京东市监广登字 20170147 号

目录

第 1 章 马克笔绘画基础知识

第 2 章 街道转角的小风景

第 3 章 香气萦绕的店铺

第 4 章 一见倾心的地方

第 5 章 记忆中的建筑

来认识一下马克笔和它的朋友们吧。

第 1 章 马克笔绘画基础知识

本章，我们会详细地介绍马克笔绘画所需的基础知识。包括工具介绍、用笔方法、涂色技巧、渐变晕染技法以及一些特殊的小技巧。

01

认识马克笔绘画工具

在马克笔绘画中，会使用到各种各样的笔和纸张。绘画时辅助工具也十分丰富。随着技法的娴熟，读者朋友还可以进行更多的笔、纸张、辅助工具的组合尝试。下面我们来看看马克笔绘画时常用的工具。

◎马克笔

马克笔是常见的绘图彩色笔。马克笔的墨水易挥发，快干。马克笔常用于快速表现绘画。不同品牌价格差别较大，初学者可选择套装，熟练后可根据需求单支购入。不同品牌的相同颜色也有些差别，初学者购买后可以制作色卡，有利于画画之前熟悉配色。

◎自动铅笔

可以配合可擦彩色铅芯使用。可选择熟悉的自动铅笔品牌，用着顺手即可。

◎可擦彩色铅芯

如果用普通铅笔芯，会在擦除后留有黑色铅粉，马克笔上色后极易造成画面颜色不干净。可擦彩色铅芯可以很好地避免这一缺点，没有擦除干净的线条可以很好地被马克笔绘制的线条隐藏，不留痕迹，可以保持画面干净整洁。在选择铅笔芯颜色时，为了更好地隐藏草稿线条，如画面整体色调偏冷，建议选择冷色调的铅笔芯；如果画面整体色调偏暖，建议使用暖色调的铅笔芯。本书使用的是三菱橘色铅笔芯。

◎超净橡皮

既然选择了可擦的彩色铅笔芯，就要使用容易擦除彩色铅笔芯笔迹的橡皮。普通的橡皮很难擦掉彩色铅笔芯的线条，超净橡皮是很好的选择。本书使用的是樱花超净橡皮。

◎针管笔

针管笔是入门者很好的选择，在涂色前可以用针管笔清楚地划分涂色的区域，降低涂色出错的概率。在涂色后使用针管笔，干净流畅的线条会覆盖并隐藏涂色时多画出的部分，使画面更加整洁、干净。本书使用的是樱花 02 号针管笔。

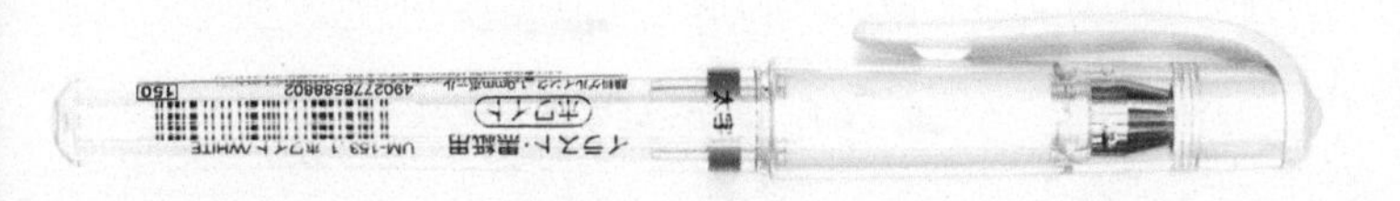

◎高光笔

高光笔使用的是不透明的有遮盖性的墨水，有许多颜色可选，但是最常用的还是白色。高光笔可以在深颜色的底色上，勾勒出浅色的线条。在马克笔绘画中，高光笔的使用频率非常高。

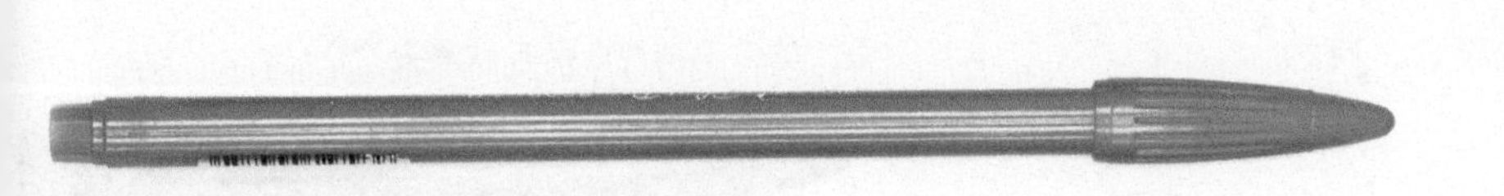

◎彩色勾线笔

马克笔的笔头比较粗，很多细小的地方不容易画。彩色勾线笔颜色丰富，可以配合着使用，弥补马克笔的不足。在绘制不用勾线笔起稿的作品最后的时候用与色块相似颜色的彩色勾线笔来勾线，修正涂色时绘画错误的部分。

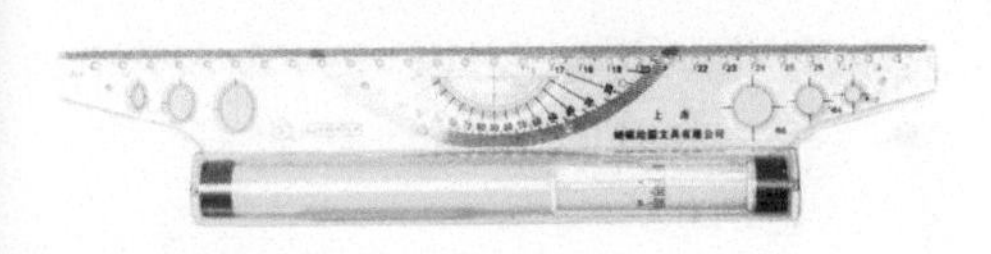

◎直尺

在马克笔绘画时，有时起稿时会用到直尺。尤其在绘制建筑时，直尺有很大的用处。

◎白卡纸

本书使用 300 克绘图双面白卡纸，它具有价格低廉，马克笔上色更加均匀，显色鲜艳，在起稿时更容易擦除铅笔线条的优点。对马克笔初学者来说，选择合适的纸张很重要，除白卡纸之外，还可以选择 300 克水彩纸或者马克笔专用纸。

02

马克笔的分类

◎根据墨水性质来划分

水性马克笔

水性马克笔的用水作为溶剂，类似于水彩笔，颜色干燥慢，基本无气味。颜色比较轻薄，不厚重，笔触边界清晰。

油性马克笔

油性马克笔的使用二甲苯作为溶剂，故味道比较刺激，有一定的毒性，而且比较容易挥发。颜色浓郁，笔触柔和自然。

酒精性马克笔

酒精性马克笔使用酒精作为溶剂，是市面流行的马克笔。颜色浓郁，笔触柔和、自然。

STA COLOR MARKER

▲ 斯塔 水性马克笔 宽笔头 + 细笔头

▲ AD 油性马克笔 宽笔头

▲ 美辉 酒精性马克笔 细笔头 + 软笔头

▲ 法卡勒 酒精性马克笔 宽笔头 + 软笔头

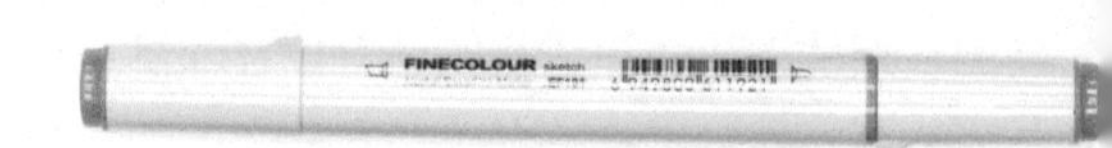

▲ 法卡勒 酒精性马克笔 宽笔头 + 细笔头

▲ 美辉 酒精性马克笔 软笔头

▲ 温莎牛顿 酒精性马克笔 宽笔头 + 细笔头

◎根据笔头来划分

细笔头（fine）

笔头是硬质的，适合用来勾线，画块面时要有较快的速度，不然笔触会很明显。

宽笔头（broad）

笔头是扁方状的，是马克笔的经典笔头。可以大面积涂色，快速画出块面效果，也可以用棱角处勾线。整体笔头材质偏硬，价格相对低廉，是最常用的笔头。

软笔头（brush）

笔头是软质的，像刷子一样灵活，线条变化丰富，在晕染时更方便，能够很好地衔接色彩。常用于画人物和动漫。相同品牌的软笔头马克笔价位会比相同品牌的其他笔头的马克笔贵一些。

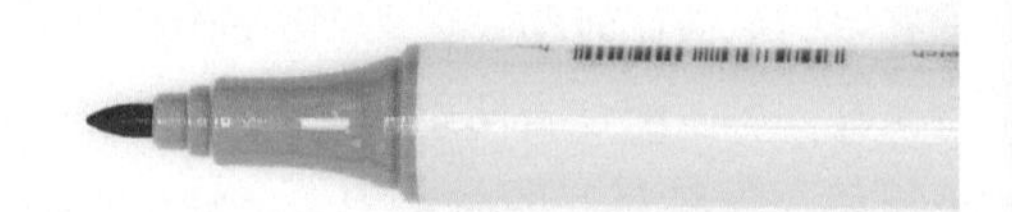

▲ 细笔头（fine）

▲ 宽笔头（broad）

▲ 软笔头（brush）

03

马克笔基础用笔方法

马克笔的笔头形状不同，所以在使用时，可以产生不同的笔触，有不同的用笔技巧。根据画面的需要，结合笔头的形状，选择适合的表现方法，可以达到事半功倍的效果。

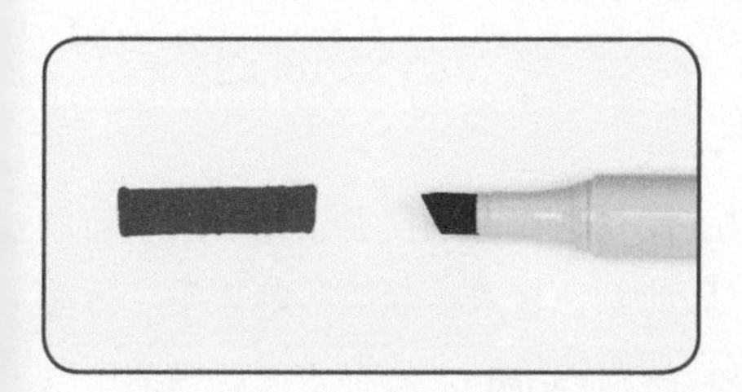

◎平笔

使用宽笔头绘制，笔头宽面平行于纸张边缘，形成边缘整齐的长方形笔触。注意行笔时要速度均匀，不要忽快忽慢，否则会使线条颜色不均匀。

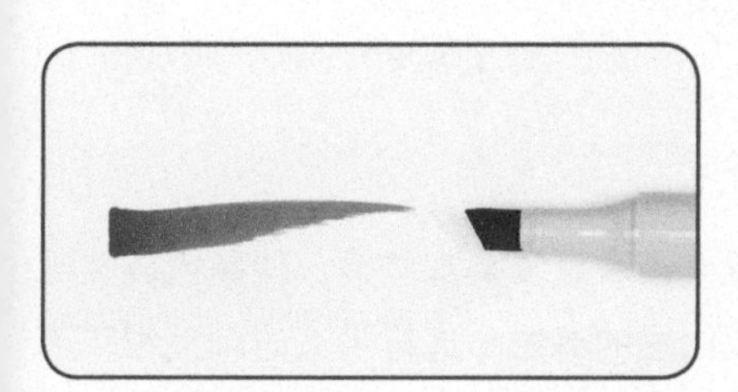

◎扫笔

这种笔触在马克笔快速表现图中常见，近似于水彩中的飞白。落笔后快速行笔，形成边缘斑驳的线条。多次的扫笔可以形成很好的渐变效果。宽笔头和软笔头都可以做出这样的效果。

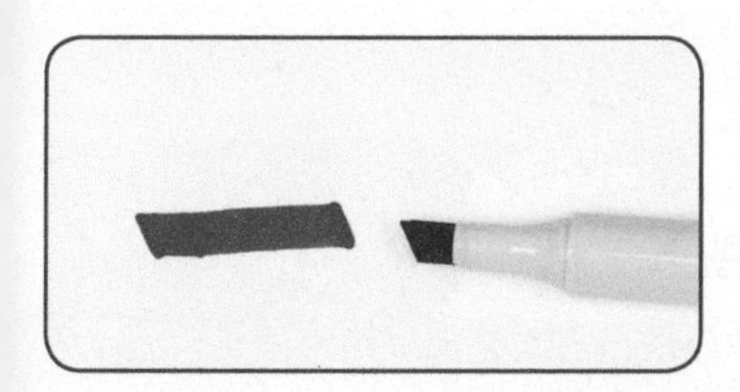

◎斜推

顾名思义，笔触在平笔的基础上有一定角度的倾斜。使宽笔头的宽面与纸张边缘保持一定的角度。需要注意行笔时速度均匀。绘制笔触丰富的画面时，这种方法用得最多。

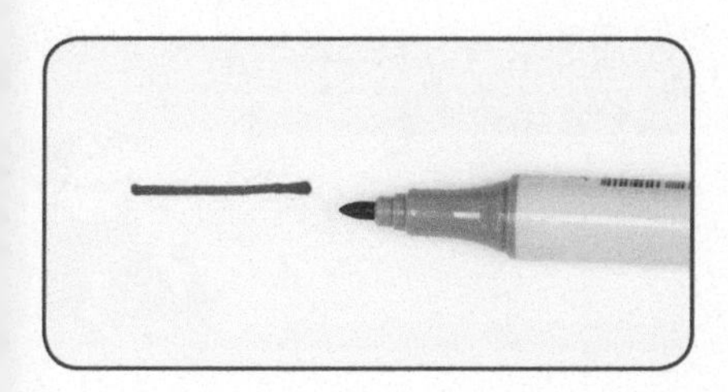

◎勾线

使用细笔头绘制，笔触是比较粗的线条。用笔时倾斜角度不宜过大，那样边缘容易不整齐。多用于刻画物体的边缘，可以和宽笔头结合使用，避免宽笔头涂色时溢出。

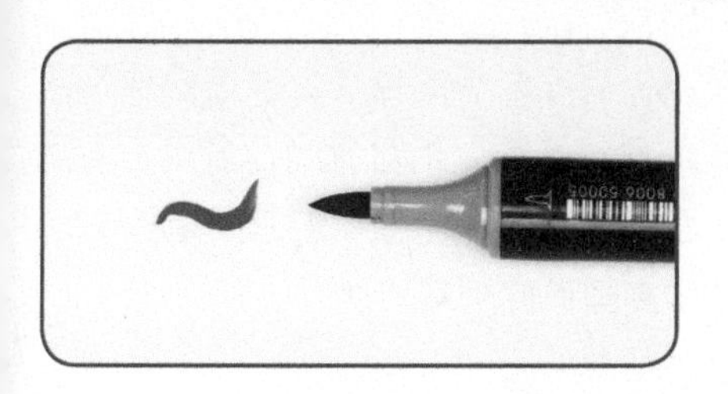

◎挑笔

使用软头马克笔绘制，笔触的两端比较尖，根据行笔的路径不同，可以形成不同的线条。绘画时，可以用来绘制头发或飘带之类的物品，形成飘逸的效果，还可以用来勾勒物体的细节。

04

马克笔涂色技法

用马克笔绘画时，用到的涂色技法比较简单。马克笔具有透明性，单层涂色和多层叠加产生的颜色会有很大的不同。

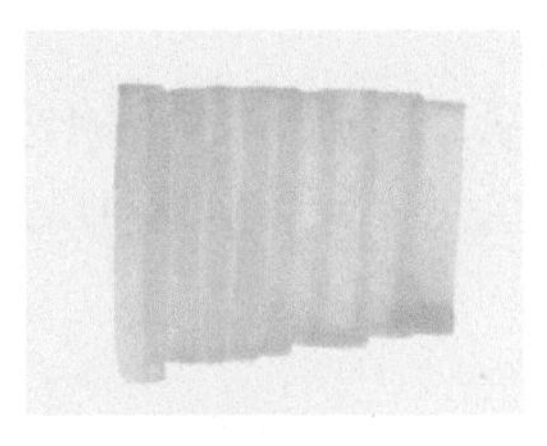

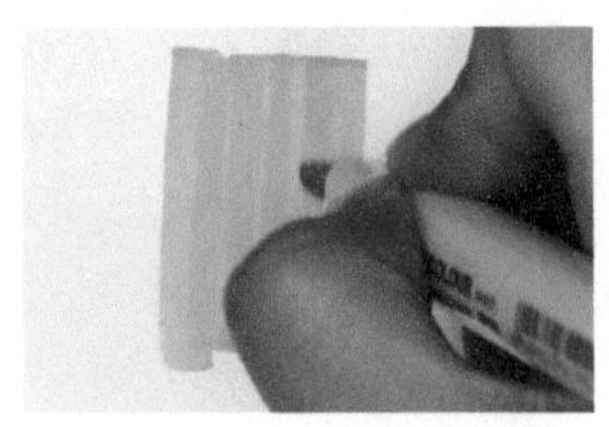

◎干平涂

马克笔的笔触之间只有极少的交叠，是单层平涂，颜色比较薄，因此颜色较浅。起笔落笔较重。行笔极快时，会形成明显的笔触，这种效果在画地面或者建筑物时会用到。

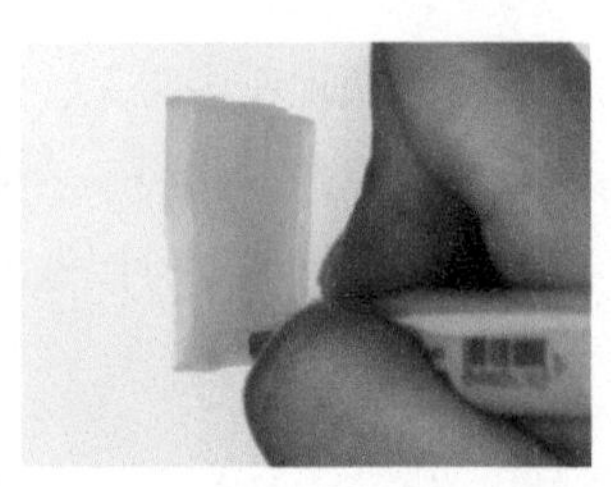

◎湿平涂

在小面积区域内多次重复叠加笔触，使颜色自然融合，不会形成明显的笔触。这样平涂的颜色相较单层平涂要深很多。适用于为小物品上色，画面均匀整洁。

◎干叠色

在已经干燥的色块上再次叠加深浅不同或色相不同的颜色，有利于塑造出物体的质感。干叠色配合高光笔，是本书最常用的技巧。要注意的是叠加的颜色要比底色深，效果才比较明显。

◎湿叠色

湿叠色相对较难，要在未干的色块上快速叠加不同的颜色，让颜色自然晕染。相对费时，多用于人物的头发、皮肤等局部刻画，颜色由深到浅过渡自然，可以大幅度地提高画面的精彩程度。

05

马克笔渐变晕染技法

马克笔渐变晕染有一定的难度，需要用到多支不同颜色的马克笔，如何选择过渡的颜色，需要一定的经验。巧妙的晕染可以使画面增色不少，初学者需要多加练习。

◎同色相的渐变晕染

准备色相相同、深浅不同的三支马克笔，这里用到的是蓝色系。先画最深的颜色，然后依次画次深色、浅色。速度要快，要趁上一笔颜色未干的时候进行晕染，这样颜色过渡才会自然均匀。

◎不同色相的渐变晕染

准备色相不同的两支马克笔，此处以淡黄色和橘色为例，先在纸面上画出淡黄色，然后趁颜色未干时，快速在淡黄色上叠压橘色。再换用淡黄色绘制，在两种颜色的交界处向两边反复涂抹、晕染，从而使颜色过渡均匀。

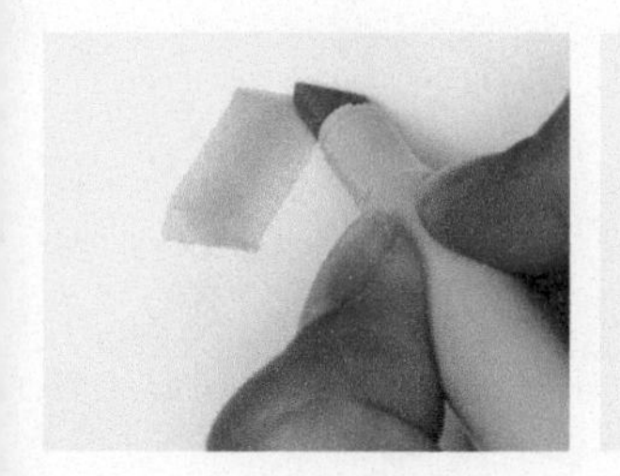

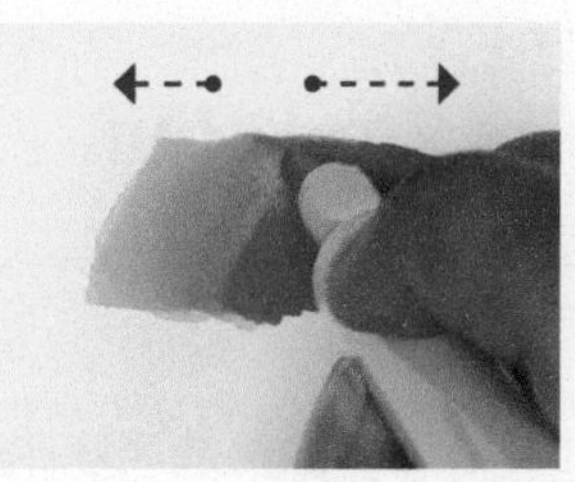

06

巧用 0 号马克笔

0 号马克笔透明无色，用法及效果类似画水彩时使用清水，可以使单色自然过渡至透明。0 号马克笔可以做提亮使用，形成很好的画面效果。

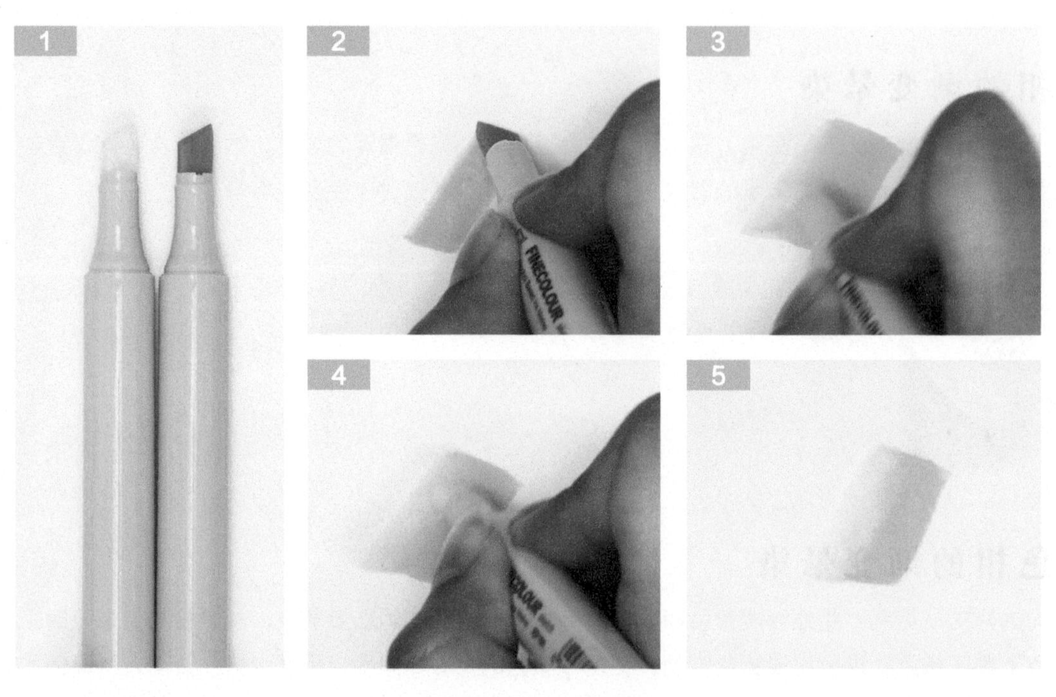

1. 准备 0 号马克笔和任何一支非无色马克笔，这里用的是法卡勒的 0 号马克笔和浅蓝色马克笔。
2. 先用浅蓝色马克笔在纸面上平涂。
3-4. 趁颜色未干，用 0 号马克笔反复涂抹边缘。
5. 等干后，单色笔的过渡就画好了。

左图是 0 号马克笔与黄色马克笔结合的效果。用 0 号马克笔晕染浅色较为简单，初学者可以先用浅色开始练习。本书的案例中也使用到 0 号马克笔，如本书香芋蛋糕房案例步骤 4 中，蛋糕上红色部分的过渡晕染。

07

高光笔的使用方法

用马克笔绘画时，高光笔的使用频率非常高，它可以增加所绘物品的质感。刻画物体的边缘或者转角处，可以使物品更加立体。添加高光，可以使画面更完整、更丰富。

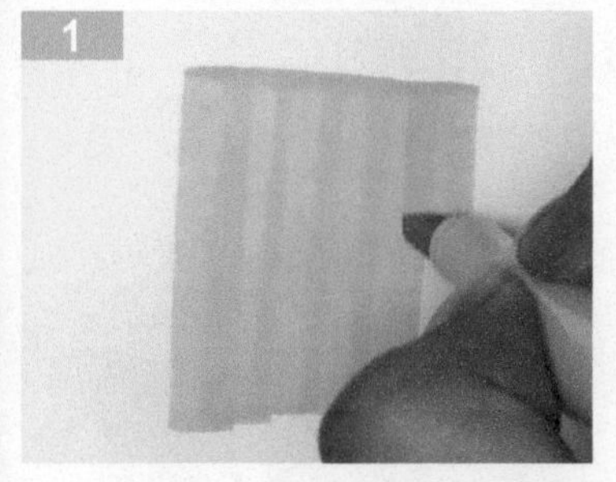

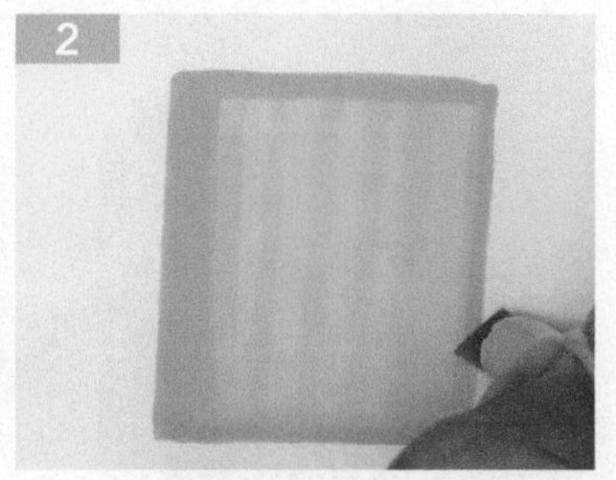

◎高光笔搭配浅色

1. 用浅色马克笔干平涂，涂出方形色块。
2. 用马克笔的宽笔头倾斜着，加深四周的边缘轮廓，着重加深左边的暗部。
3. 用高光笔刻画左侧的转角边缘细节，线条要纤细一些。
4. 画出右边的高光装饰线条。

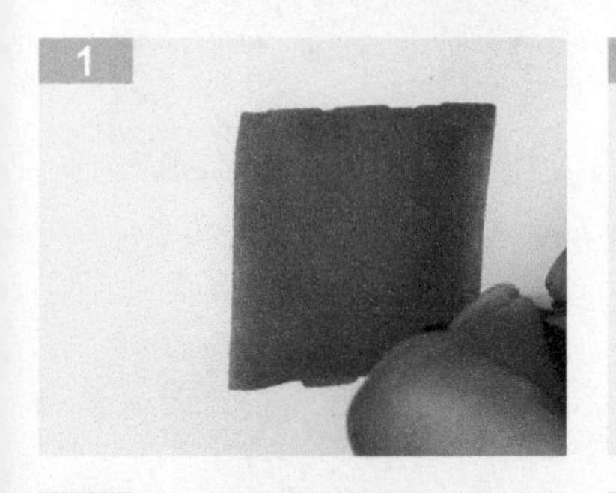

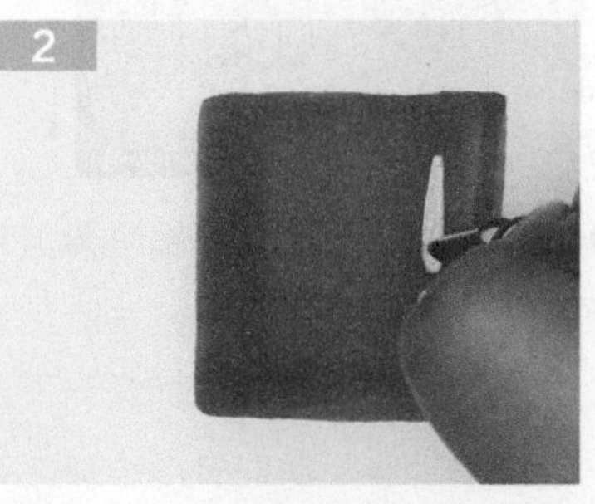

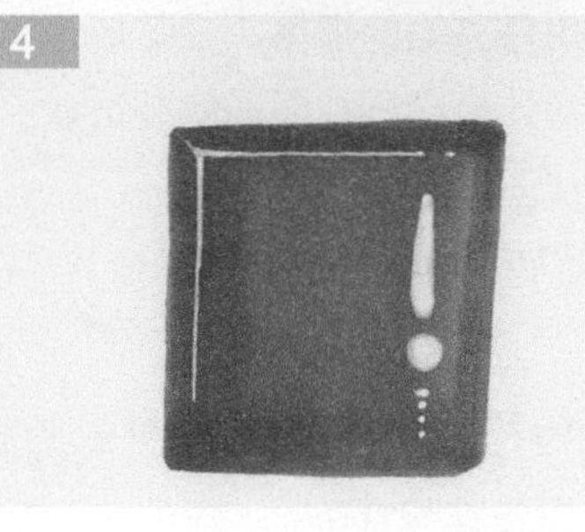

◎高光笔搭配深色

1. 用深色马克笔湿平涂，把颜色涂饱满，着重加深左边缘轮廓。
2. 用高光笔画出方框右侧的高光区域。
3. 继续用高光笔画出方框左侧的转折边缘和转角的细节。
4. 添加完整的高光装饰线条。

恰当地使用高光笔，不但可以提高物体的立体感，还可以遮挡住不均匀的笔触。

08

装饰点的使用方法

在绘制树木、天空和水时，经常用到装饰点，可使画面更丰富，更有细节感。

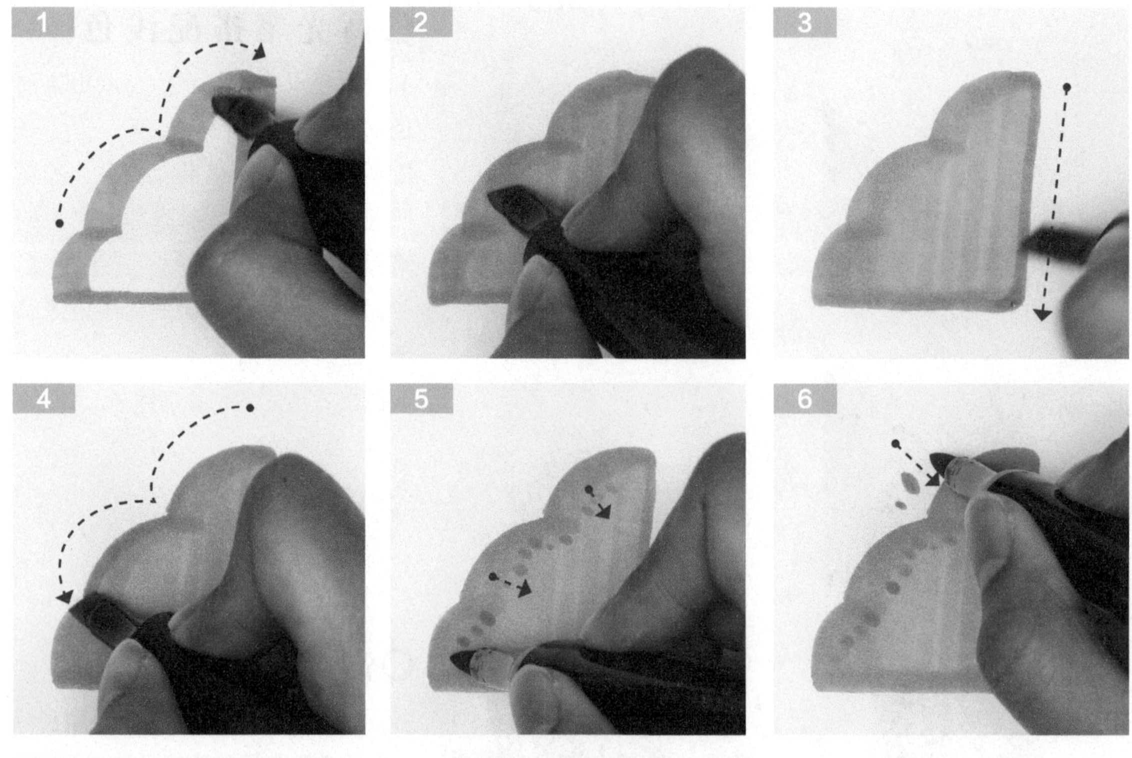

1. 用马克笔的宽笔头勾勒出需要上色的轮廓线。
2. 用干平涂把颜色涂满。
3. 立起笔尖，把直角边缘加深一下。
4. 用波浪线加深左侧的弧形边缘。
5. 换用马克笔的细笔头在弧形边缘内侧成簇的画装饰点。
6. 再在外边缘添加卵形的装饰点。
7. 完成色块区域的装饰。

在大面积的色块平涂后，除了勾勒轮廓线，加深暗部，改变外轮廓形状之外，还可以添加装饰点，来丰富画面，让平涂区域不再平淡，增加画面的趣味性。

09

配色方法

马克笔初学者在配色时容易遇到问题。下面介绍邻近色搭配和对比色搭配两种配色方法，教初学者巧妙配色，使画面颜色丰富而不乱。

◎邻近色搭配

邻近色是指色相相近的颜色，例如红色和橙色、蓝色和绿色。这是最简单、不易出错的搭配方法。例如，本案例使用邻近色黄色与橙色绘制主体部分，并用咖啡色来丰富画面。

◎对比色搭配

黄色和紫色、红色和绿色、橙色和蓝色，这样的颜色互为对比色。对比色搭配较难，需要注意两种颜色所占面积的比例、饱和度等。例如本案例中，紫色与黄色是对比色，紫色为主体色，有着不同的深浅变化。黄色比较跳跃，可以丰富画面。

一直想拥有一辆红色的脚踏车，骑着它逛遍整个城市。

第 2 章

街道转角的小风景

本章中都是一些小的景致，它们并不复杂，有些会在后面的作品里用到。通过这一章我们主要学习怎样把简单的物品画得有体积感，有质感。

01

郁郁葱葱的盆栽

绘画要点

1. 仔细观察生长旺盛的植物，把叶子的舒展和郁郁葱葱的样子画出来。
2. 整体画面是散发着温暖色调的，选用的颜色也都是具有暖色调倾向的颜色。
3. 在大面积平涂物体时，添加装饰花纹，会让画面丰富起来。可以用叠色的方法来上色，或者用高光笔添加亮点来装饰。

参考配色

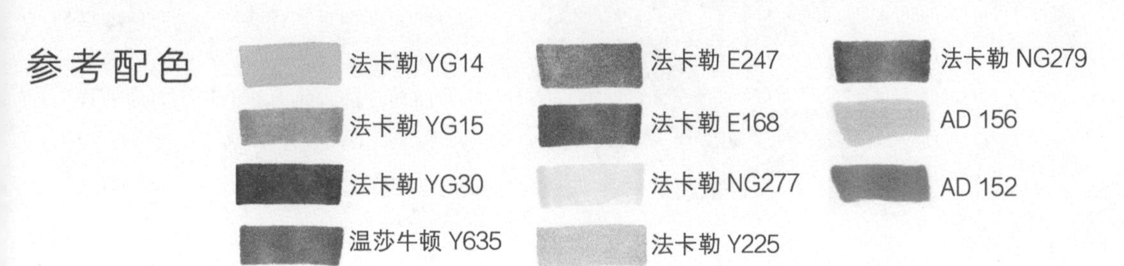

1

先用自动铅笔起稿，再用0.2号勾线笔勾勒轮廓线。待墨迹完全干燥后，用橡皮擦掉彩色铅笔痕迹。注意叶子的前后遮挡关系、花盆与植物的比例关系。

2

从最前面的叶片开始，用绿色给叶子上色，叶子尖颜色要深一些，宽叶面的颜色就要浅一些。如2-3，最右侧的叶子边缘有翻卷，叶子的边缘也比叶面颜色重。如2-4，右下角落里的叶子形状比较特殊，需要区分清楚叶面和叶柄。如2-6中间的三枚叶片，互相之间有遮挡，后面的叶子上会有前面叶子的投影。

小提示

叶子是绿色的，选用三种不同深浅的绿色来搭配，可以丰富叶子的颜色，但又不会因为颜色过多而混乱。案例中用 YG14 作为主色，叶子尖用 YG30，其他深色的地方用主色多层叠加，更深的颜色用 YG15 或 Y635 来画。

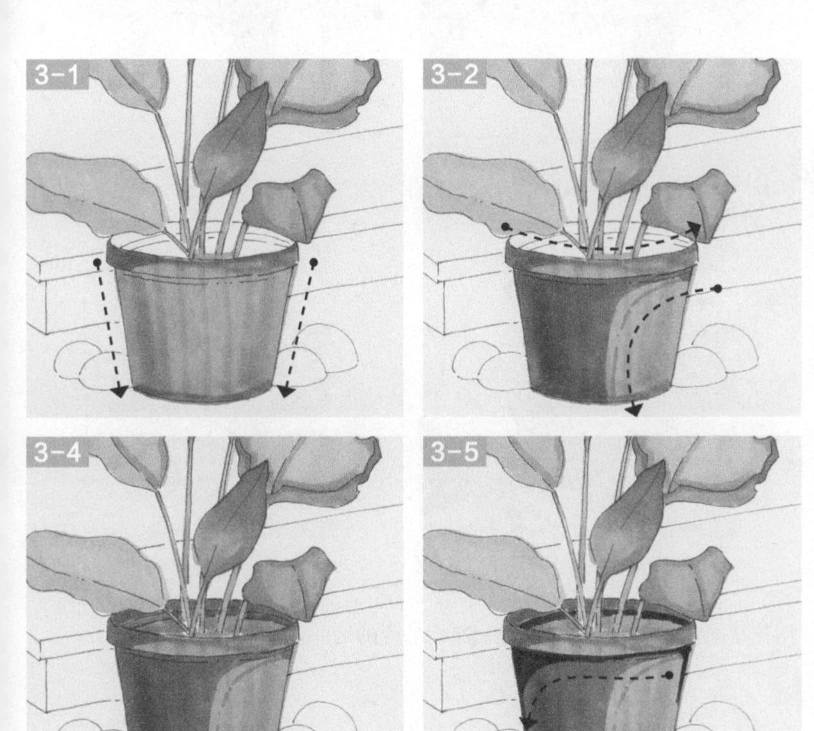

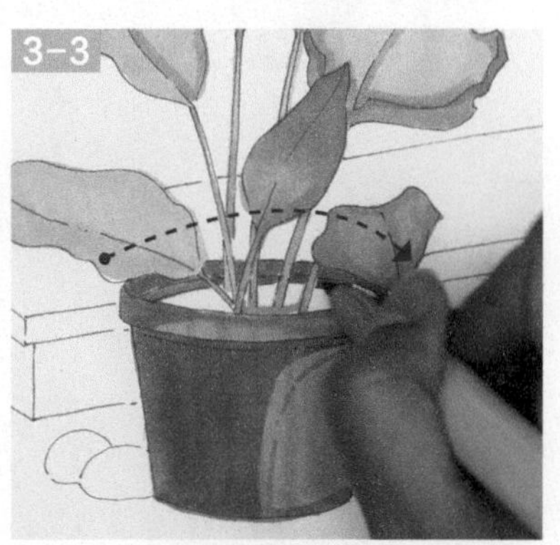

3

用浅咖啡色为花盆上色，再用相同颜色叠加出花盆的暗部。花盆盆口用同色叠加画出体积感。用中黄色来给土壤上色。最后用深咖啡色加深花盆盆口和花盆暗部影子。

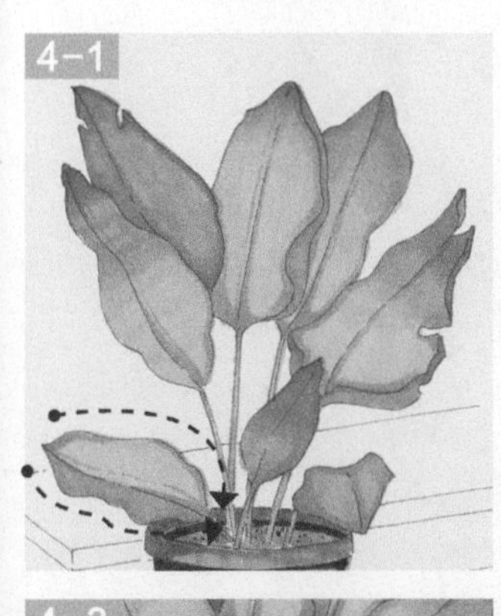

4-3

4

用橄榄绿色加深叶子的叶脉，增强叶子的体积感。用浅灰色给下面的鹅卵石上色，同色叠色，画出暗部的体积感。再用深一些的灰色加深暗部。换用高光笔，给石头点上高光，并给叶子上加上装饰点。

5

用浅粉色给台阶上色，再用深粉色加深台阶侧边和顶面的装饰。用彩色勾线笔画出侧面的竖线装饰。

6

用浅灰色画出台阶和鹅卵石的阴影。用花盆同色系的浅咖啡色平涂出植物后面的墙面。

7

左侧的墙面用深咖啡色来上色，着重加深树叶边缘的区域，左右之间的墙面留有空隙，不要涂满。用相同的颜色画出右边浅色墙面的装饰点。再次用鲜艳的绿色加深叶子尖，让画面中的植物更有活力。作品完成。

02

泛黄的复古路灯

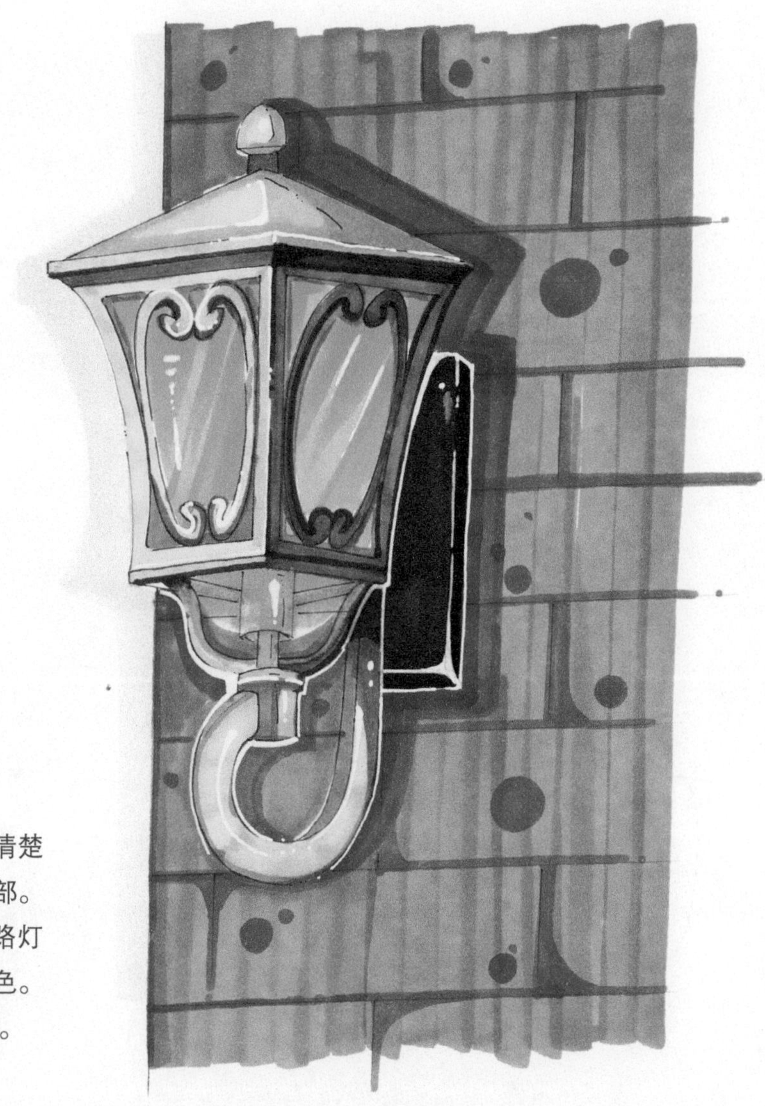

绘画要点

1. 主体是 45° 视角的路灯，有非常清楚的明暗关系，左侧是亮部，右侧是暗部。
2. 路灯的主光源是暖色调，在选择路灯颜色时，使用中性色或者暖色调的颜色。
3. 画面中的长直线可以借助尺子来画。

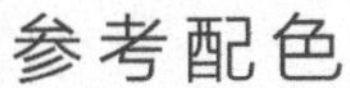

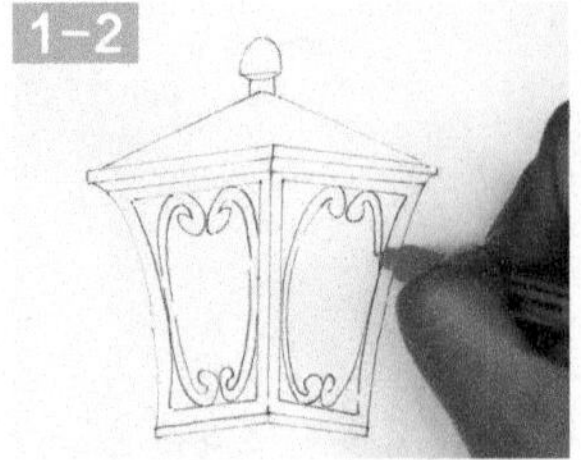

1

用铅笔起稿，确定路灯的结构，用勾线笔画出准确的形状。可以借助尺子来画长直线。注意路灯主体的透视关系，路灯和墙壁的前后遮挡关系。最后用橡皮擦去铅笔线。

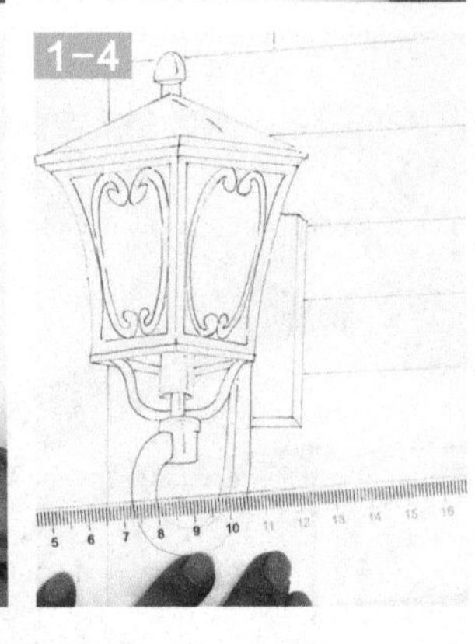

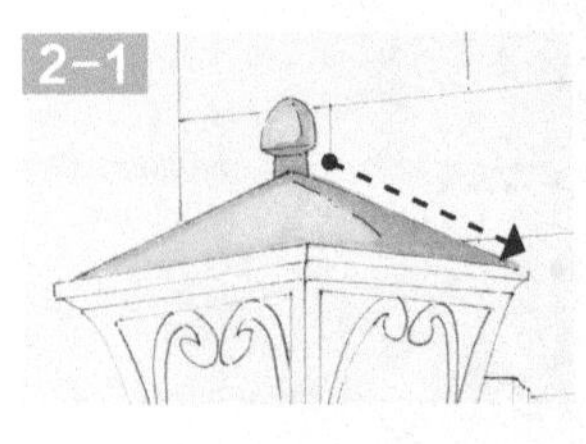

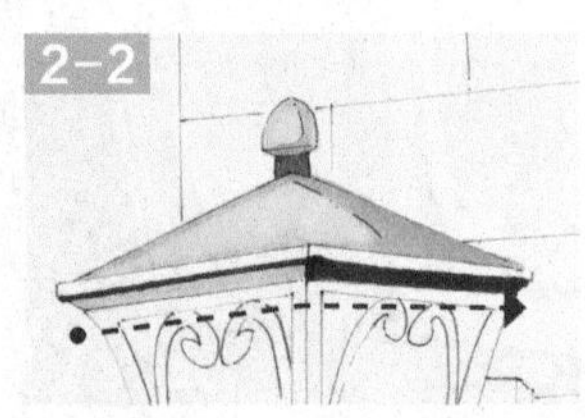

2

用浅灰色给灯罩顶上色，用同色叠加的方法来加深暗部。再用深灰加深灯罩顶的下底面。右侧面处于暗部，整体的颜色要比左侧面的颜色深。

3

用浅灰色给灯罩左侧中间的“双 C”上色，用中灰色给灯罩右侧中间的“双 C”上色，用浅灰色画出灯罩左侧的框架并用深色勾勒“双 C”轮廓线，增加体积感。如 3–3，用咖啡色画出灯罩玻璃的暗部区域。再用中灰给灯罩的右侧暗部主体框架上色，同样用深色勾勒边缘。如 3–6，用浅灰色加强灯罩顶部的体积感。

4

为路灯增加光效和质感。这里用的是纯度、明度都极高的黄色，使画面一下子就明朗起来了。适当地在黄色区域表现玻璃的质感。如4-3，用高光笔画出玻璃和灯罩的高光，进一步加强主体物的体积感。如4-5，画出路灯固定墙壁的深色金属。如4-6，在区域内平涂之后，再用高光笔画出边缘线。这是另一种突出体积感的方法。

5

用灯罩框架中用到的深灰色加深路灯的底部。路灯下部有黄色的光泻出，在支撑的金属管上形成光斑。如5-4，用浅灰色画出灯罩下面的弯曲链接管，顺便勾勒一下黄色光源处的结构。如5-5，用中灰色勾勒弯管的暗部，加强体积感。最后，用高光笔画出主体和墙面链接处的轮廓。

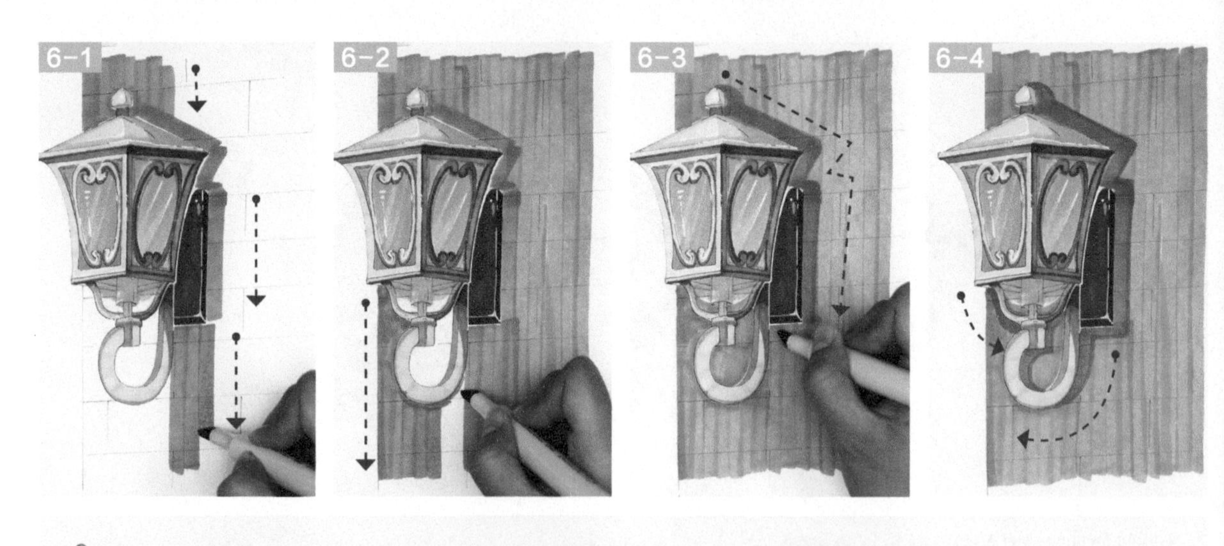

6

用咖啡色沿着主体物的轮廓平涂出后面的墙面背景。然后仔细地加深右侧的投影。

7

画出背景中墙面的质感。用同色叠加，次数越多颜色越深。用这种方法加深背景墙面上的阴影，越靠近主体物的颜色越深。

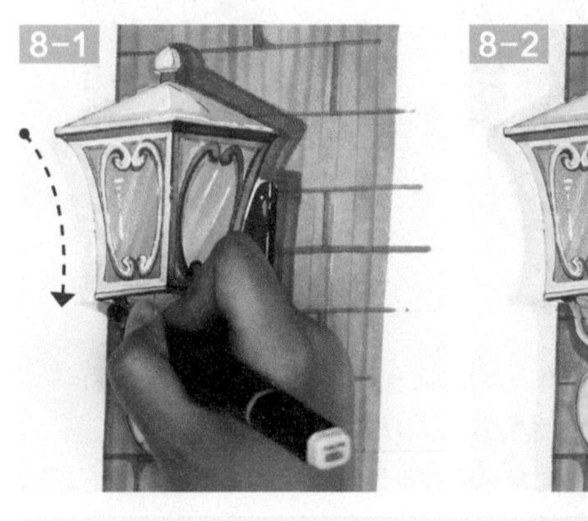

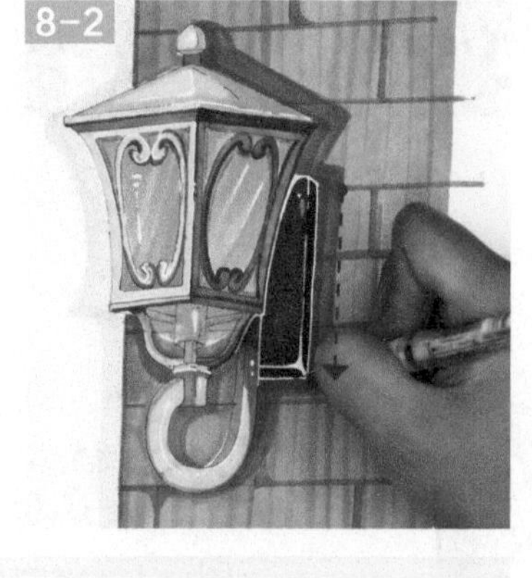

8

用比光源色浅一些的黄色画出路灯左侧的光晕。用高光笔修整主体物的轮廓线。最后给墙面添加装饰点。最终完成作品。

03

街心公园的长椅

绘画要点

1. 这个案例绘制的要点在于长椅的透视，符合近大远小的规律。长直线的部分比较多，可以借助直尺来画，会更准确一些。

2. 长椅的主体色就是整幅画的主体色，其他的颜色都是配合主体色来选择的。

3. 高光笔不仅可以用来提亮，还可以修整马克笔溢出的错误颜色。

参考配色

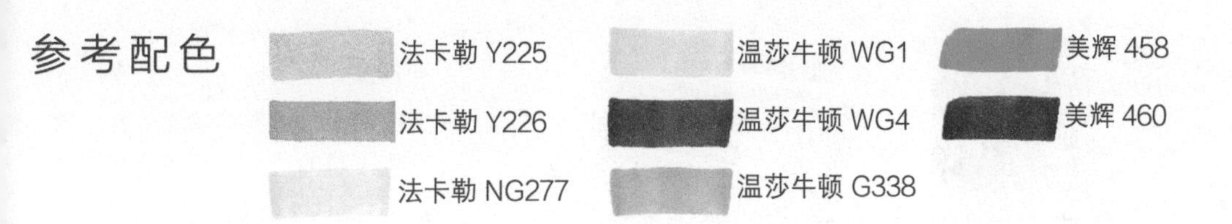

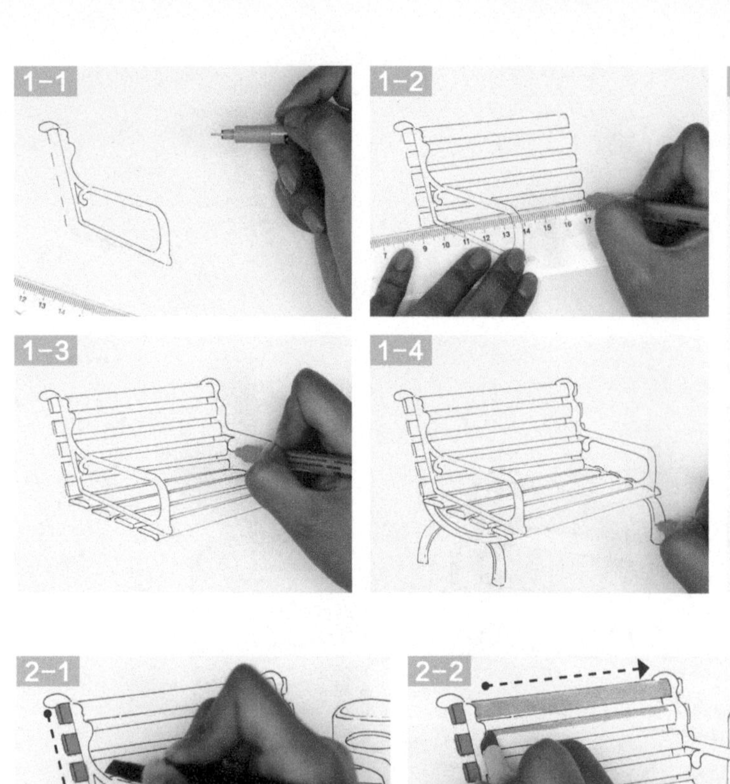

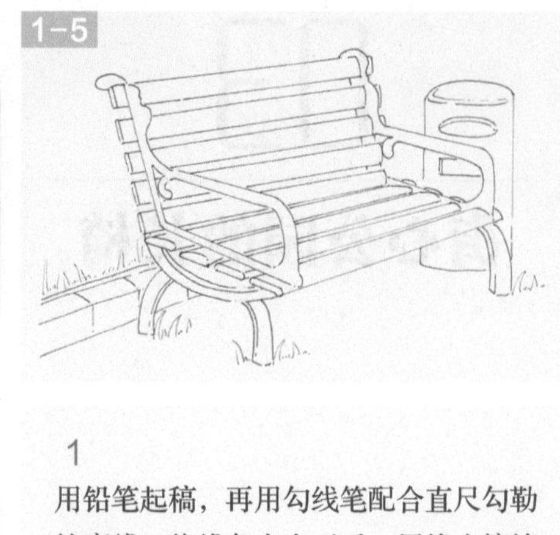

1

用铅笔起稿，再用勾线笔配合直尺勾勒轮廓线，待线条完全干后，用橡皮擦掉铅笔痕迹。

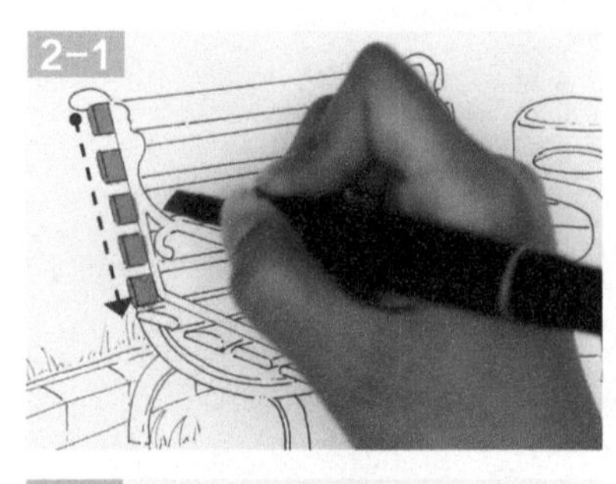

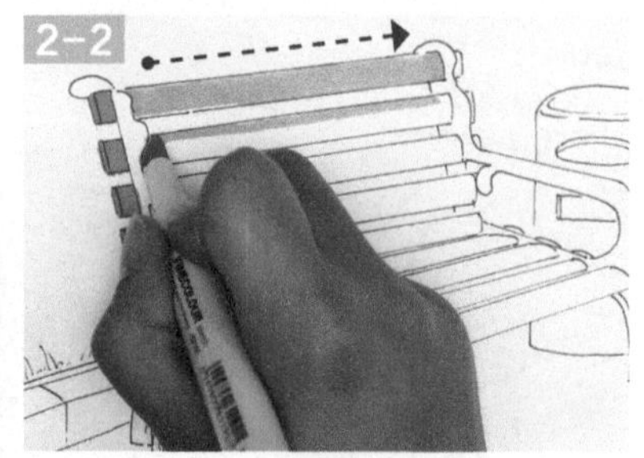

2-3

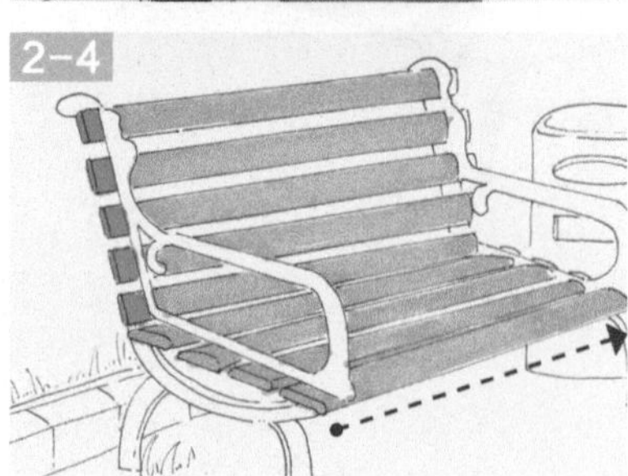

2

用深一些的黄色给椅子靠背左边的小块面上色。再用浅一些的黄色，作为主体色，给长椅整体上色。顺着木板的方向横向用笔，边缘可以用宽笔头的切面来画，不要超出轮廓线。如2-3，长椅座位的部分用主体色统一上色。

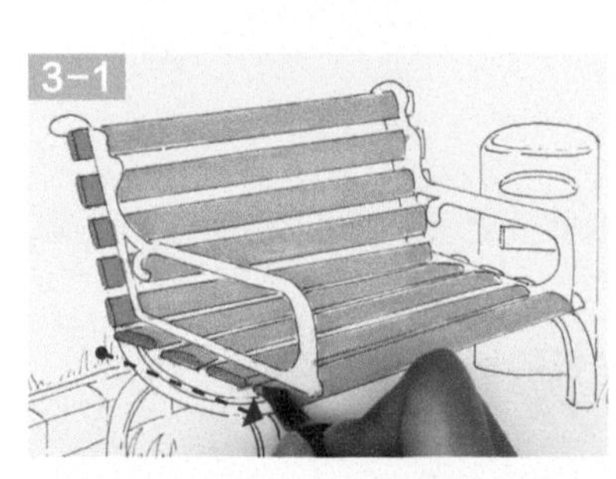

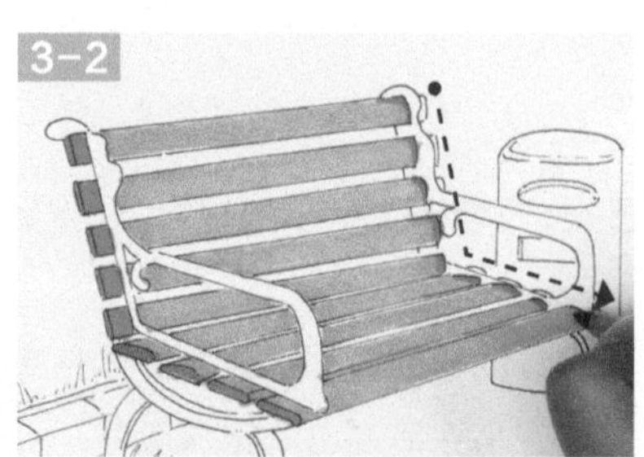

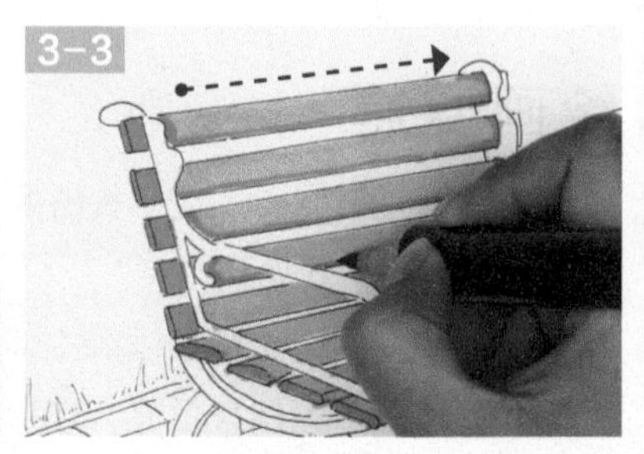

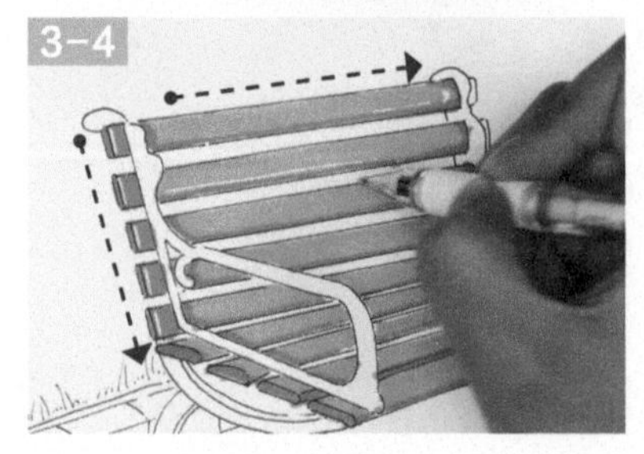

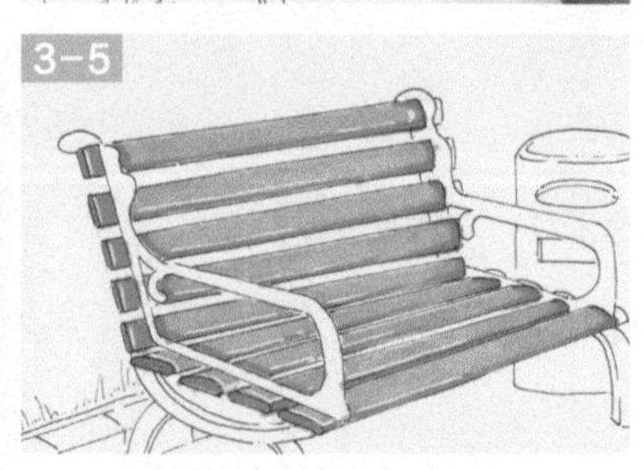

3

换用深一些的黄色，加深座位木板的侧面、木板远端边缘及每块木板下边的边缘。再用高光笔，提亮转角处，使木板富有体积感。

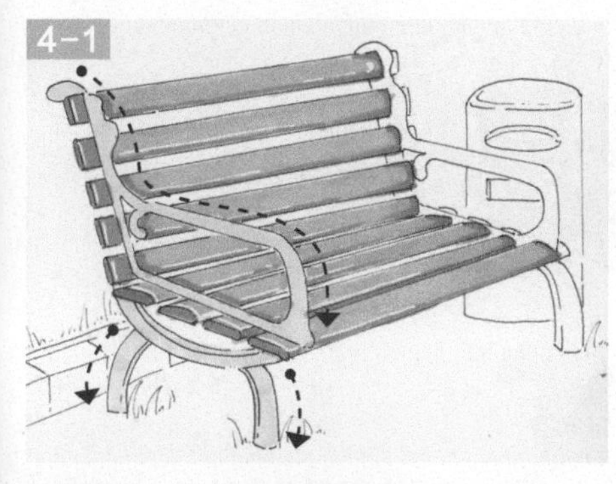

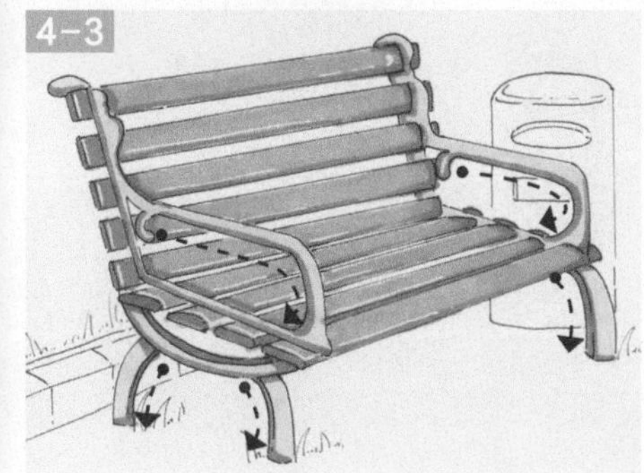

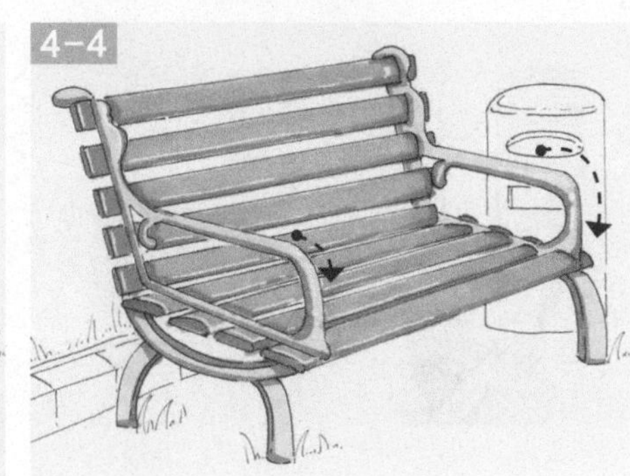

4

用浅暖灰色画长椅的框架部分，近处和远处的主体色相同。然后用深暖灰色，画出框架的暗部。最后用高光笔提亮。主体色、暗部及高光，三个色阶，使纤细的框架也有了体积感。

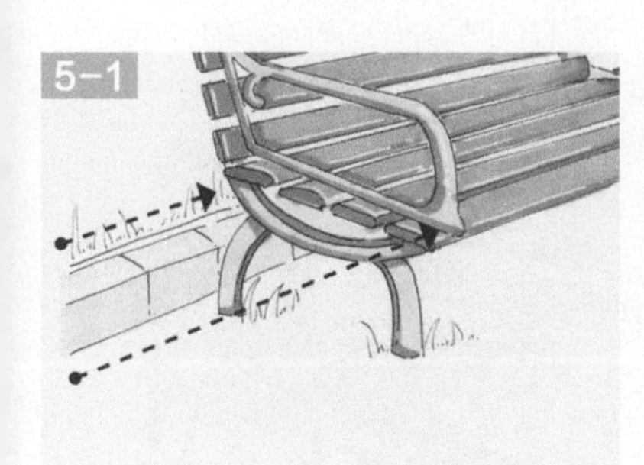

5

用灰色画出长椅后方的台阶。台阶的深色部分用同色叠加的方法来加深。

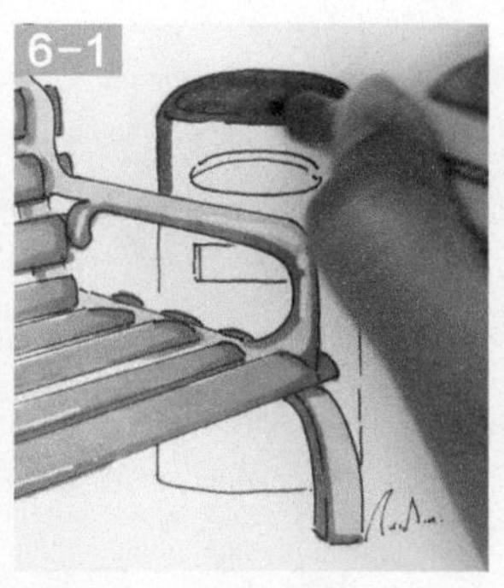

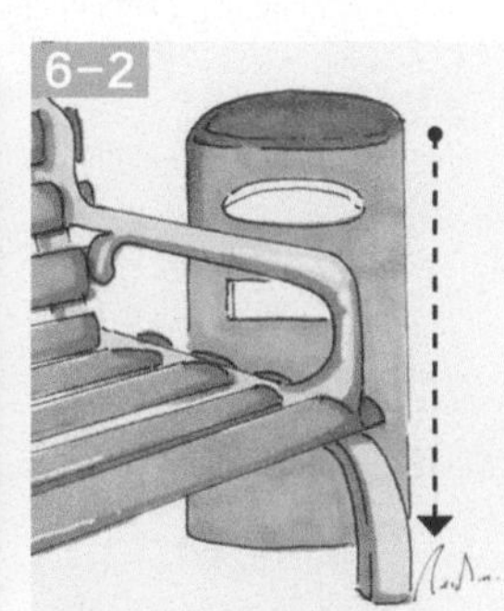

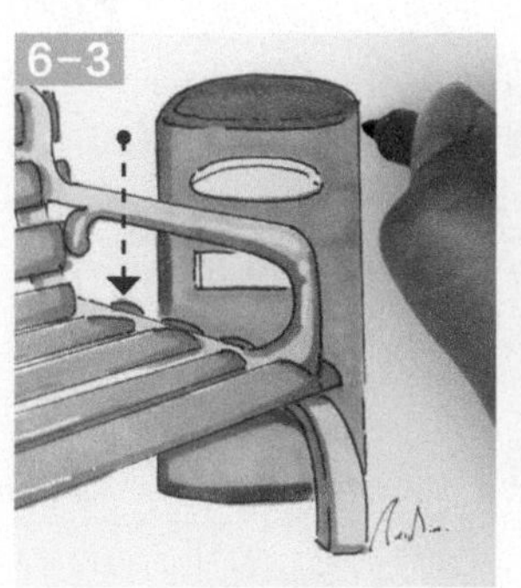

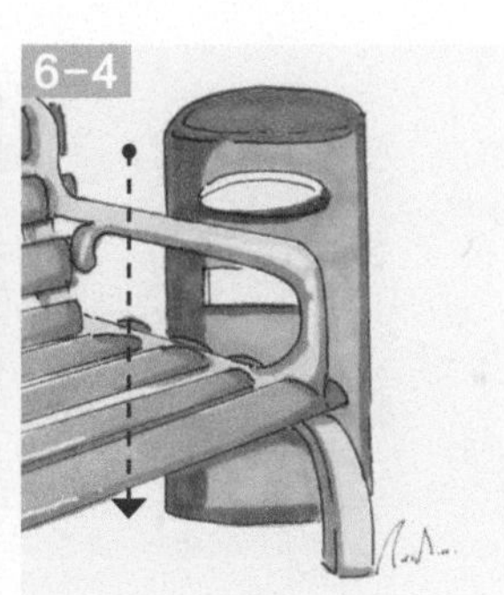

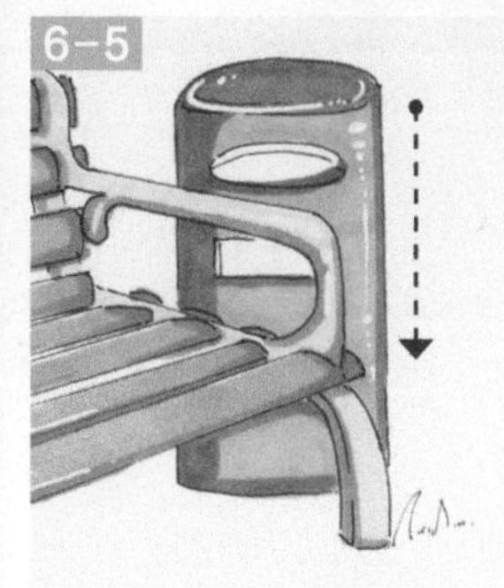

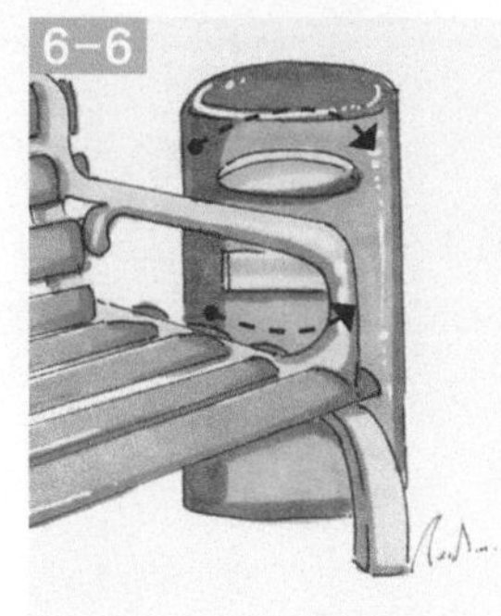

6

选用深浅不同的两个蓝色来画后面的垃圾桶。顶盖用深蓝色，主体用浅蓝色。垃圾桶的光源方向要与长椅一致，都是右侧来光，所以垃圾桶的左侧颜色要加深。如 6-5，用高光笔提亮垃圾桶的亮部和顶面的边缘。最后用灰色画出垃圾桶的投掷口。

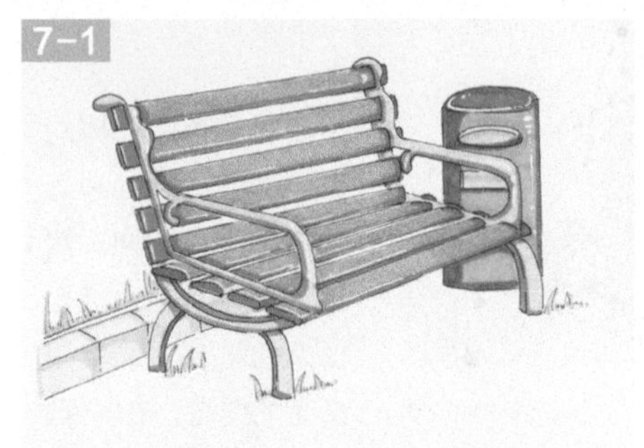

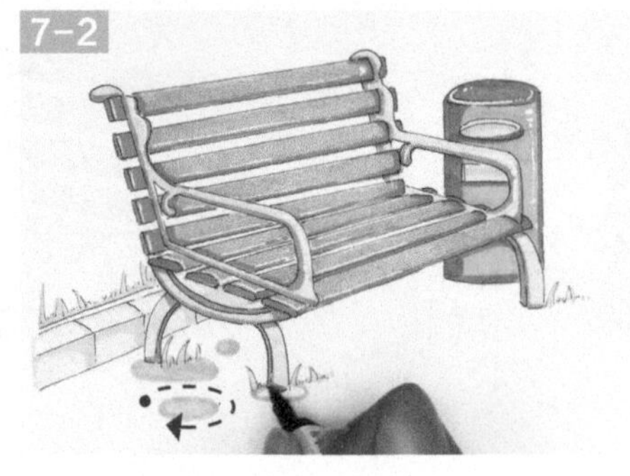

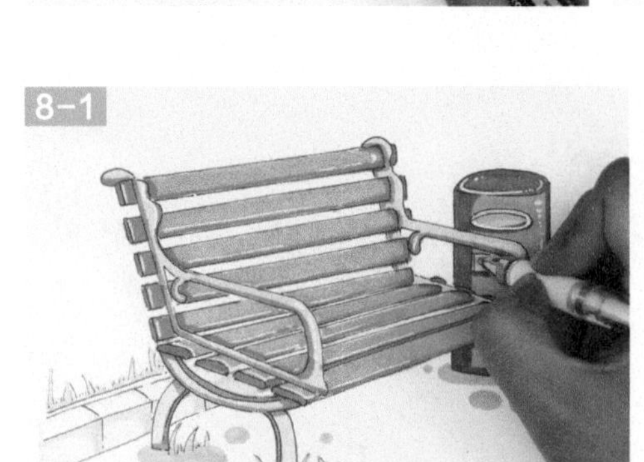

7

用浅黄绿色来画长椅周围的植物。一般用灰色来画阴影，但是这里用了与植物相同的颜色，阴影的形状也不太符合真实的形状，但可以让画面变得可爱起来，让阴影有了装饰效果。

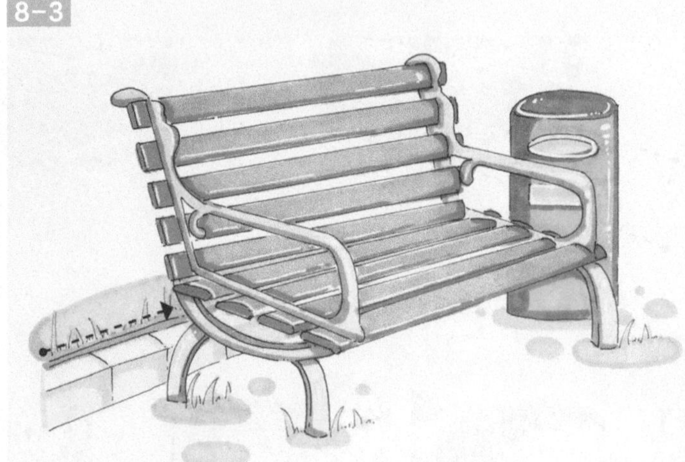

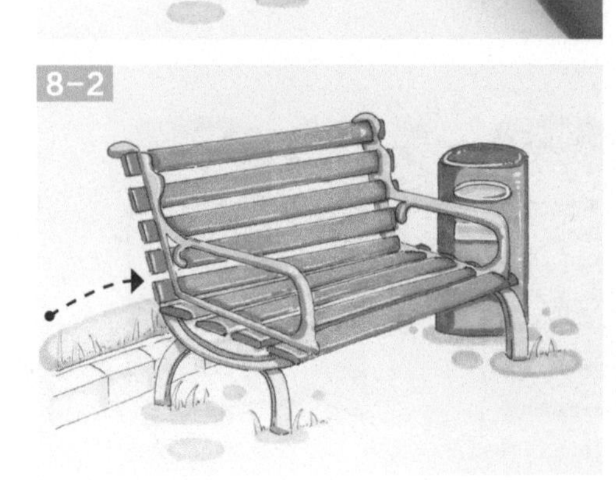

8

用高光笔修整垃圾桶投掷口的轮廓。完善长椅背面植物和台阶的细节。最终完成作品。

小提示

绘画时，如果过于注重阴影轮廓形状的真实，会使画面有些枯燥无味。马克笔本身的颜色遮盖性比较差，适当添加一些灵活的装饰元素，可以让画面不再过于单一，使画面更生动。改变阴影轮廓，是挽救单调画面的一种很好的方法。使用这种方法时，根据主体物的形态，来控制装饰图案的数量。偏写实的少一点，其他风格的可以多一些。

04

夏日微风拂过的窗台

绘画要点

1. 画面中的蓝色和黄色的窗帘有褶皱，要根据需要分别选择软头笔或硬头笔来表现。
2. 左右对称的物体容易产生单调感，添加植物及小部分不对称的物体，可以使画面丰富起来。
3. 画面中的装饰花纹不要影响整体的观感，颜色浅一些即可。

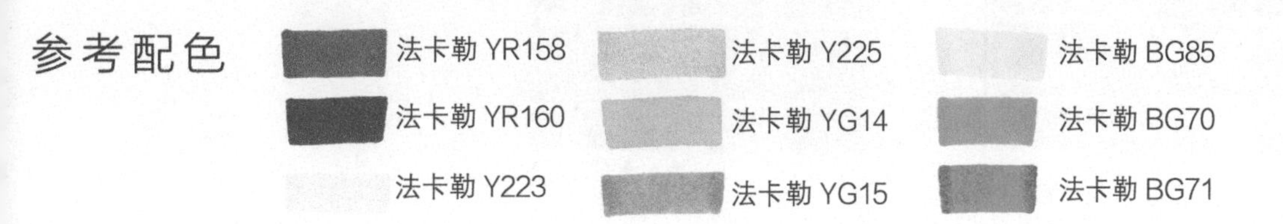

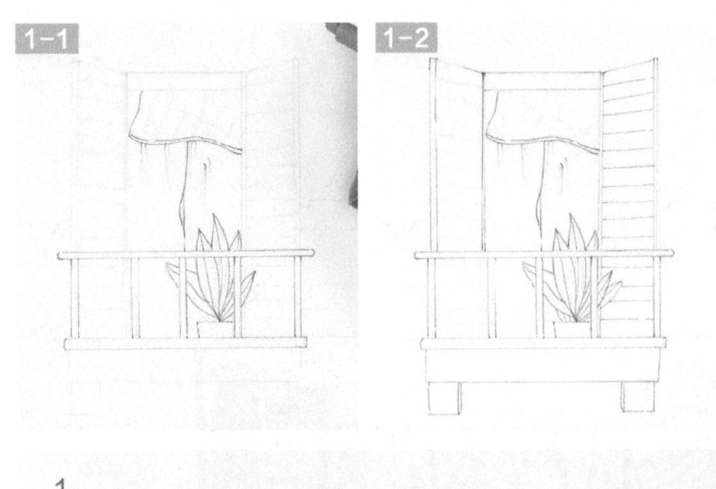

1

在铅笔稿上，画出轮廓线。由前面的窗台栏杆开始，依次画出后面遮挡的物体，最后添加细节。

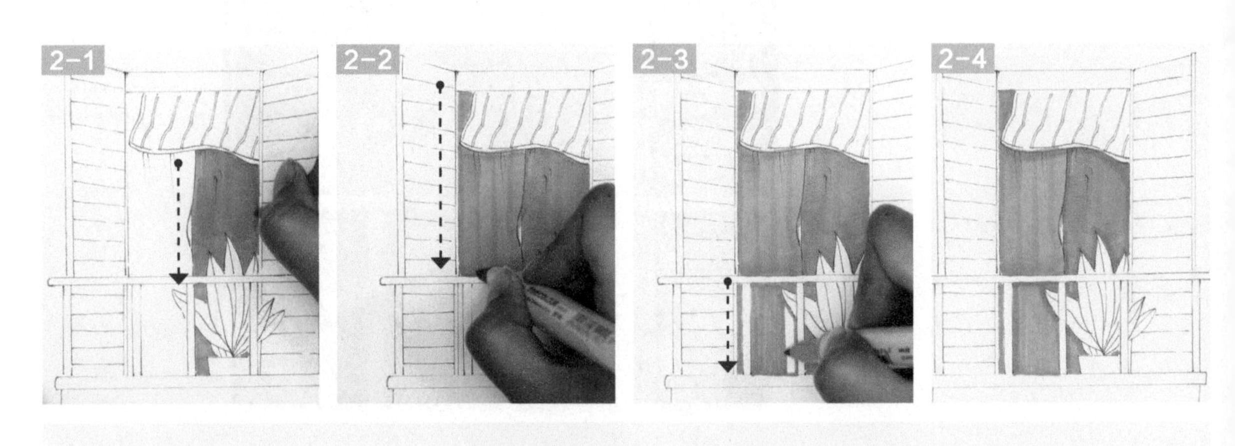

2

画出中间的蓝色窗帘。大面积区域用宽笔头来画，小的细节换用细笔头来处理，边缘处可以加深。

3

用橘黄色给左右两扇窗上色。用黄绿色画植物，用深咖啡色画花盆。由于窗台栏杆的遮挡，后面的物体都被分割开来。需要按照区域分开上色，注意不要多次上色，防止颜色不均匀。

4-1

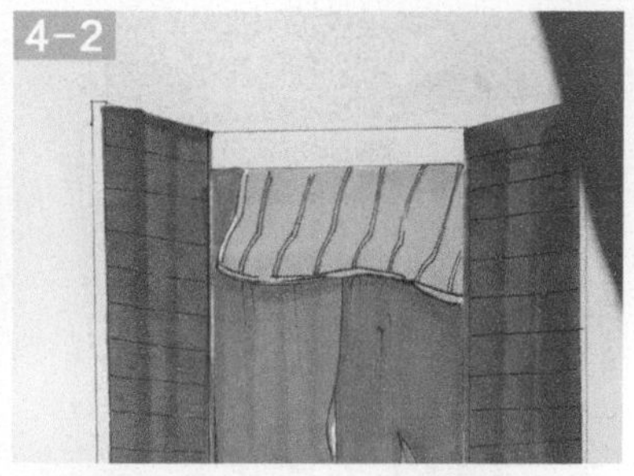
4-2

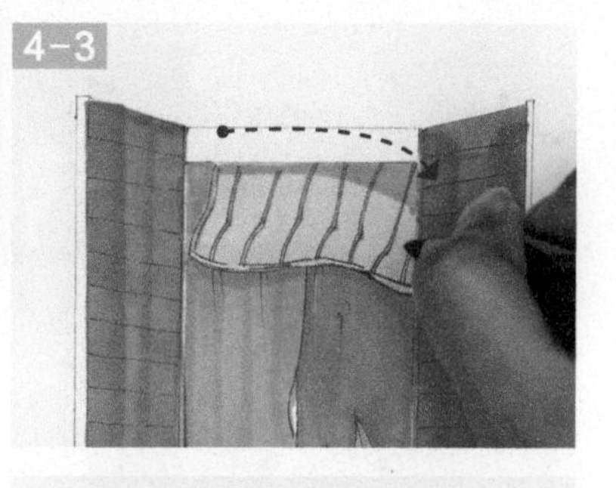
4-3

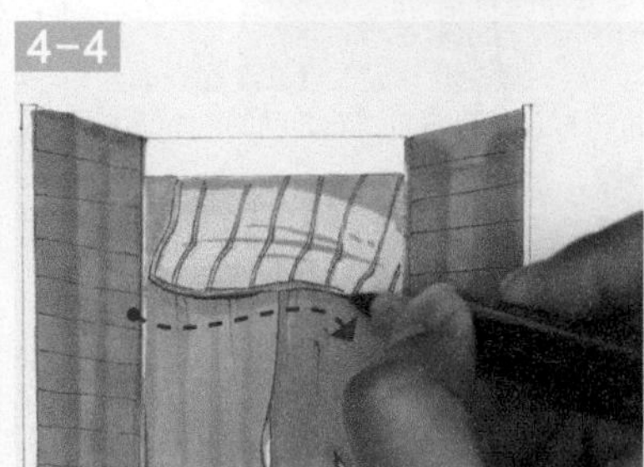
4-4

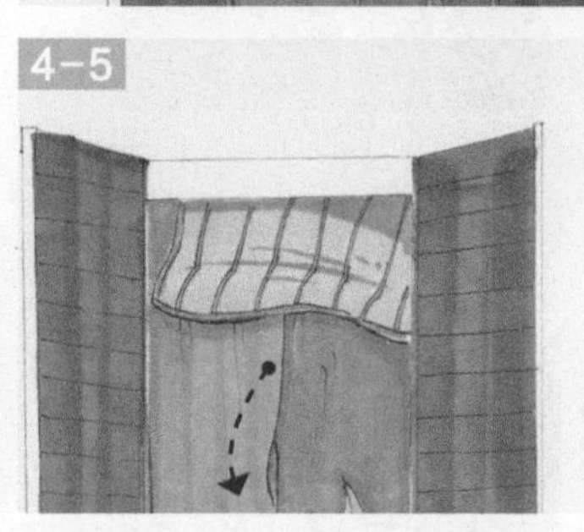
4-5

4
用黄色马克笔的宽笔头，给窗帘平涂上色。画出窗帘的暗部，同时换用同色的软头笔，画出布料的褶皱。

小提示

飘荡的黄色窗帘和蓝色窗帘，给人微风浮动的感觉。在画黄色窗帘褶皱时，用到了软头笔。如果趁底色未干时画，画出的线条边缘微微有些模糊，更柔软。反之，在干后画褶皱时，线条边缘清晰，整体感觉很硬朗。

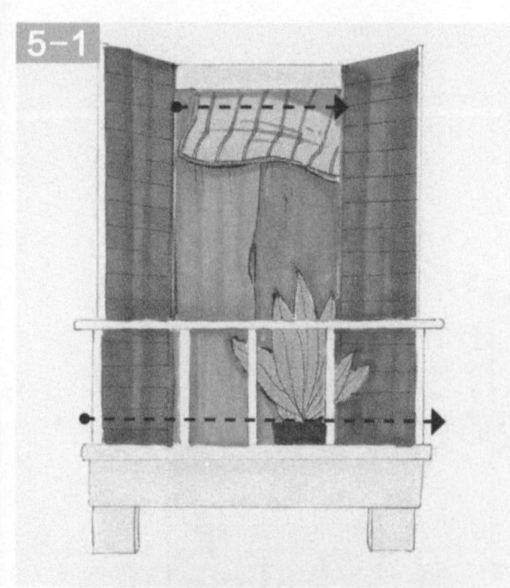
5-1

5-2

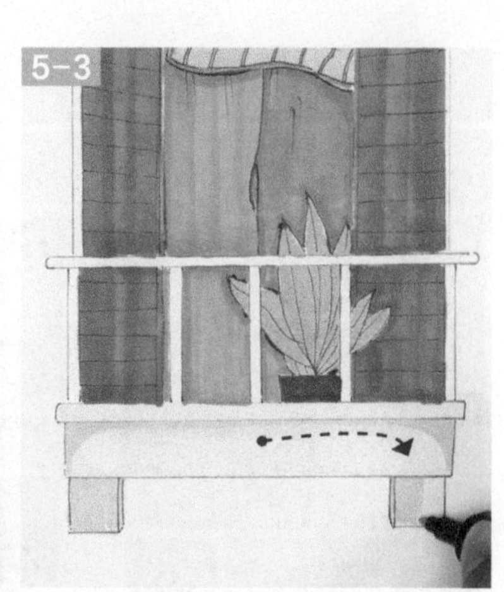
5-3

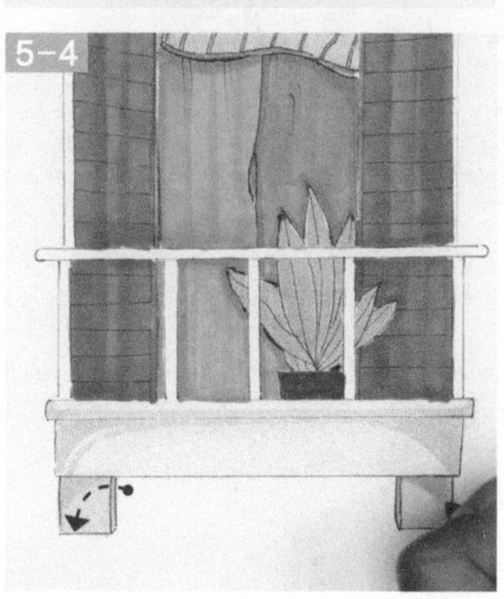
5-4

5-5

5
用淡黄色给窗框上边和窗台底座上色。再用深一些的黄色加深窗台下面的暗部。如5-4，个别的区域可以多次叠加颜色，使颜色变深。

6

用深橘色加深左右两扇窗的侧边。再用彩色勾线笔给窗框上边和窗台边缘加上装饰线条。如6-3，用深橘色画出窗上的横向线条。美化边缘线，同时加深暗部，整体营造出窗户的质感。

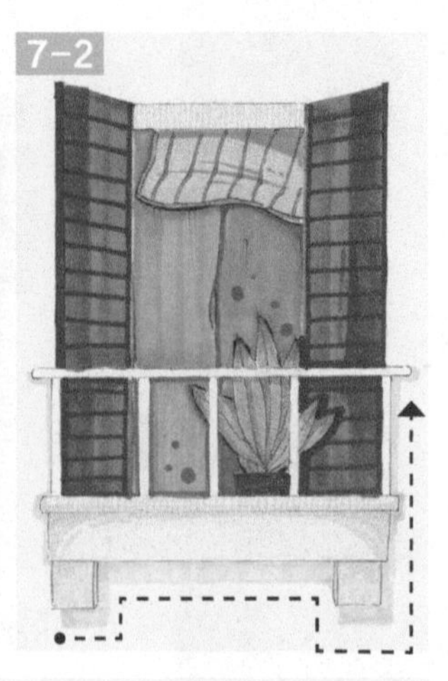

7

植物的边缘用深绿色晕染加深。窗帘边缘用深蓝色加深。用浅灰色画出阴影。添加装饰花纹，最后用高光笔提亮画面。最终完成作品。

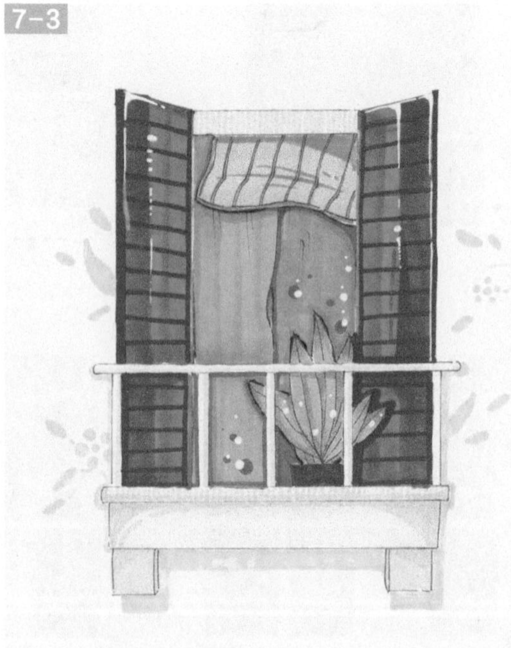

05

露天茶座

绘画要点

1. 整个案例散发着慵懒的气息，选择了大面积的低饱和度的温柔颜色。
2. 画面里的物品没有严格按照透视原理来画，稍稍进行了图形化的处理，这样就有了插图的味道。

法卡勒 Y225

法卡勒 V119

法卡勒 NG277

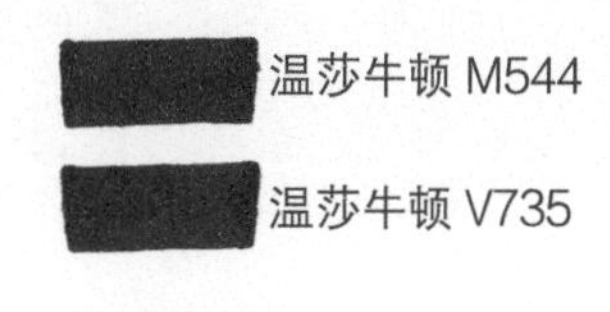

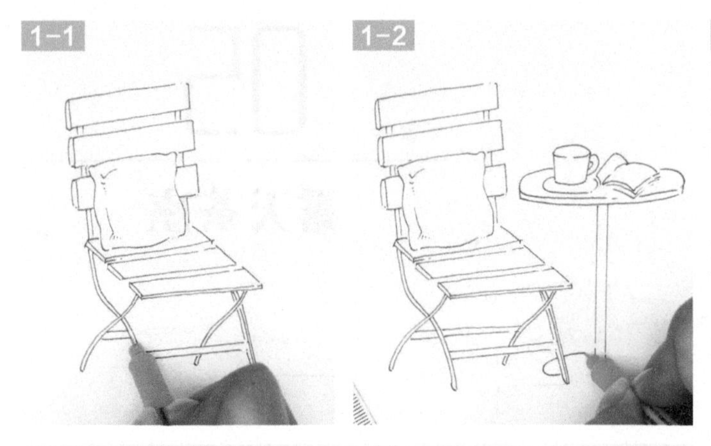

1

用铅笔起稿后，用勾线笔画出主体物的轮廓线，线条要画得轻松一些，适当地留一些空白，使线稿灵活生动。最后等线条干后，再用橡皮擦干净画面上的铅笔痕迹。

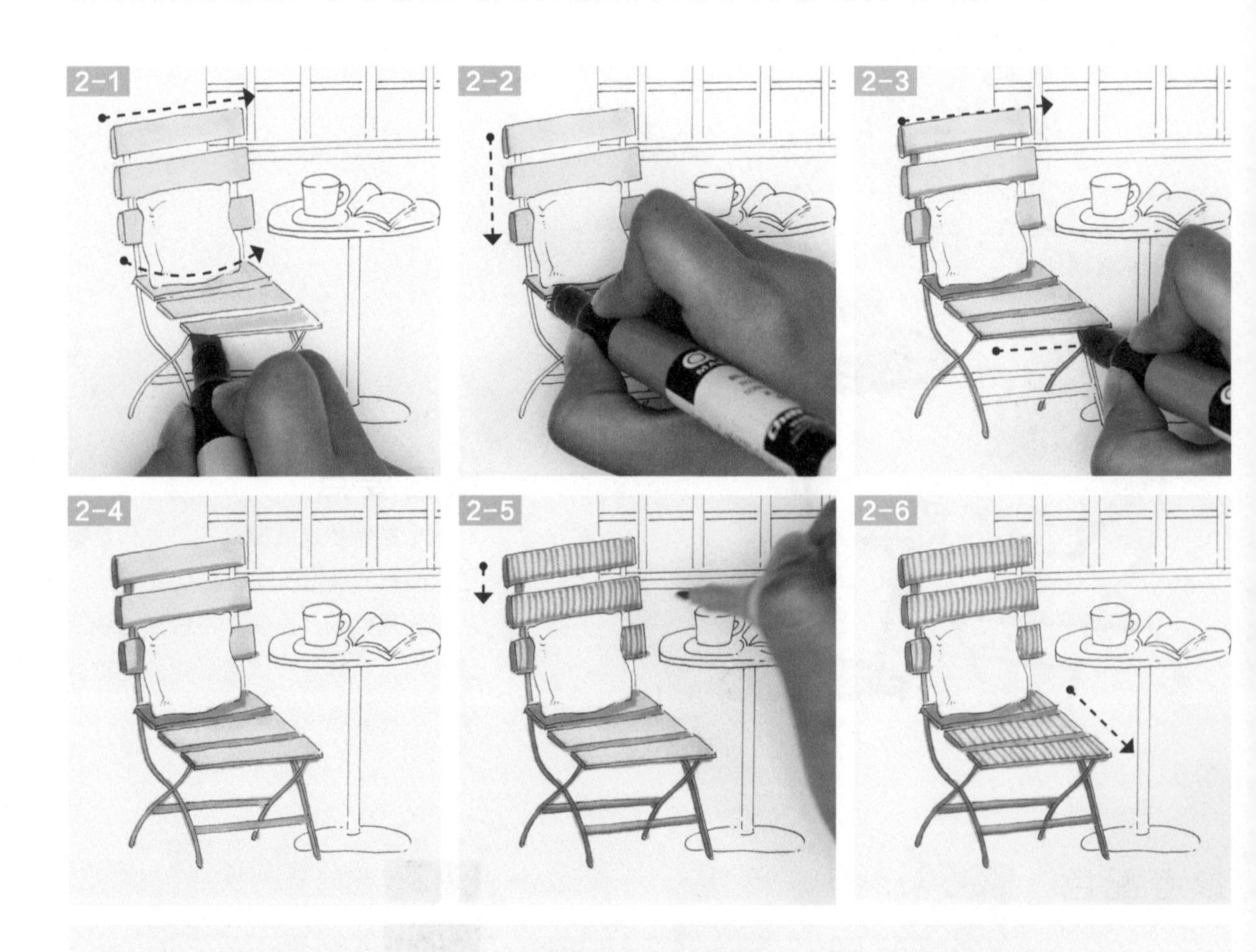

2

用浅肉橘色为椅子上色，再用同色叠加的方法加深木板的边缘。用同色系的彩色勾线笔加深椅腿的暗部边缘。最后用竖线条来为椅子添加装饰。

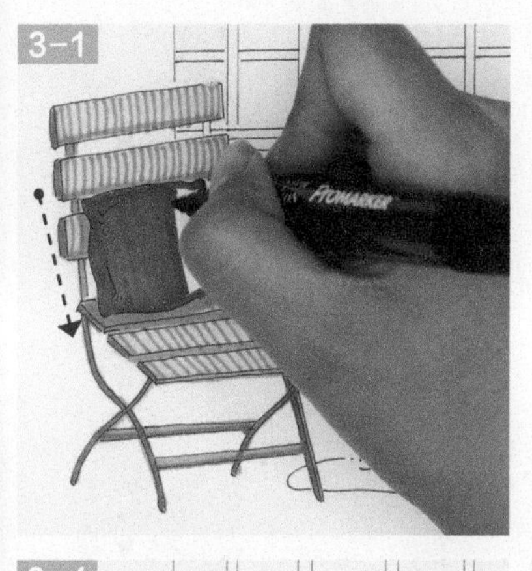

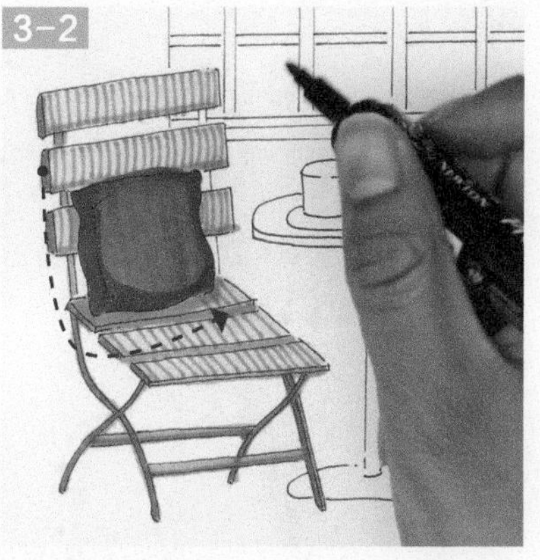

3

用紫红色给椅子上的靠垫上色，再用深一些的紫色画出暗部。边缘的轮廓要画得圆润一些，使靠垫有圆鼓鼓的感觉。然后用椅子的配色给圆桌上色，边缘用橘红色勾勒，表现出体积感。

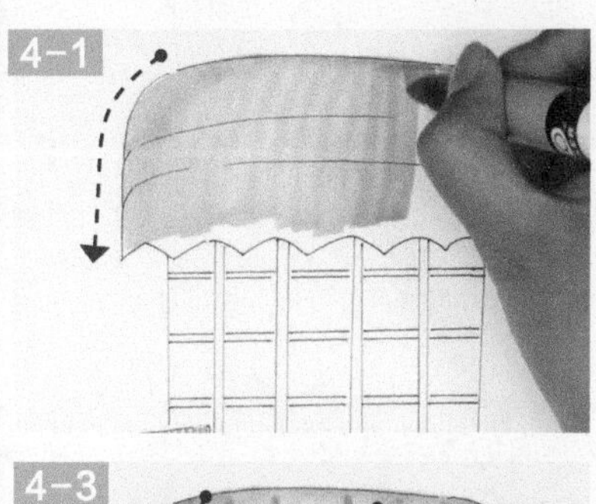

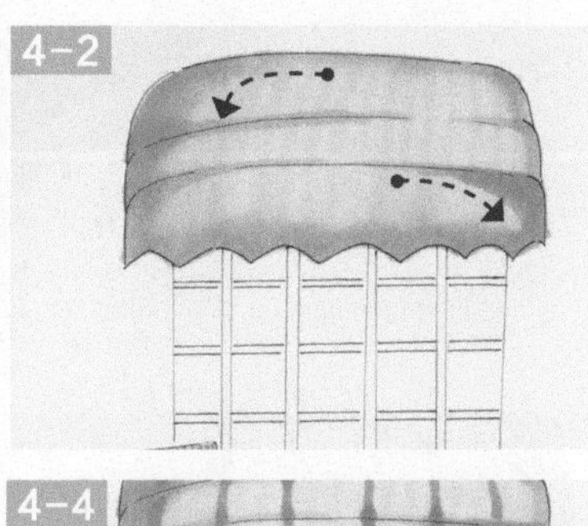

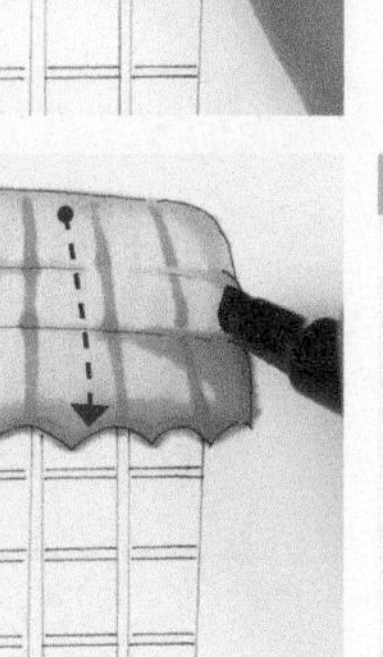

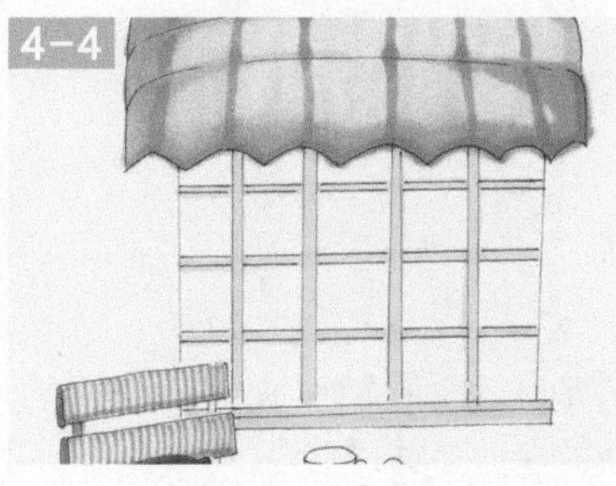

4

用浅肉橘色给窗台上的遮阳棚上色。先按照轮廓线平涂，再用同色叠加的方法加深棚子上的褶皱。如 4-3，暗部的形状随着形体变化，放射状的弧线使物体有膨胀感。如 4-4，用浅紫色画出窗户的框架。

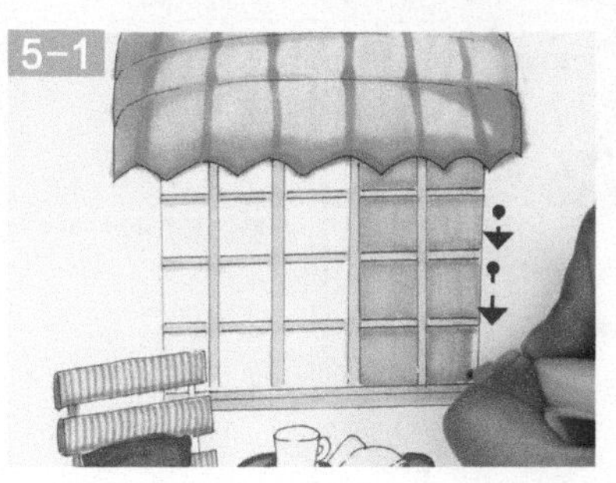

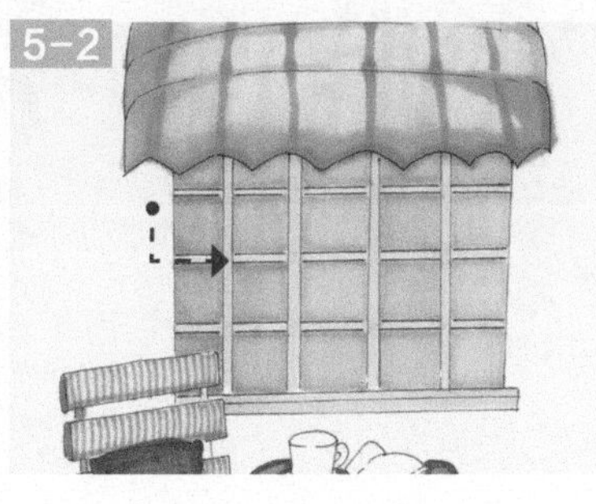

5

用浅紫色，依次给每个玻璃格子上色。左侧的格子边缘可以稍稍加深一些，这样左边颜色深，右边颜色浅，形成自然的明暗过渡。

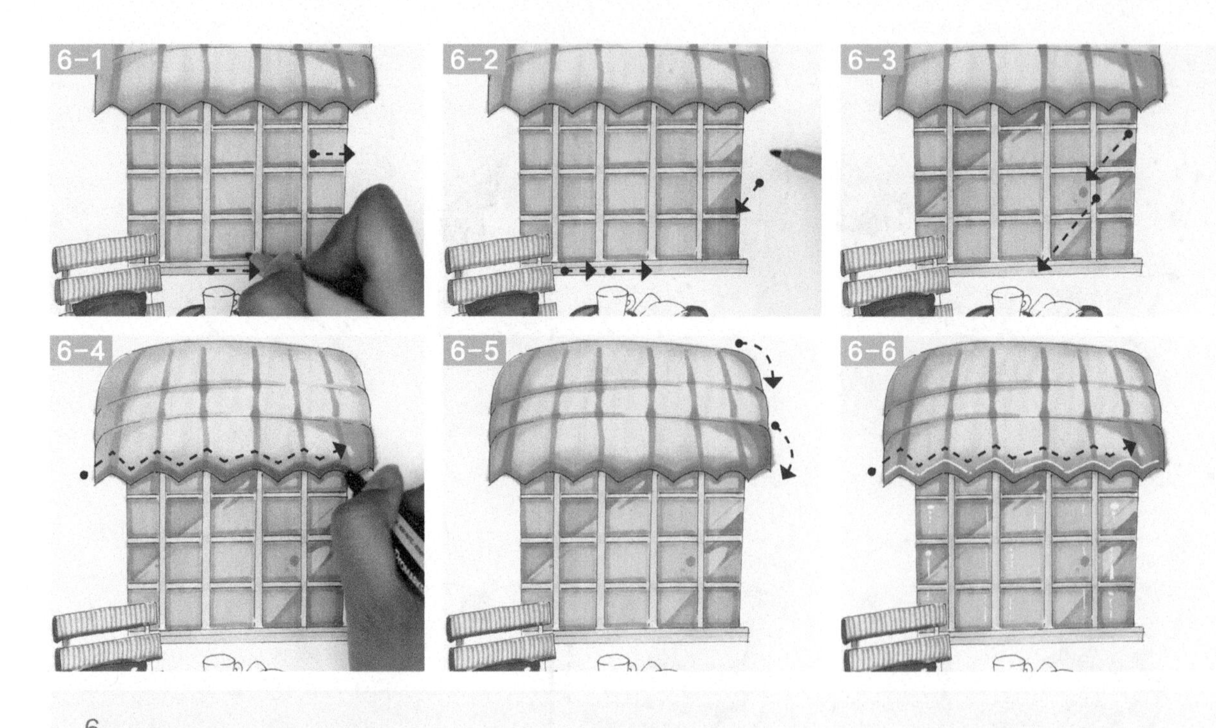

6

再用同色叠加的方法加深格子的边缘、斜向的光影和遮阳棚在格子上的阴影。用高光笔画出玻璃上的高光，提亮遮阳棚上的亮部边缘。

小提示

马克笔画一层和多层的颜色区别很大，利用这个特性，一支笔也可以画出颜色层次丰富的作品。需要注意的是，在单层平涂时候，注意行笔时不要折返上色，这样容易导致画面颜色不均匀。比如，平涂紫色的窗户时，要尽量笔触平均，不叠压，也不留缝隙。

7

用黄色、灰色给桌子上的茶杯和书上色，边缘叠加颜色，使小物体也很精致。最后用浅灰色画出画面中物体的阴影并丰富画面的小装饰。最终完成作品。

06

靠在墙边的红色脚踏车

绘画要点

1. 可以参考照片来画出结构和透视关系准确的脚踏车，车轮准确的透视关系能表现出它的摆放状态。
2. 主体物的颜色要鲜艳一些，这样和后面的背景有所区分。
3. 画面中的色彩种类不要太多，比如本案例选择了橙红色作为主体物颜色，搭配少量的绿色会使画面活泼，要是颜色过于繁杂，画面就会显得很混乱。

参考配色

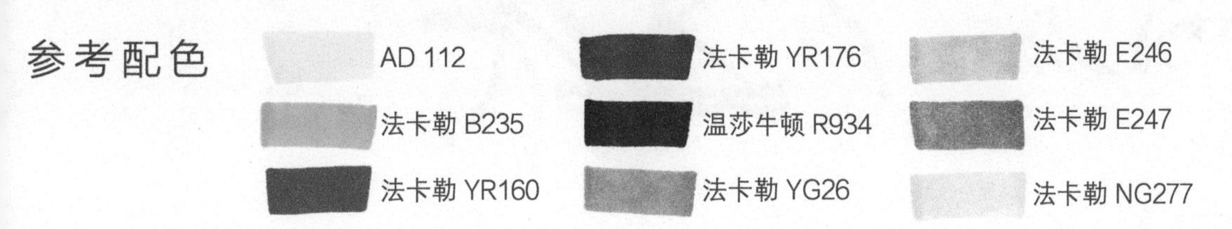

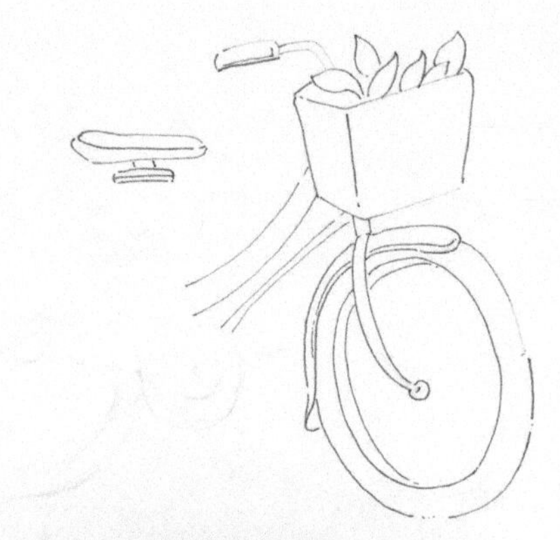

1

用铅笔起稿，从脚踏车前端到后端依次画出主体的轮廓线。前车筐和后座上的框子只勾勒出外边缘就好，细节可以在上色时再调整。

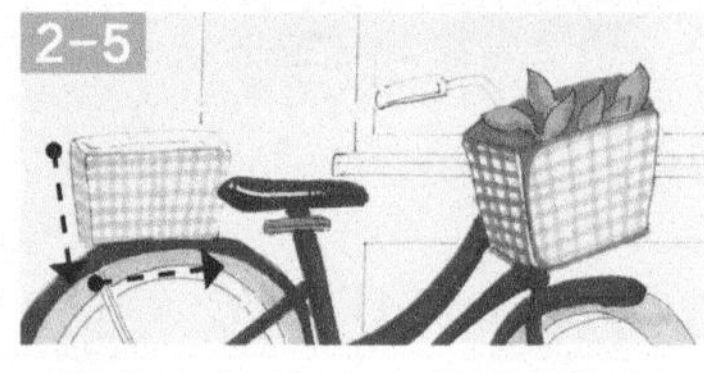

2

用橘红色和浅咖啡色给脚踏车主体和车轮上色。用红棕色来画车座、脚踏处和车把，与主体色区分开。再用深色画出脚踏车主体的暗部边缘。前后车筐的颜色相同，车筐里的颜色要比外面颜色深。用叠加的方法画出植物的体积感。用高光笔勾勒边缘。

3-1

3-2

3

用浅蓝色画背景，用深蓝色画墙的暗部和脚踏车的阴影。用中性灰色给右侧墙面上色，用同色叠加的方法画出暗部。用深灰色画出照片的边缘，同时用浅灰色画出照片的阴影。

3-3

3-4

3-5

小提示

区分好装饰墙和脚踏车的阴影，然后上色。马克笔的浅色没有遮盖能力，如果画错了，可以用深色盖住，或者用高光笔适当修正。落笔之前看清楚，下笔不要犹豫，也避免画得不均匀。

4-1

4-2

4-3

4

用深咖啡色加深轮胎的暗部，然后用高光笔提亮脚踏车的高光。用咖啡色勾线笔勾勒出车筐、车座和把手的细节。最后别忘了画出脚踏车在地面上的阴影。最终完成作品。

鼻子有时候比眼睛，更加真实。

第3章 香气萦绕的店铺

本章中讲解的案例都有鲜明的主体色。颜色是有感情的，不同的颜色也表达了不同的情绪。学习搭配颜色，可以使画面色调更加和谐。

01

香芋蛋糕房

绘画要点

1. 这个案例主要是紫色调的配色，黄色作为对比色，小面积出现，很好地打破了紫色的冷淡，使画面甜美了许多。
2. 大面积使用的淡紫色也是常说的香芋色，很符合蛋糕店的香甜感。
3. 正面视角会比较规矩，那么在画暗部的时候，可以有意识地归纳出弧形，使画面更活泼。

参考配色

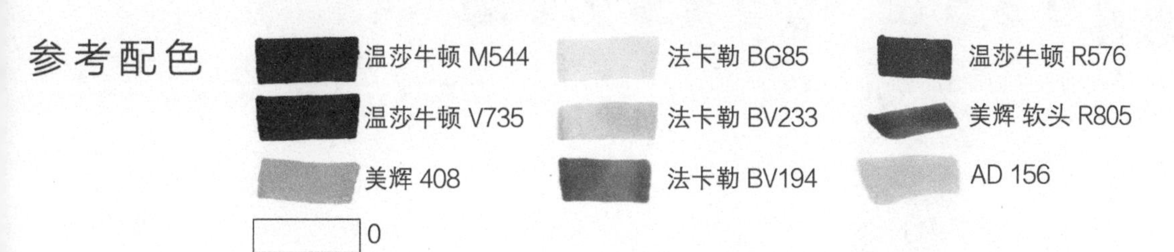

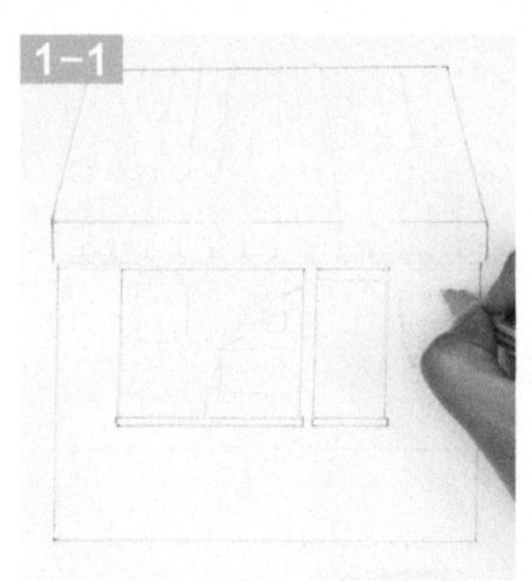

1

用铅笔起稿，再用勾线笔勾勒轮廓。屋顶的装饰条不用勾勒，在上色时区分开即可。窗户里的细节用勾线笔仔细画好。长直线的部分可以借助直尺来画，晾干后擦掉铅笔线。

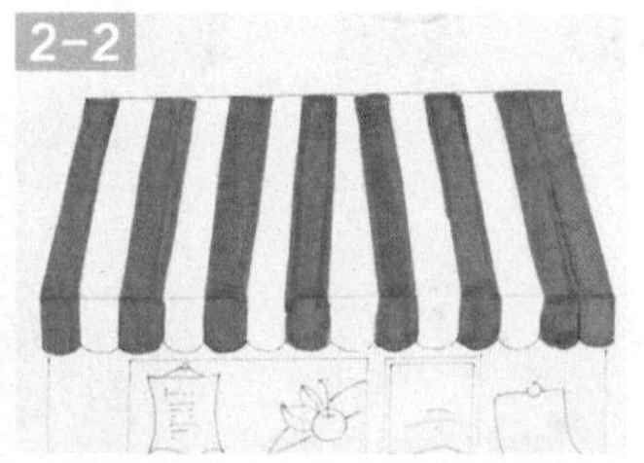

2

用紫红色给屋顶上色。底色部分用宽笔头，依次平涂，最右侧的有两条宽，留做招牌用。向下转折的面和屋顶的四角，用叠加的方法来加深。用高光笔写出店铺的名字。

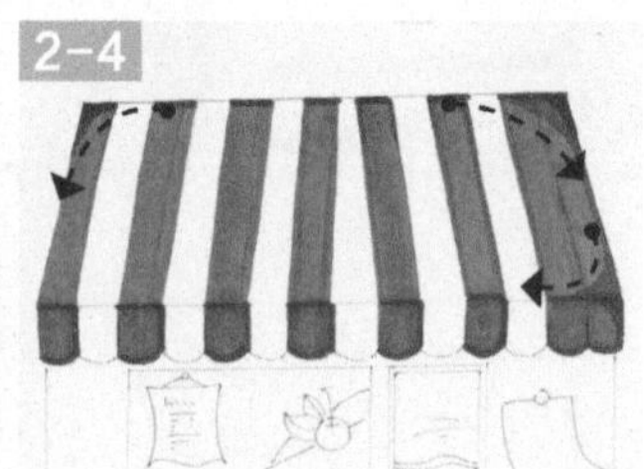

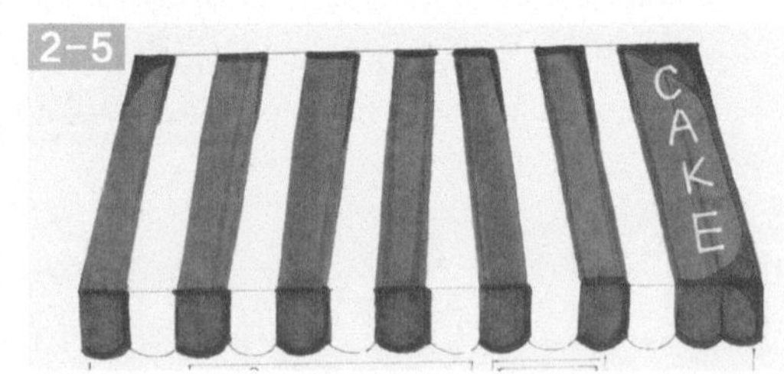

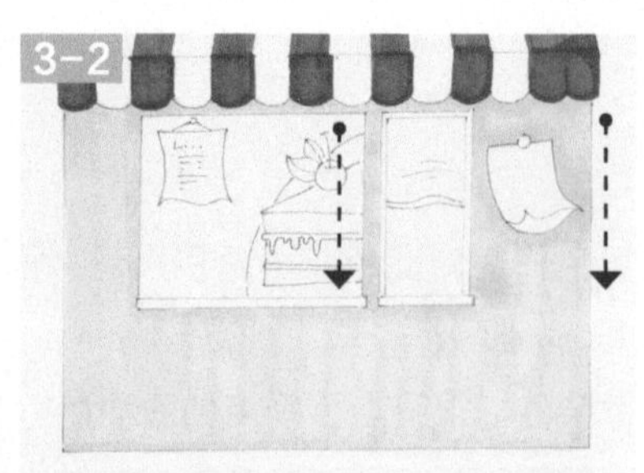

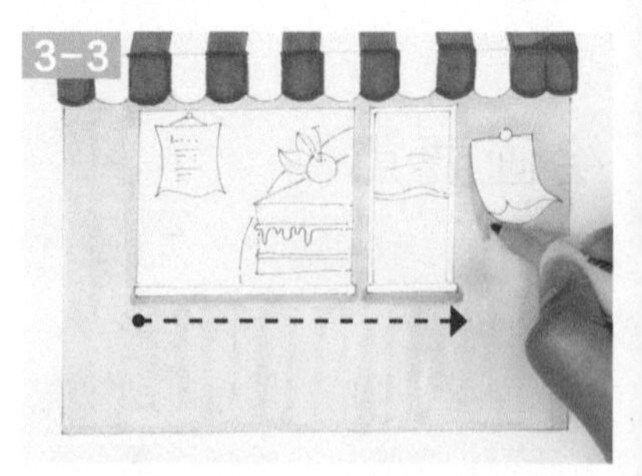

3

用淡紫色平涂上色，从左侧到右侧依次来画。屋顶、窗户和旁边纸张的投影，用同色叠加画出来。注意这三种投影的形状是不一样的。

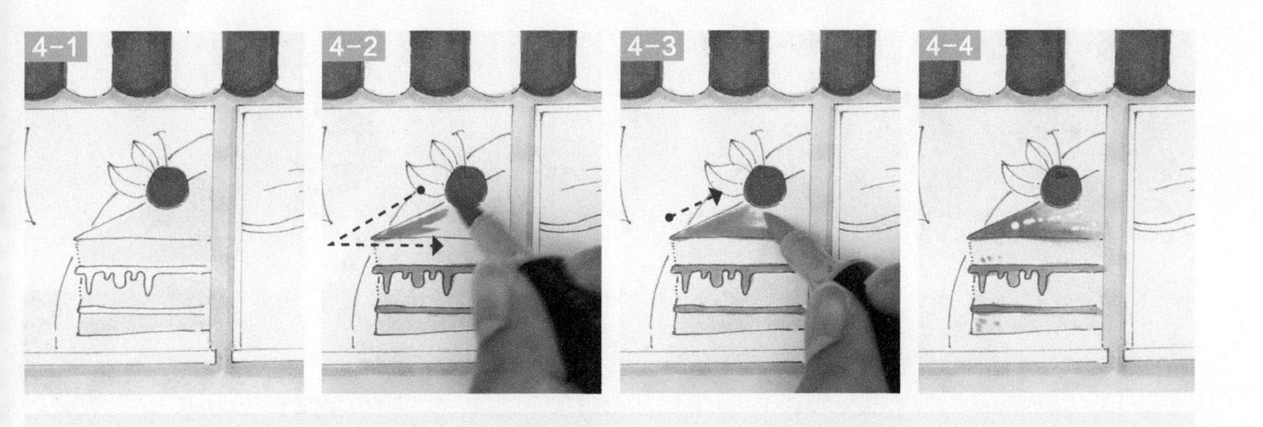

4

用浅肉橘色为蛋糕上色，然后用樱桃红色涂上樱桃的底色。用深肉橘色马克笔的软头笔画出颜色深的部分，再用 0 号笔把颜色由深色向浅色的部分晕染。最后在蛋糕顶面点涂上高光。

小提示

在这个案例中使用 0 号笔就是为了让蛋糕上的深颜色的过渡更自然。画完深色之后，快速换用 0 号笔，不要间隔太久。

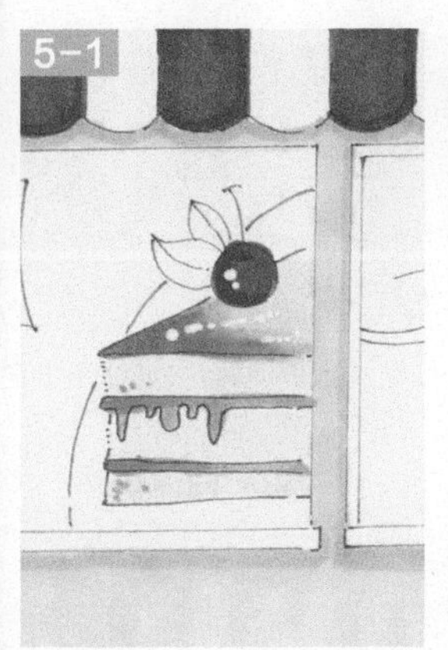

5

用深红色为樱桃画出暗部，用高光笔点出高光，用绿色画出叶子。加深蛋糕的夹心层，让蛋糕的细节更加丰富。

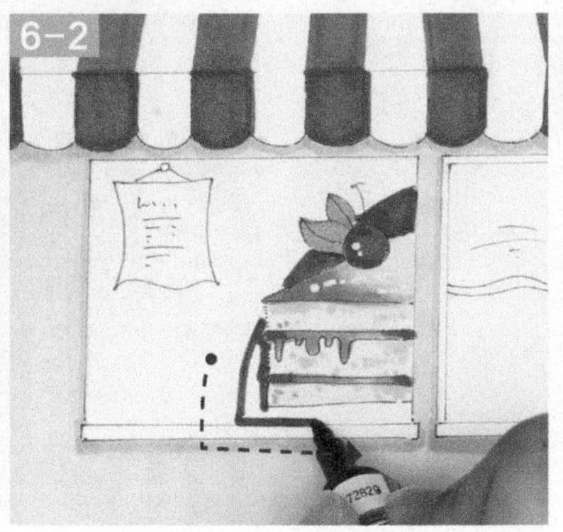

6

用深紫色画出蛋糕后边的背景。先勾勒区域的轮廓，再平涂填满。

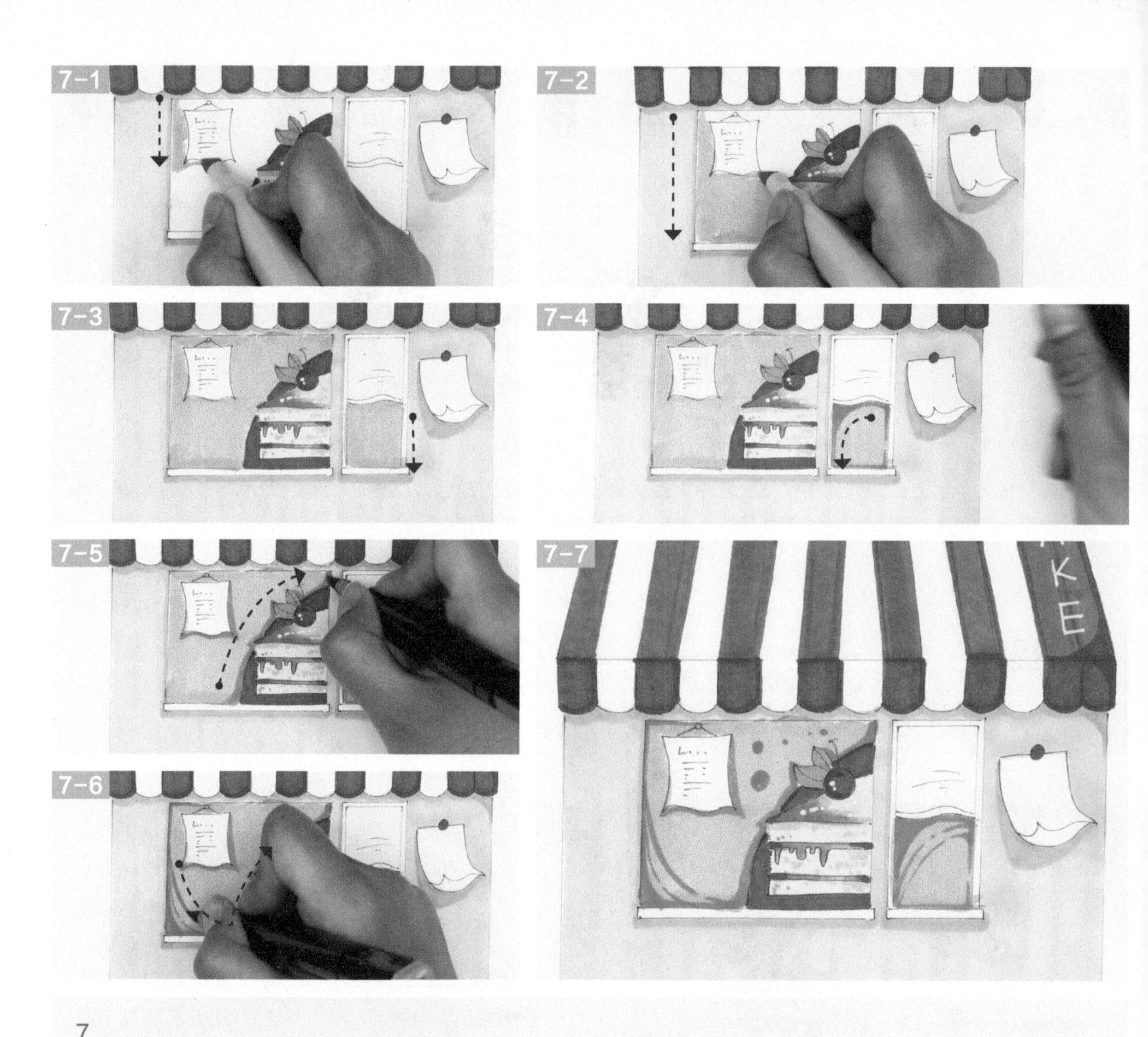

7

用黄色给大窗户剩下的区域和右侧窗户的下半部分上色，并为窗户边角的暗部和阴影上色，增加窗户的体积感。弧线的装饰线可以增加窗户的玻璃质感。

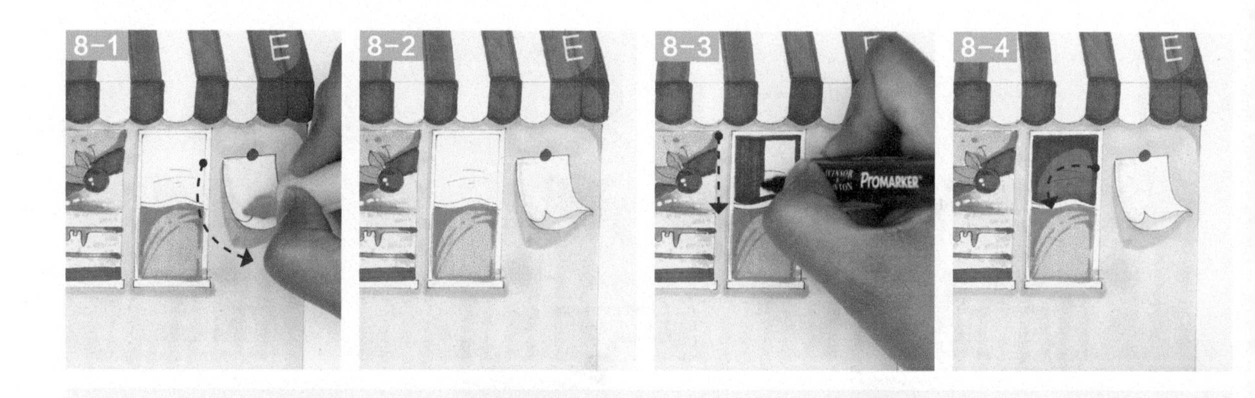

8

用浅灰色勾勒白纸的暗部，用深紫色画出小窗户上的窗帘，上部叠加画出暗部。注意在画面还没有完全干时，黄色和紫色之间要留白，防止两色晕染混合。

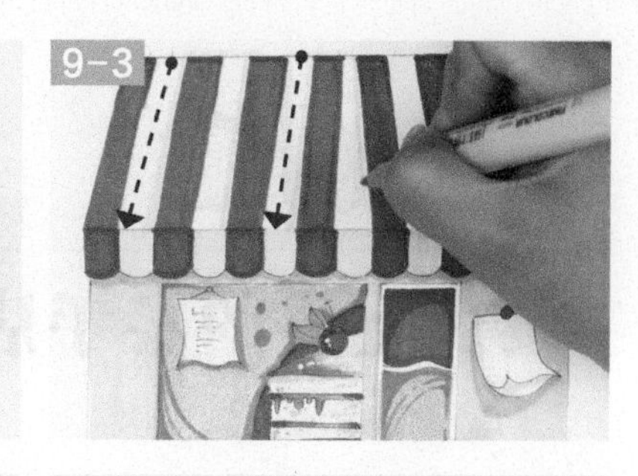

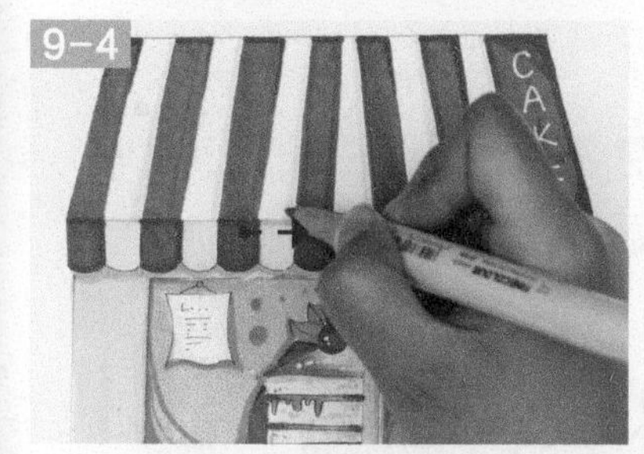

9

用浅灰色为屋顶白色条下垂的部分上色，然后依次勾勒顶面白色条的暗部。如9-4，最后加深两个面的转折处，使两个面区分明显一些。

10

用浅灰色加深屋顶白色条的暗部。换用店铺正面的淡紫色，画出边角处的暗部，再用明度相仿的淡蓝色画出墙角的装饰花纹。

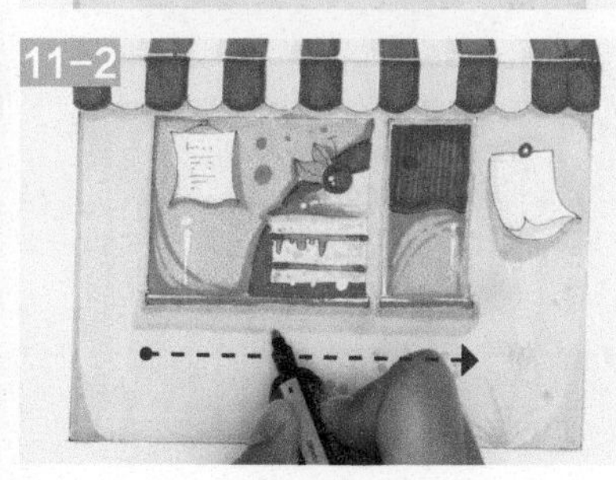

11

分别用窗框和窗台的固有色加深窗框和窗台，用深紫色画出窗帘的竖条装饰。用高光笔画出窗户的玻璃质感。最后把窗户下的阴影面积扩大一下。最终完成作品。

02

袅袅花香的买手店

绘画要点

1. 浅橘粉的色调本身就有温柔的感觉，但是大面积的这类颜色，在纸张颜色的影响下，会显得有些脏，适当地加一些高纯度的橘色，可以提亮画面。
2. 画之前，挑选好搭配颜色的色阶，不要在画的时候临时选。
3. 店铺整体偏简洁的时尚风，在添加装饰的时候，避免那些可爱的图案和造型。

参考配色

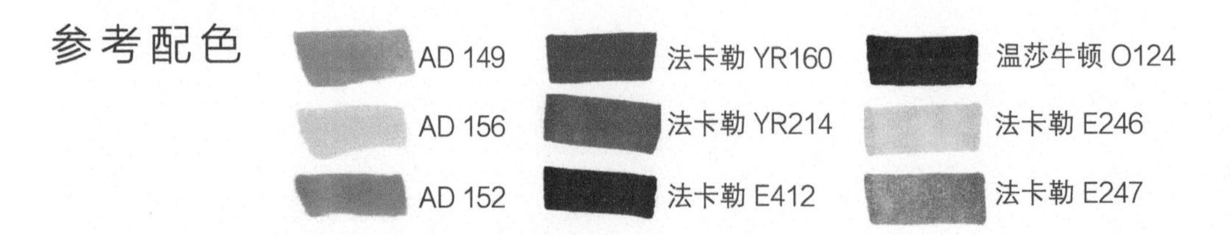

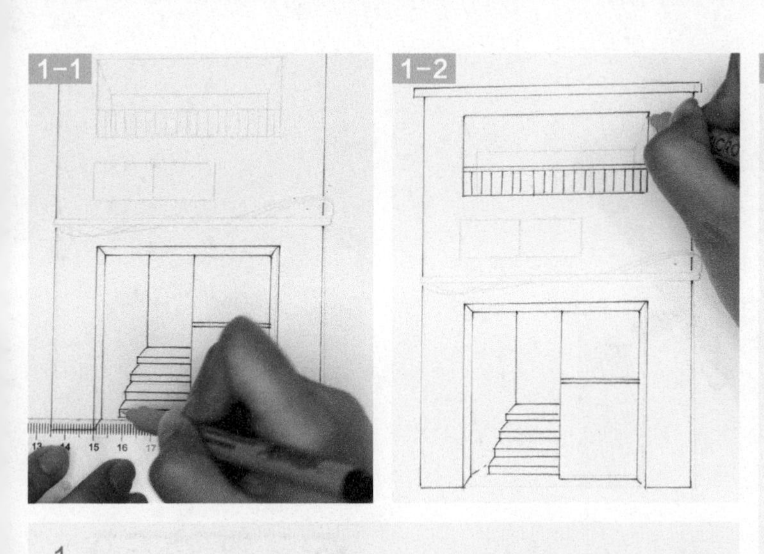

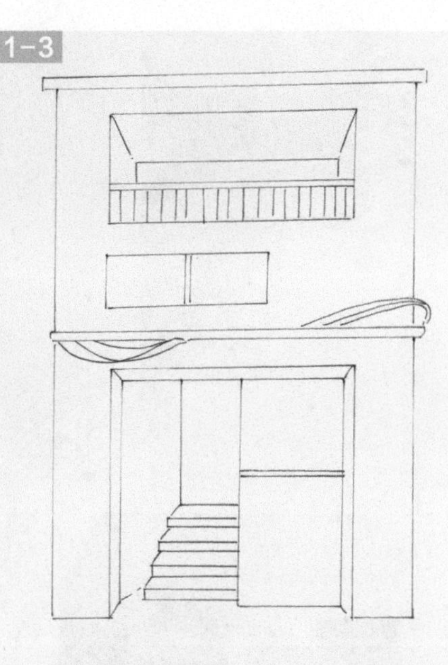

1

用铅笔起稿，然后借用直尺辅助勾勒出店铺的轮廓线，注意楼梯与阳台的透视关系。

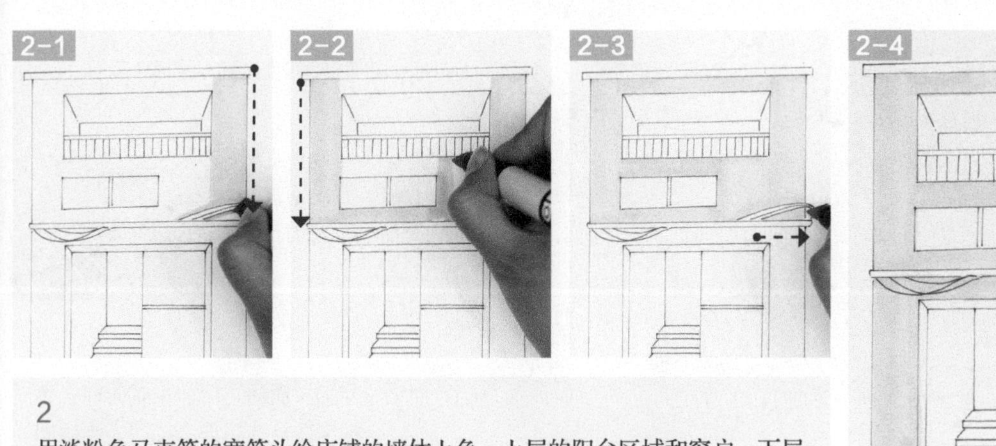

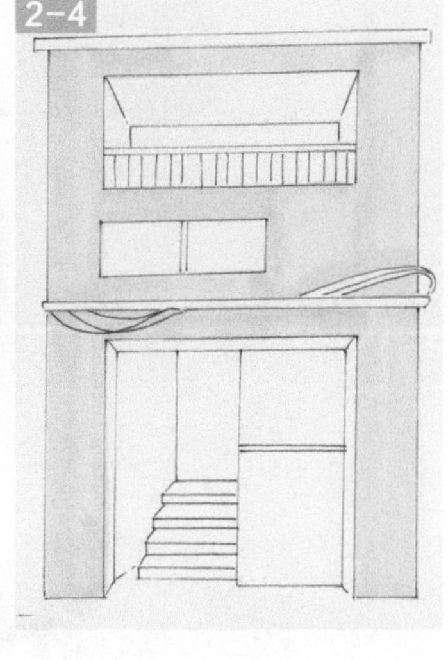

2

用淡粉色马克笔的宽笔头给店铺的墙体上色。上层的阳台区域和窗户，下层的门和楼梯都留白。

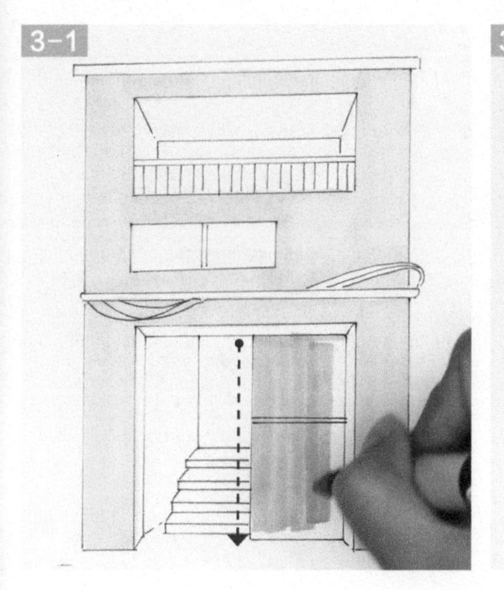

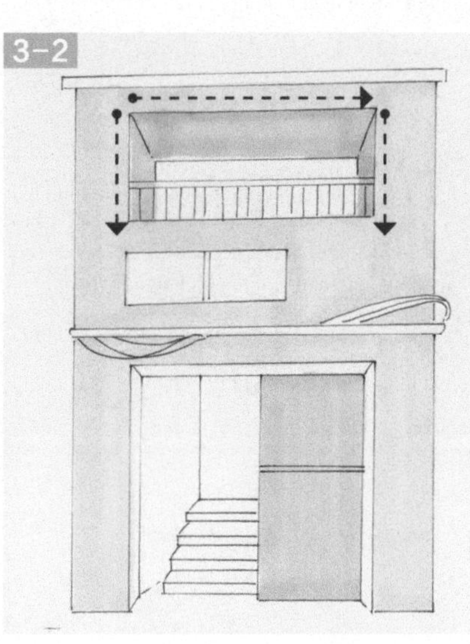

3

用浅肉橘色马克笔的宽笔头竖向用笔，给下层的门和二层上色。

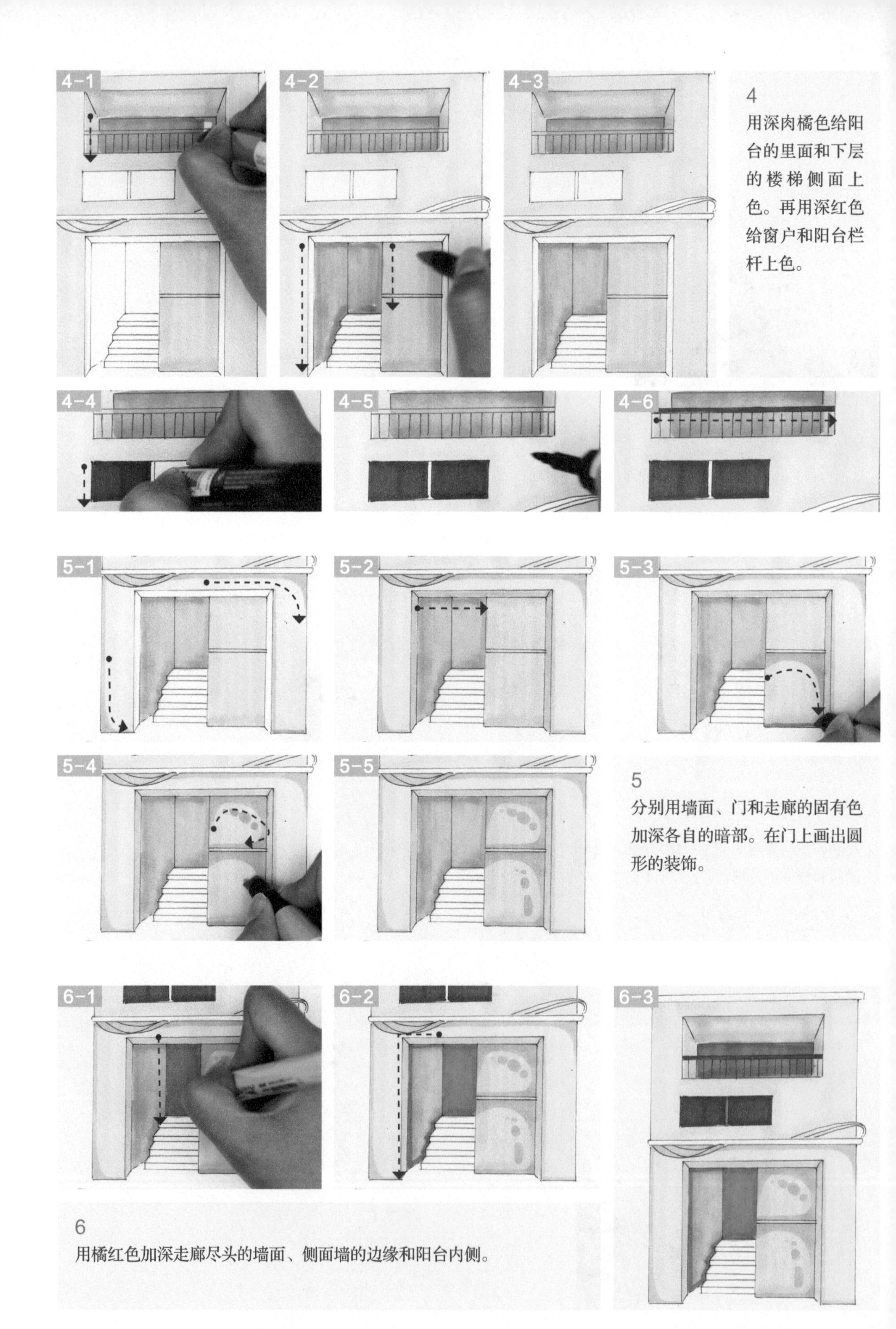

4
用深肉橘色给阳台的里面和下层的楼梯侧面上色。再用深红色给窗户和阳台栏杆上色。

5
分别用墙面、门和走廊的固有色加深各自的暗部。在门上画出圆形的装饰。

6
用橘红色加深走廊尽头的墙面、侧面墙的边缘和阳台内侧。

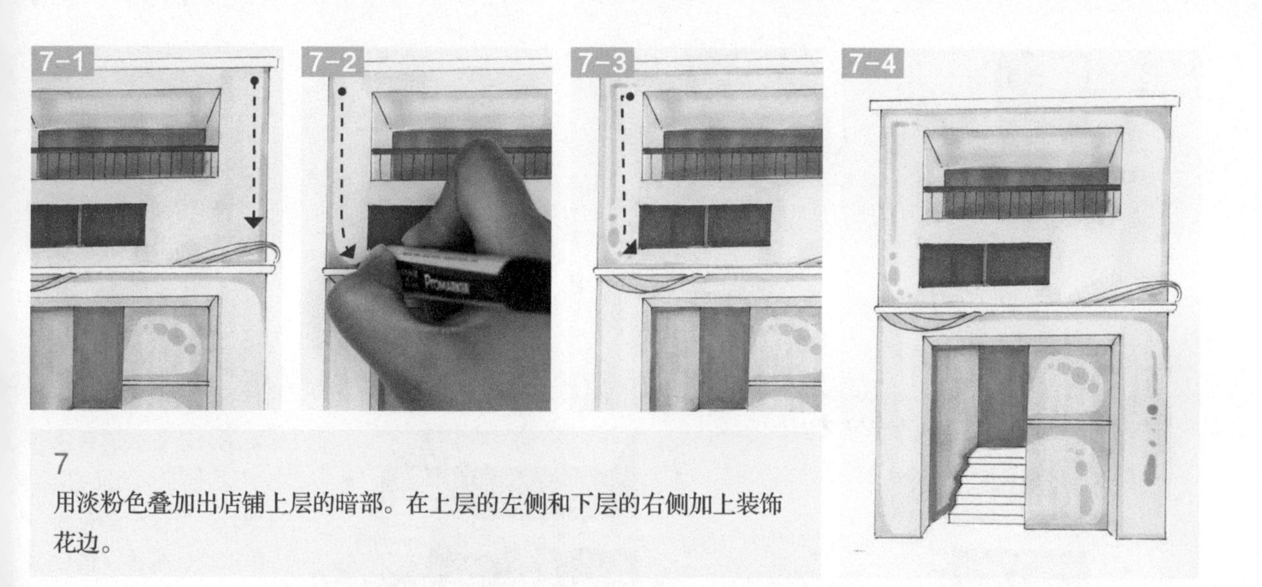

7

用淡粉色叠加出店铺上层的暗部。在上层的左侧和下层的右侧加上装饰花边。

小提示

马克笔颜色透明，浅色上可以叠加深色，所以在画的时候，要由浅到深上色。案例里，在浅肉橘色上叠加了橘色，既拉开了色彩层次，又使画面较为协调。

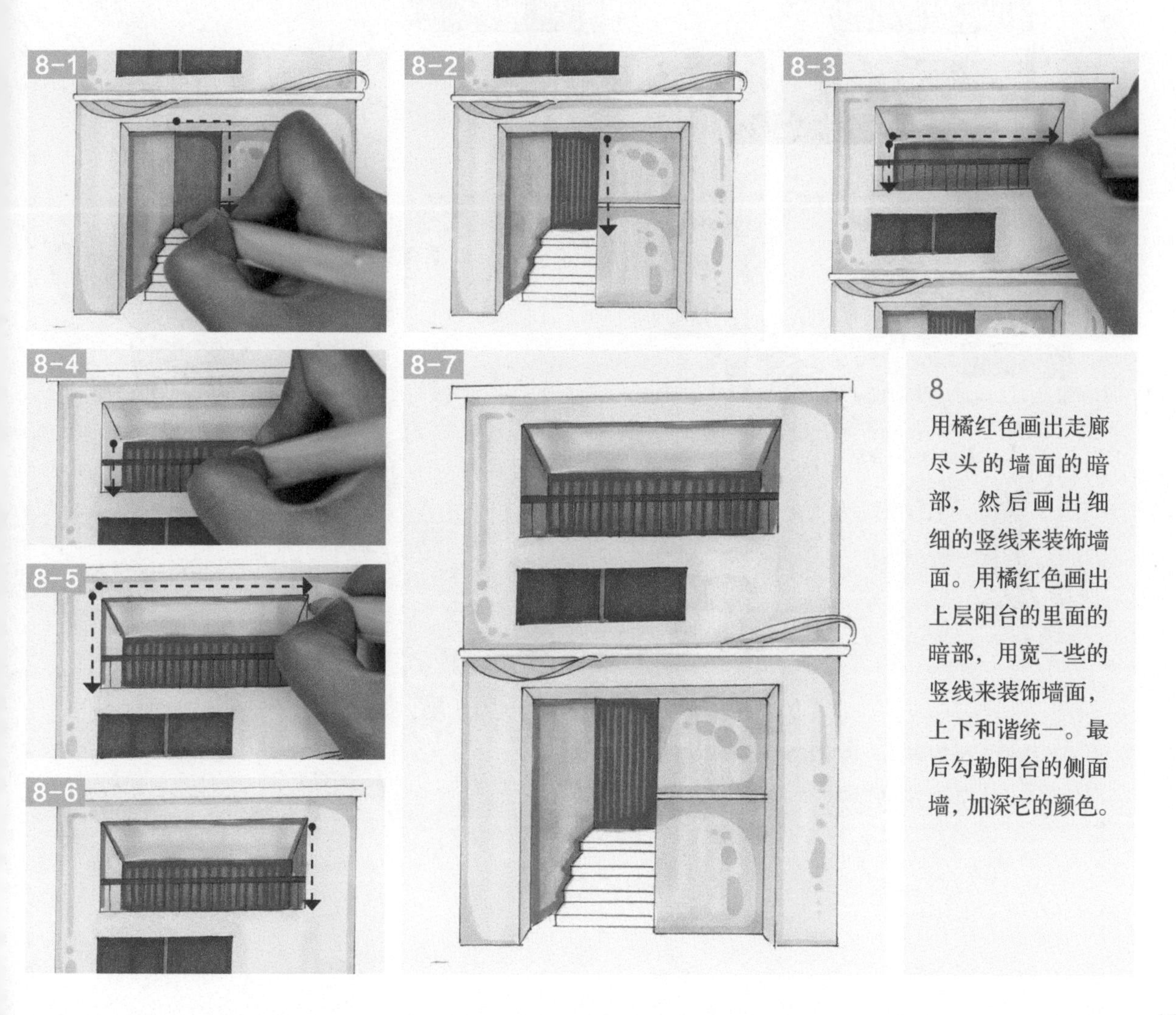

8

用橘红色画出走廊尽头的墙面的暗部，然后画出细细的竖线来装饰墙面。用橘红色画出上层阳台的里面的暗部，用宽一些的竖线来装饰墙面，上下和谐统一。最后勾勒阳台的侧面墙，加深它的颜色。

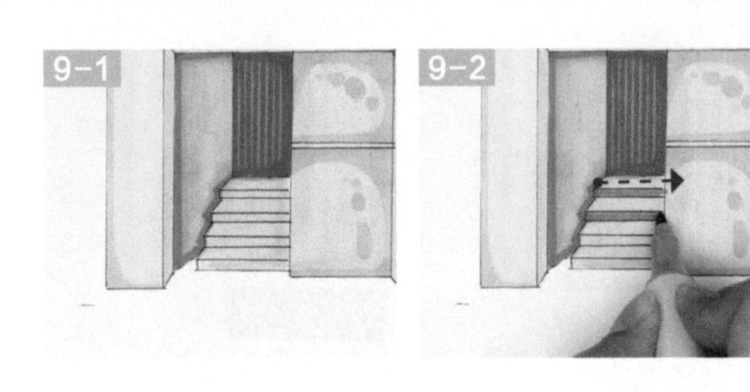

9

用浅咖啡色平涂台阶区域，再用深咖啡色平涂台阶的立面，画出体积感。

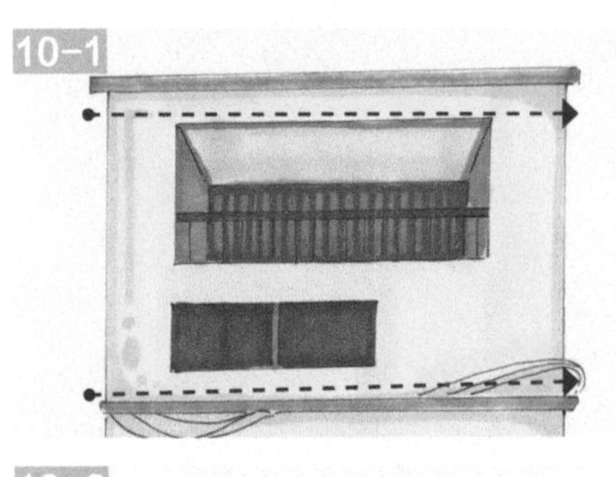

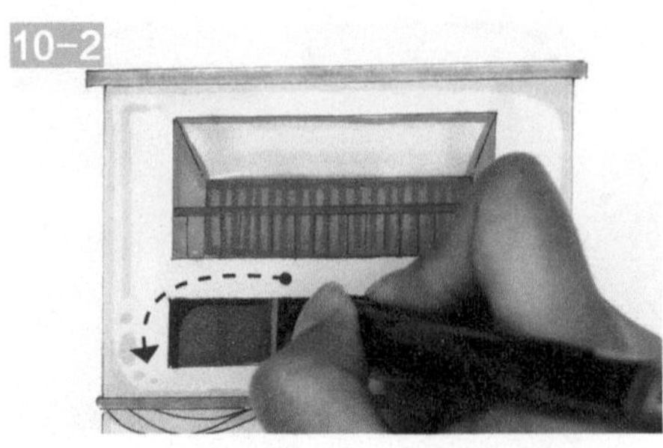

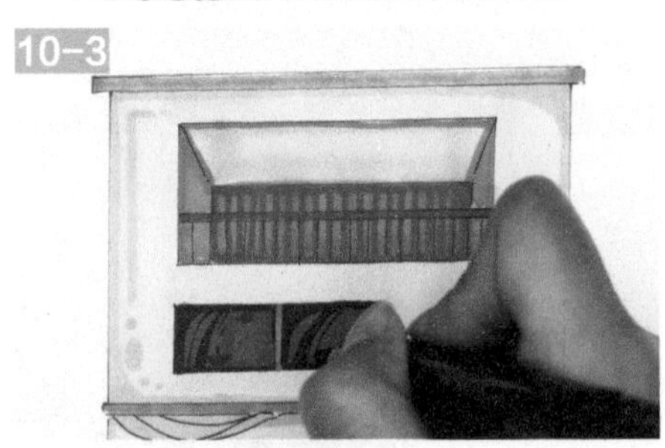

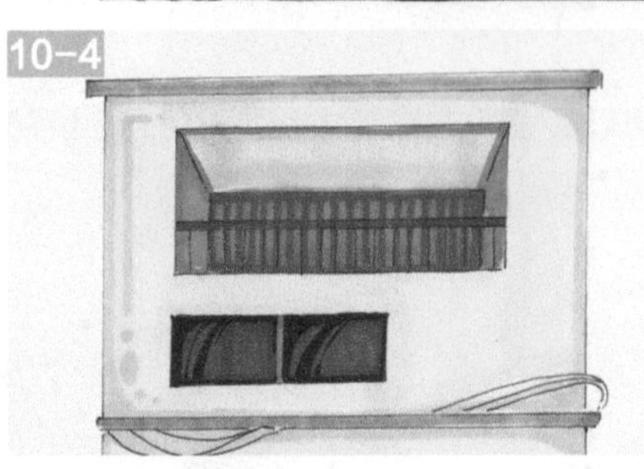

10

用画台阶立面的颜色平涂上下两层的屋檐。再用深咖啡色画出玻璃的暗部，最后用笔尖扫画出玻璃的反光质感。

11

用同色叠加屋檐的暗部，再用橘色加深门边的颜色。最后用高光笔在屋檐处、玻璃和墙面点画出高光。最终完成作品。

03

橙香咖啡馆

绘画要点

1. 咖啡馆选用了橙色系的配色方案，鲜艳的颜色能让人感受到咖啡馆的甜蜜热情。
2. 画面中心主色是血橙色，用邻近色黄色来配搭，也是带有温暖感觉的。
3. 画面中的长直线可以借助尺子来画。

参考配色

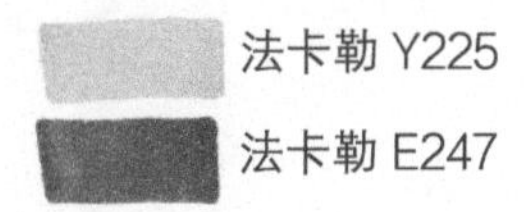

法卡勒 Y225
法卡勒 E247

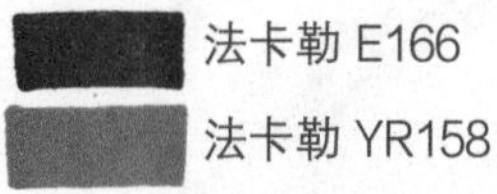

法卡勒 E166
法卡勒 YR158

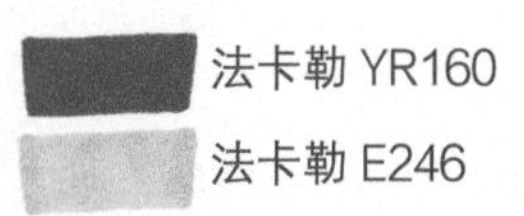

法卡勒 YR160
法卡勒 E246

1

用铅笔起型，画出咖啡馆的正面，整体是方形的。在画面的左侧加一盏吊灯，平衡画面左侧的空白。店铺的招牌长度远远长于高度，使整个画面有横向延伸的感觉。

2

用偏暖的黄色来画方形窗户、门上的圆形的窗户，以及左侧吊灯的灯泡。画圆形区域时，先画轮廓，再涂满中间。

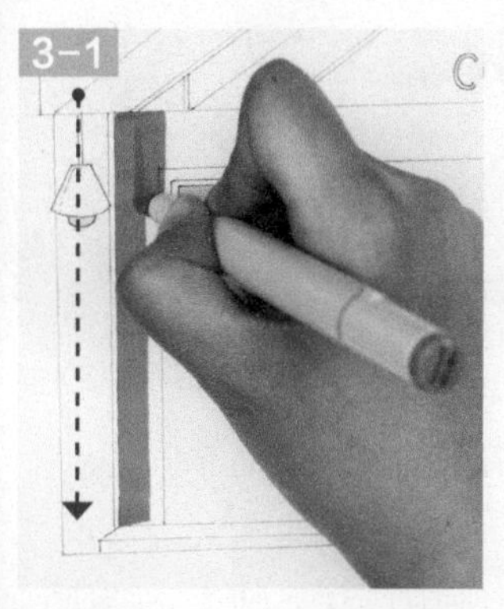

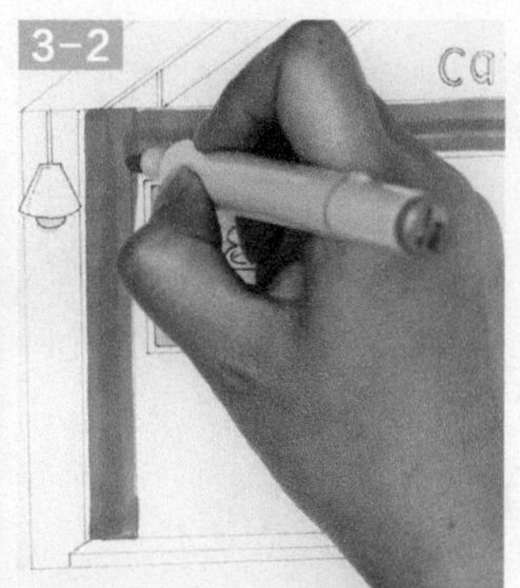

3
用橙色画店铺四周的装饰条。注意用马克笔的方头沿着边缘来画。

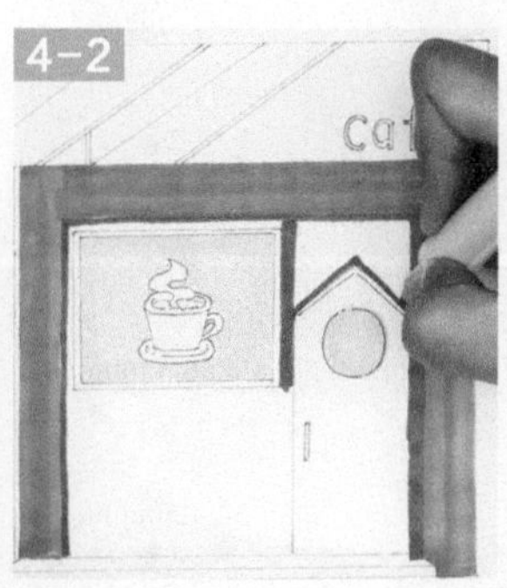

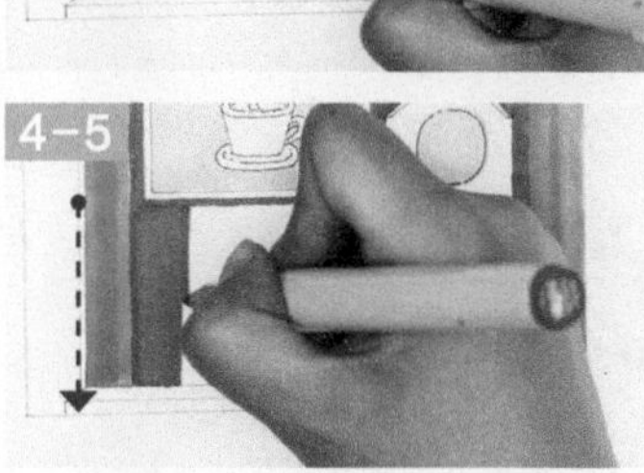

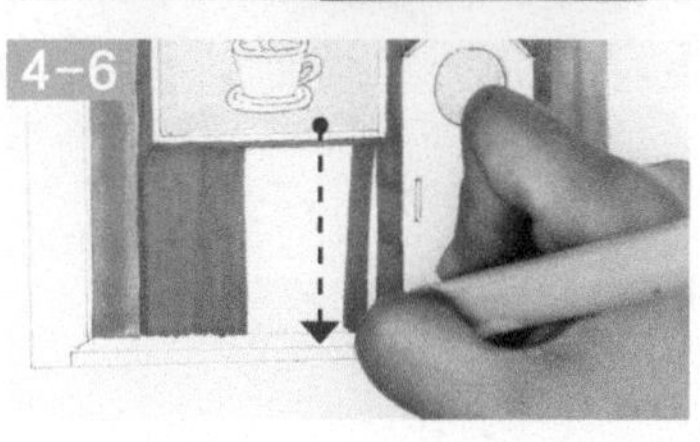

4
用深橙色来画中心部分的店铺装饰。把需要上色的部分区分好，先轮廓后中心的顺序涂满颜色。尽量不要多次反复用笔画一个区域，以免颜色不匀。

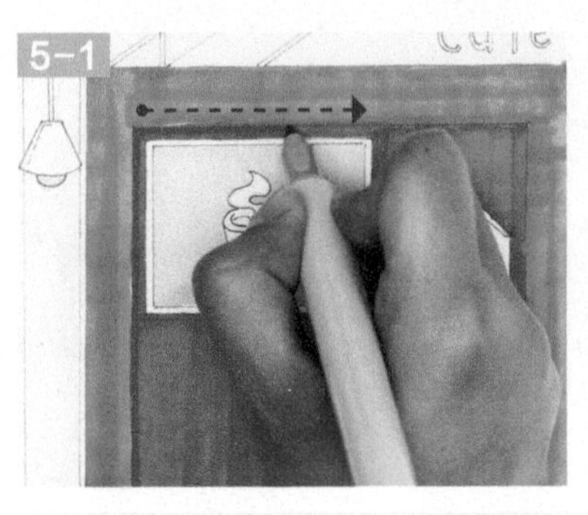

5

用橘红色来加深边缘线，同时画出窗户下面和门旁边的阴影。

6

用红褐色画出门的上边缘，用浅土黄色平涂门。

7

用深黄色，给窗户画上格子状的装饰条。注意不要涂到中间的咖啡杯里。

小提示

在大面积的平涂时，可以根据需要上色的形状，整齐地画出深浅一致的色块，注意不要重复上色。即使用同一根笔，上色的层数不同，颜色也会有很大的不同。

8

先后用深浅不同的两种咖啡色马克笔画出咖啡杯。杯子上的蒸汽用淡淡的灰色上色。

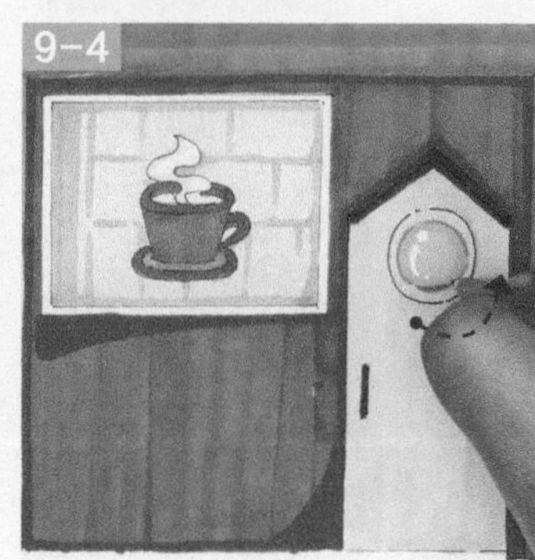

9

加深圆形的窗户中间的颜色。用高光笔画出高光，画出立体感。用浅橙色的勾线笔，画出轮廓线。用橙红色画出踢脚线处的装饰花纹。

10

用咖啡色勾线笔画出杯子周围的装饰线，用高光笔画出玻璃质感的线条。用浅咖啡色给招牌的字体上色。先后用深浅不同的两种淡黄色给台阶的顶面和侧面上色，深浅变化可以表现出台阶的体积感。

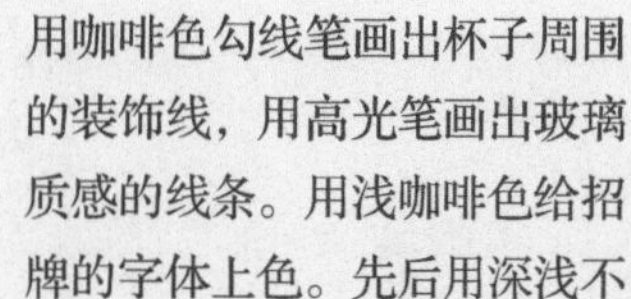

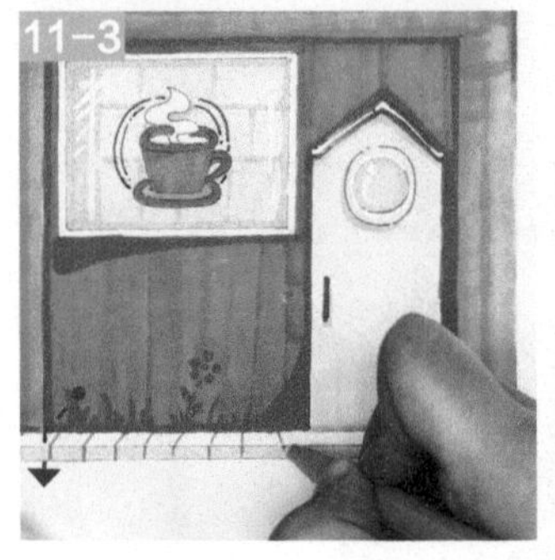

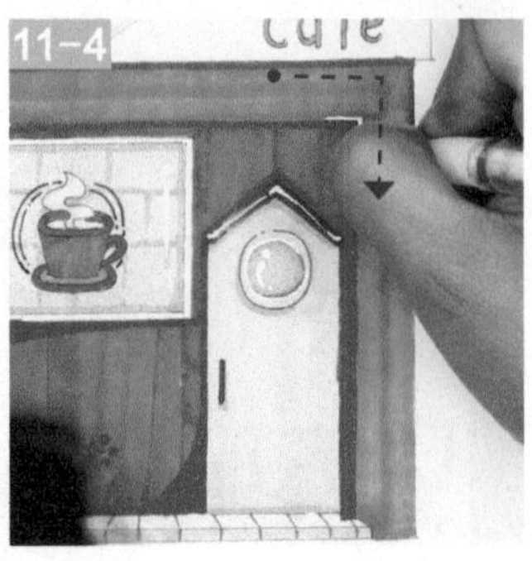

11

用深灰色加深圆形窗户和门框的阴影，用橘色勾线笔画台阶的装饰线，最后用高光笔给店铺正添加高光。

小提示

马克笔的笔尖较粗，很多细节照顾不到，可以灵活使用彩色勾线笔丰富画面的细节。在绘画时，用比马克笔相同颜色再深一些的彩色勾线笔。比如步骤 11 中用橘色勾线笔叠加，在黄色的台阶上画出纹理。

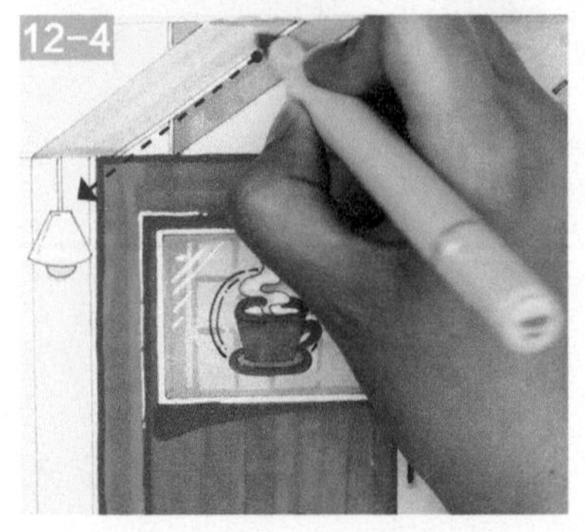

12

用黄色平涂招牌，在名字的周围添加圆形装饰。再用浅肉色画倾斜的装饰板，加深侧边和在黄色底面的阴影，注意强调前后关系。

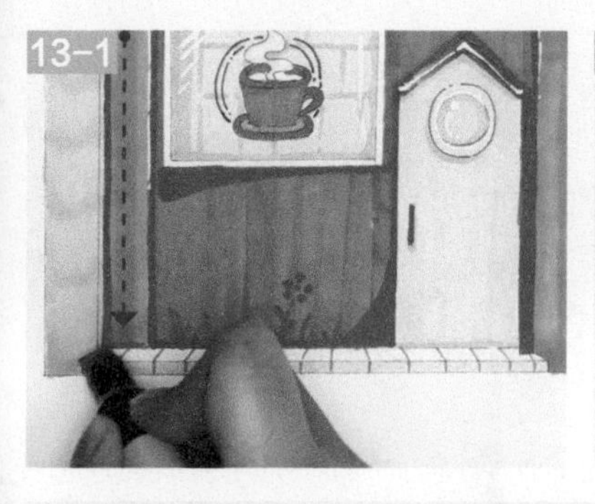

13

用与招牌相同的黄色给左边上色。用浅咖啡色给招牌左侧的方形上色，用深咖啡色对边缘线加深。

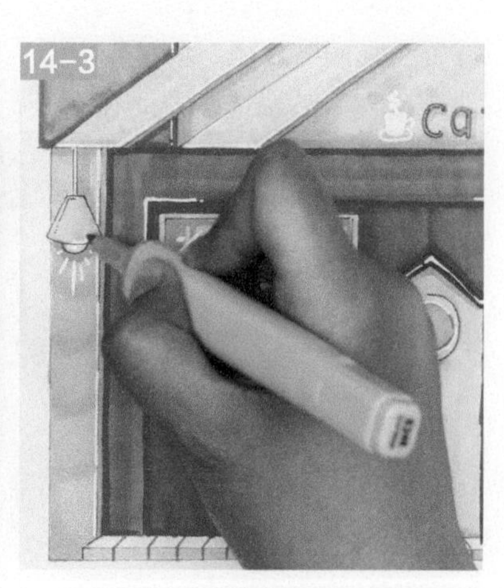

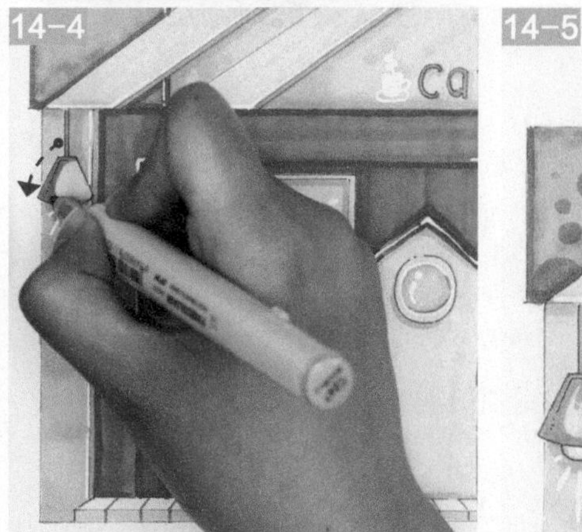

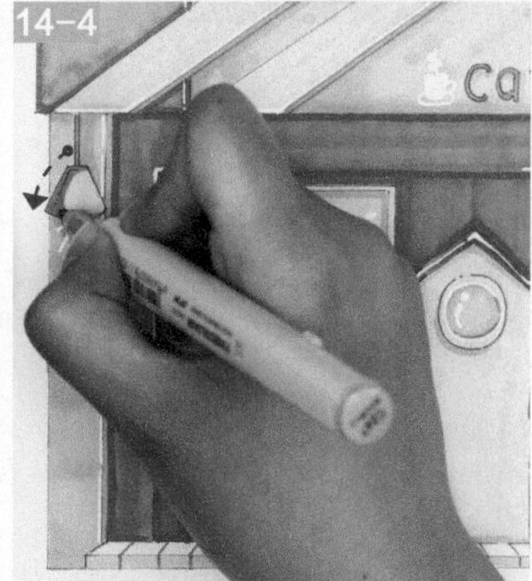

14

用高光笔画出招牌的边缘高光和吊灯的光线。用咖啡色勾线笔画出黄色窗子的轮廓。给吊灯上色时注意灯罩的暗部要与方形窗子的阴影方向一致。再换用高光笔画出门角的装饰。

15-1

15-2

15
用极淡的暖灰色叠加在门面上，形成装饰色块，让画面不单调，也可以表现阴影。

16-1

16-2

16-3

16-4

16-5

16
用深一点的颜色加深倾斜装饰板的边缘和阴影，增强体积感。加深店铺两侧的角落，用固有色再次叠加即可。最后用高光笔画出门上的高光，增加画面的体积感。最终完成作品。

04

草莓甜品屋

绘画要点

1. 画面整体是红色调的，高纯度的红色容易让人感觉焦躁，所以在配色上使用了浅脏橘色和明黄色，使画面的色调偏水果系，更有酸甜的草莓味道。

2. 可以简单地处理小部件的部分。先用单色平涂，叠加出暗部深色，最后用高光笔勾勒亮部。这样画既有体积感，还不会让颜色看起来混乱。

参考配色

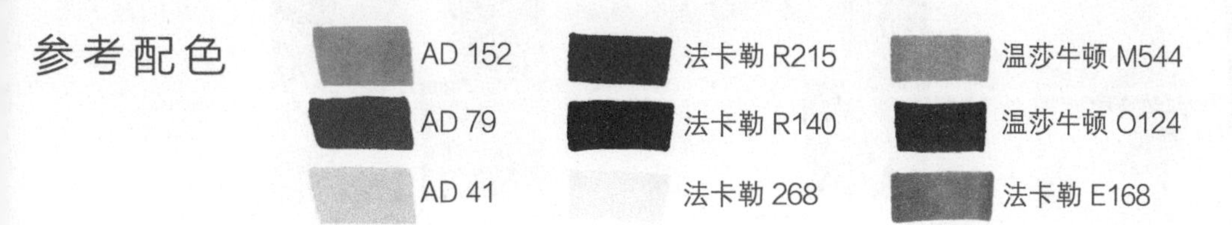

1

案例中的店铺是正视角，起稿的时候可以借助直尺画出平直的线条，只要不画歪了，就不会出现透视的问题。为了使画面不会太过单调，所以门口的左右分别放置了两块提示板，角落放了一条长凳，窗台上放了一盆植物。植物的形态比较复杂，放在窗台的右侧会更好地平衡画面。

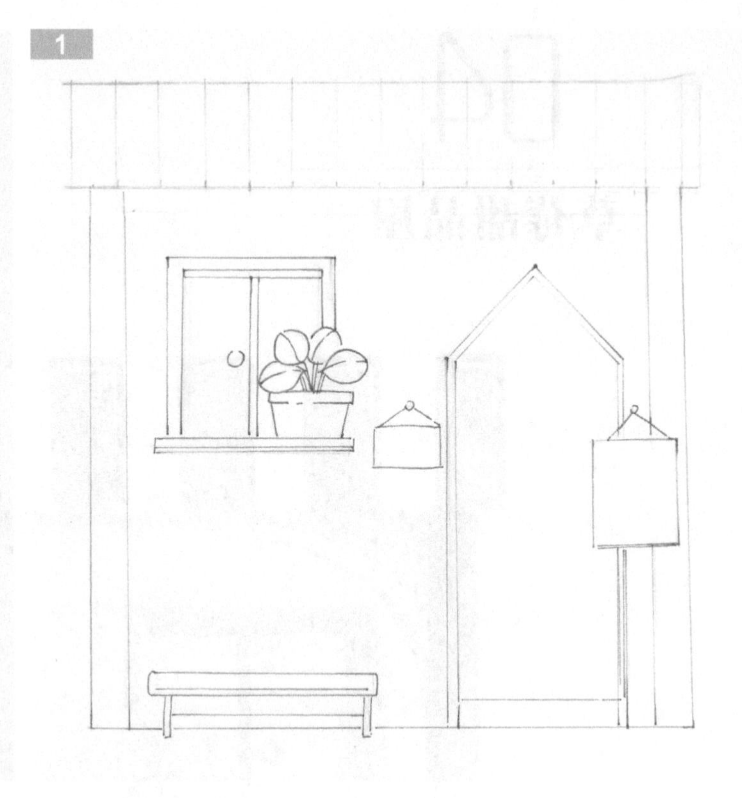

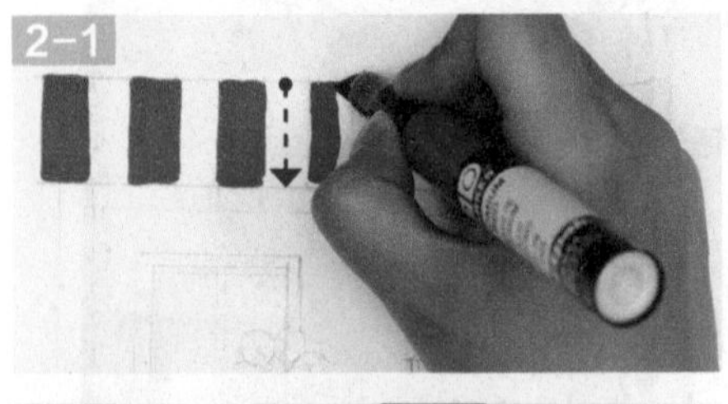

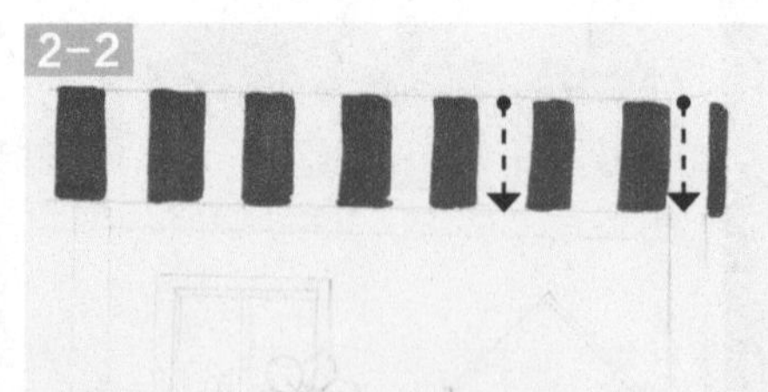

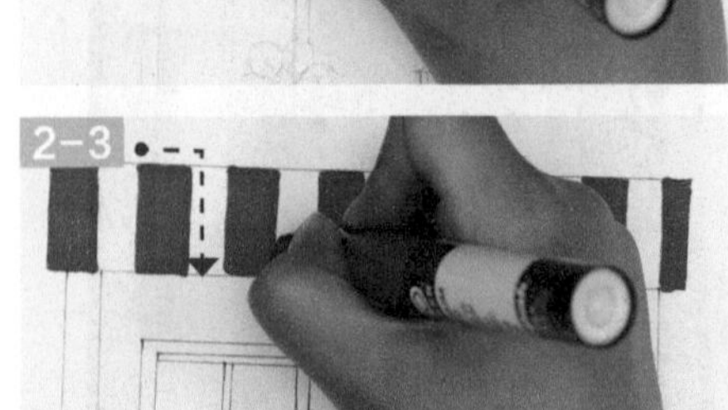

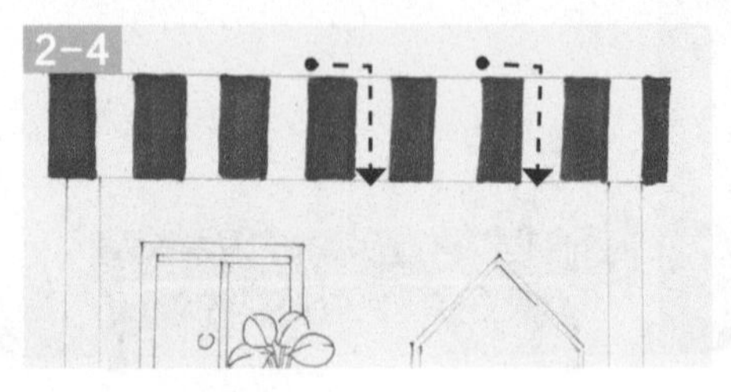

2

用红色马克笔的宽笔头平涂店铺的招牌。然后仔细地勾勒色块的边缘，使边缘线整齐。

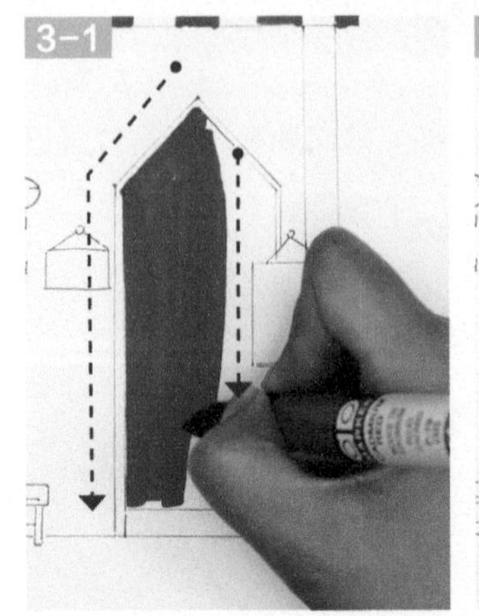

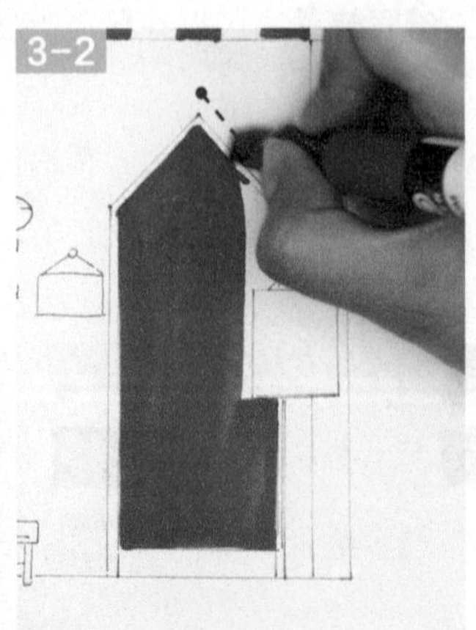

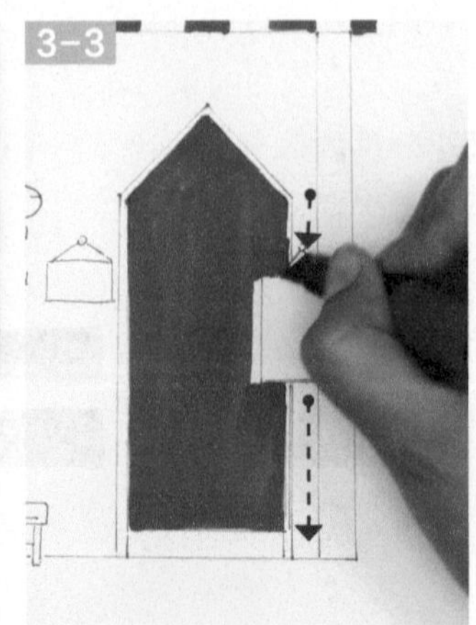

3

接着用相同的颜色平涂门，边缘的部分用笔头的侧面来涂，保持颜色的均匀。

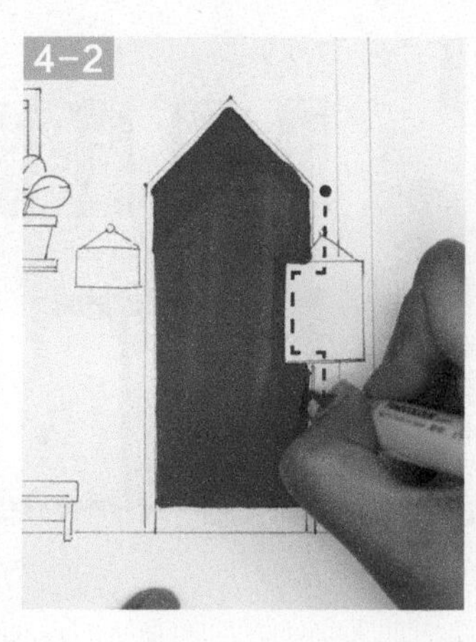

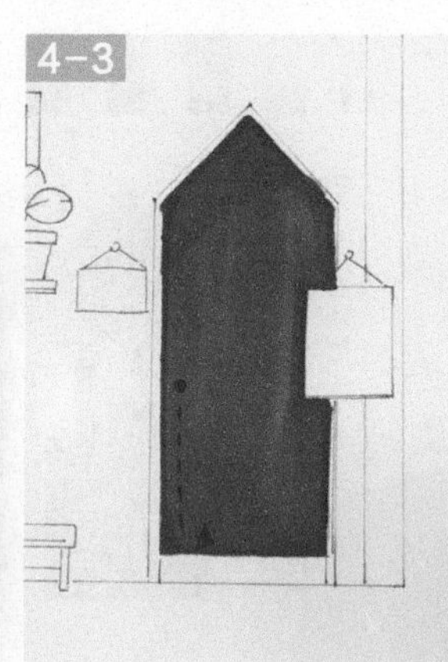

4
用相同的颜色加深红色门的暗部。深颜色多次的叠加，颜色的深浅变化很明显。

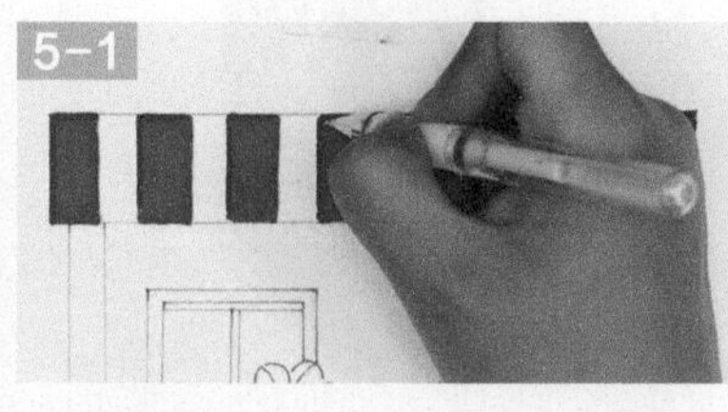

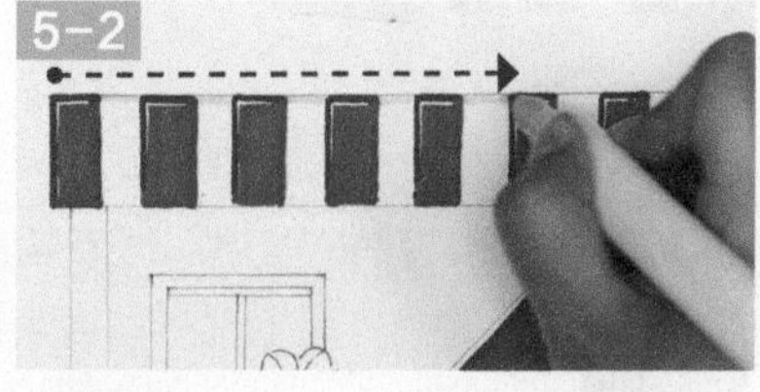

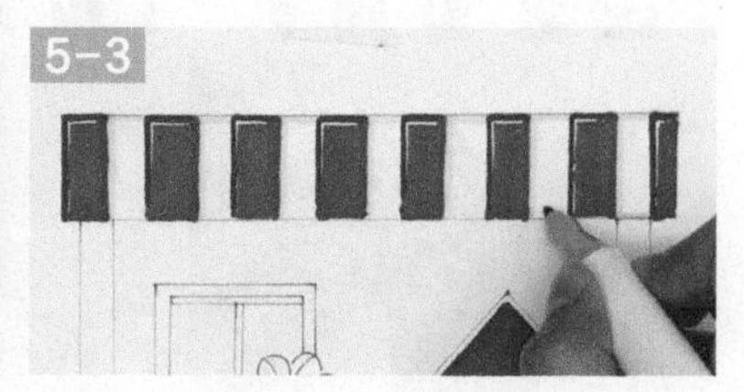

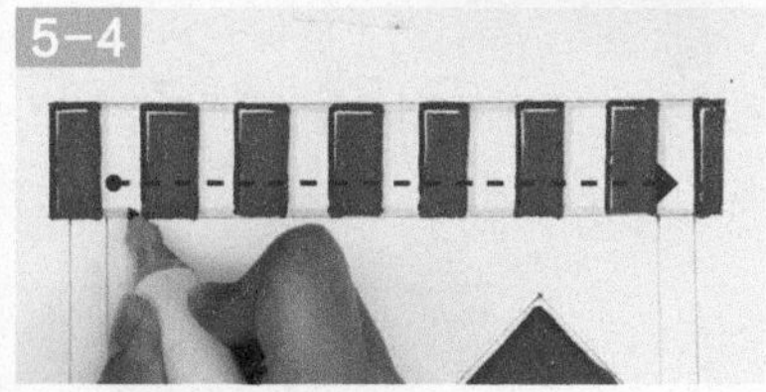

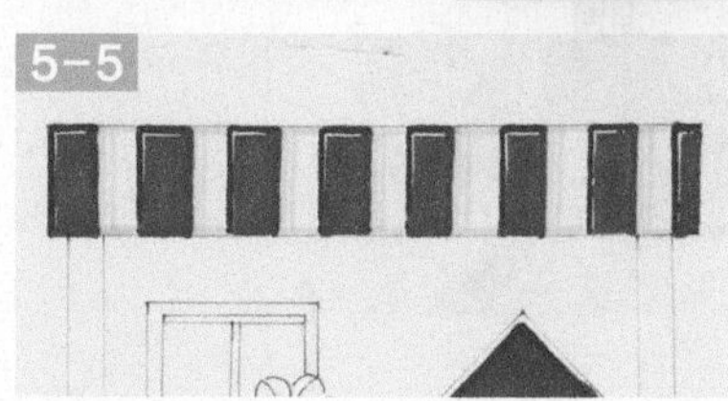

5
用高光笔画出亮部的高光。再用浅灰色画出白色区域的暗部。

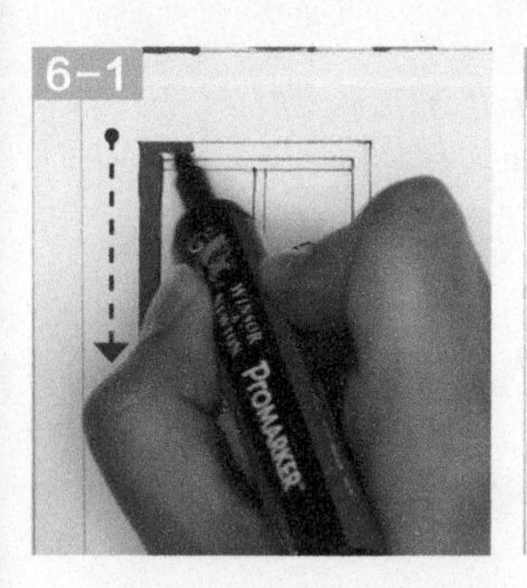

6
用深浅不同的两种红色画出窗户的边框。用深红色勾勒细节，增加窗框的体积感。

7
用深红色把门框勾勒一遍，加深边缘和暗部。门和窗框的颜色统一。

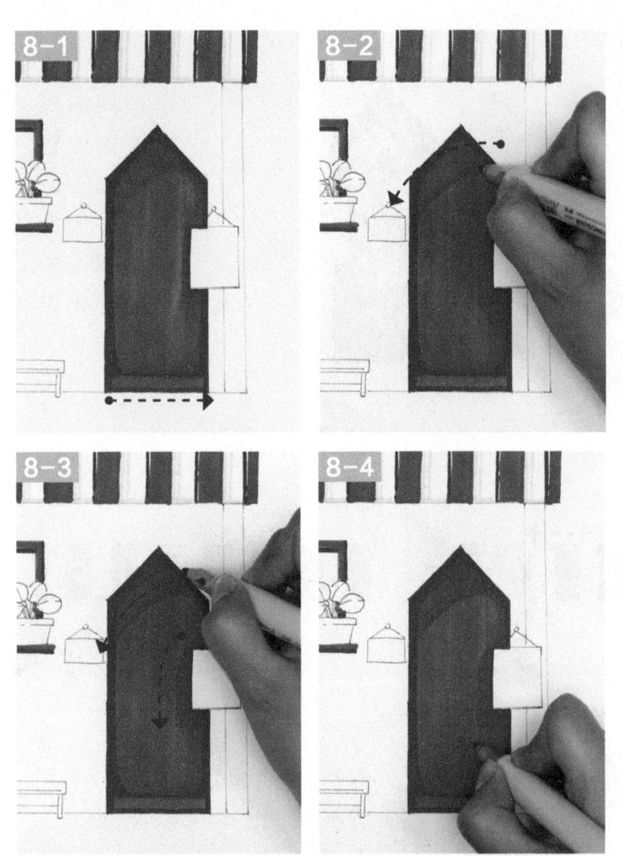

8
用深红色马克笔的细笔头，勾勒门上的深色区域。相较于平涂，这种有层次的处理会使画面细节更丰富。最后在门边加上装饰花纹。

9
用绿色画出植物的叶子。再用浅咖啡色画出花盆，暗部和装饰线用深咖啡色来画。再用深绿色勾勒叶子。

小提示

画面整体是红色调的，所以在细节部分，使用了对比色——绿色。这样的对比色，可以增加画面的丰富感，但是绿色不要用得太多，不然画面对比感太过强烈，色调就不和谐了。

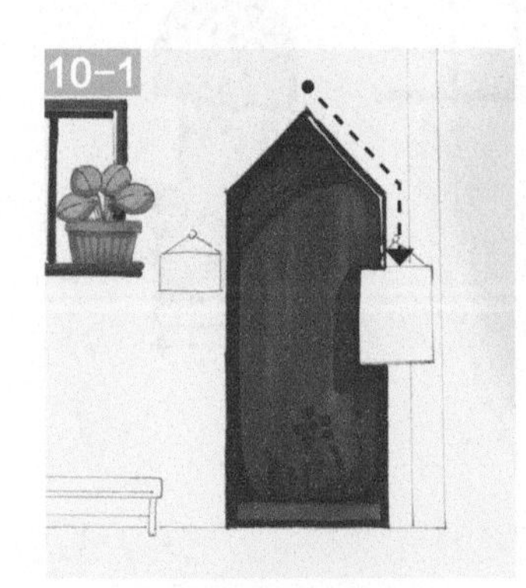

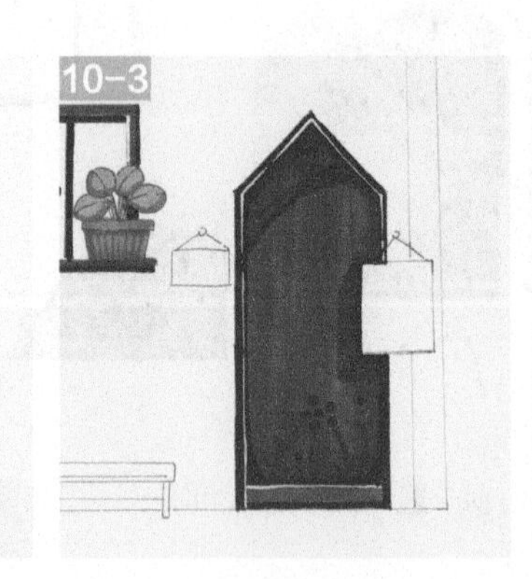

10
用高光笔把门框勾勒一遍，增加门的体积感。

11

先用红色马克笔的宽笔头涂满旁边的立柱的区域，再用宽笔头的尖角处理勾勒边缘，均匀平涂立柱。最后加深边缘，使颜色富有层次。

小提示

使用相同的红色画面颜色会略显单调，所以招牌和门的红色用的是 AD 牌的马克笔，这里立柱的红色使用的是温莎牛顿牌的马克笔。虽然是同样的颜色，不同品牌之间还是有些许差别，这样更好地丰富了画面的颜色。

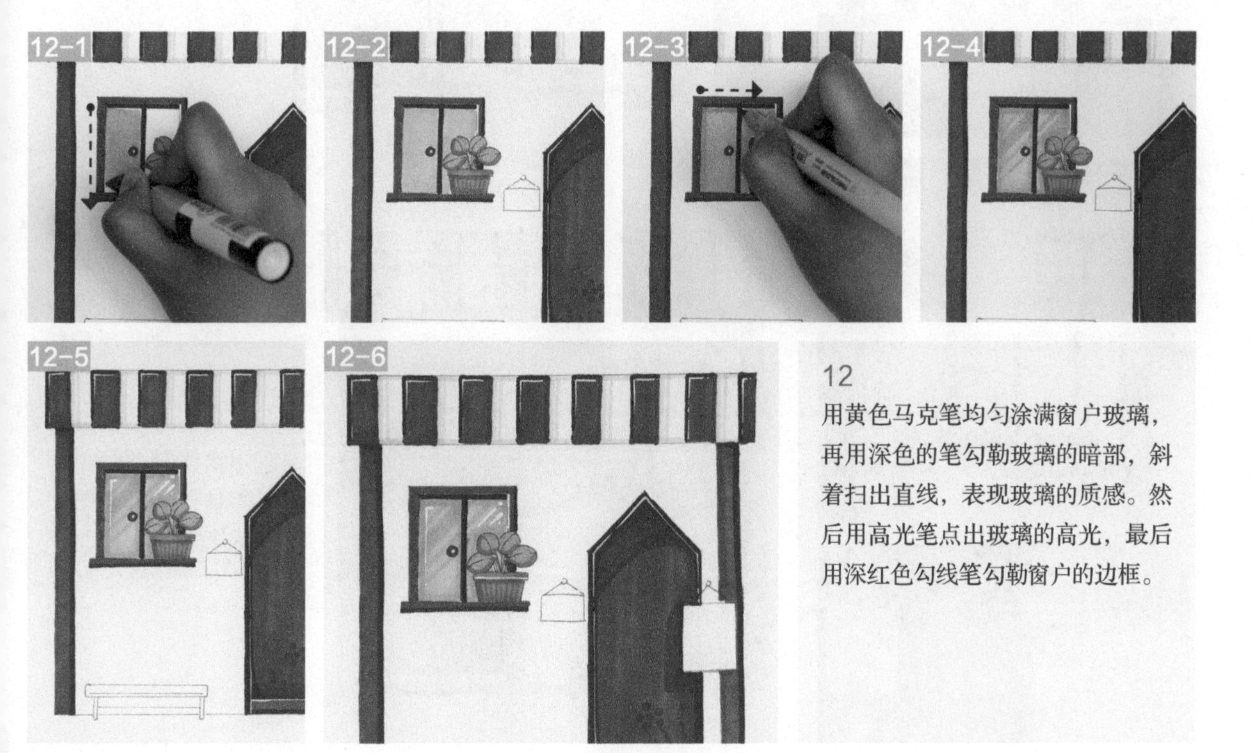

12

用黄色马克笔均匀涂满窗户玻璃，再用深色的笔勾勒玻璃的暗部，斜着扫出直线，表现玻璃的质感。然后用高光笔点出玻璃的高光，最后用深红色勾线笔勾勒窗户的边框。

13

用浅肉橘色的宽笔头涂满店铺的墙面。

14

用细笔头画出装饰墙的暗部和窗台门框的阴影。用与窗户玻璃相同的黄色画出门旁边的提示牌，分别用高光笔和咖啡色的彩色勾线笔勾勒亮部和挂绳。最后用咖啡色画出门口的长凳，用高光笔提亮，画出体积感。最终完成作品。

05

柠檬草书店

绘画要点

1. 这幅作品整体是绿色调的，有着雨后清新的柠檬草色。为了进行区分，前面的植物搭配了少见的蓝色，让清新的感觉更浓郁。

2. 主体色并不是很浓重的绿色，画面中缺乏深色，所以把中间的展示橱窗部分处理成深色，起到了稳定画面的作用。

参考配色

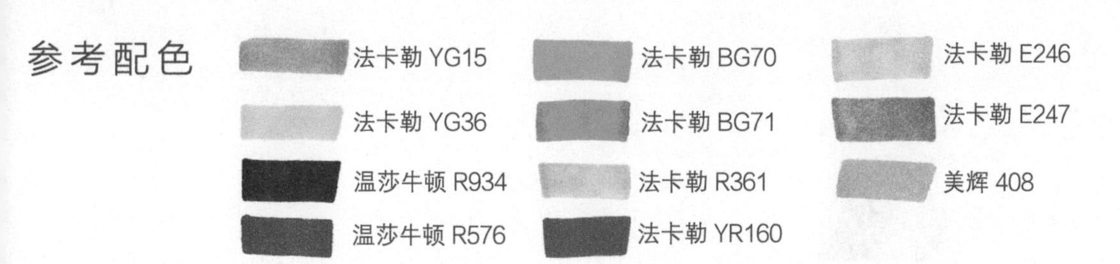

法卡勒 YG15
法卡勒 YG36
温莎牛顿 R934
温莎牛顿 R576
法卡勒 BG70
法卡勒 BG71
法卡勒 R361
法卡勒 YR160
法卡勒 E246
法卡勒 E247
美辉 408

1-1

1-2

1

勾勒轮廓线时，注意前后遮挡关系，特别是画面中的植物叶子。

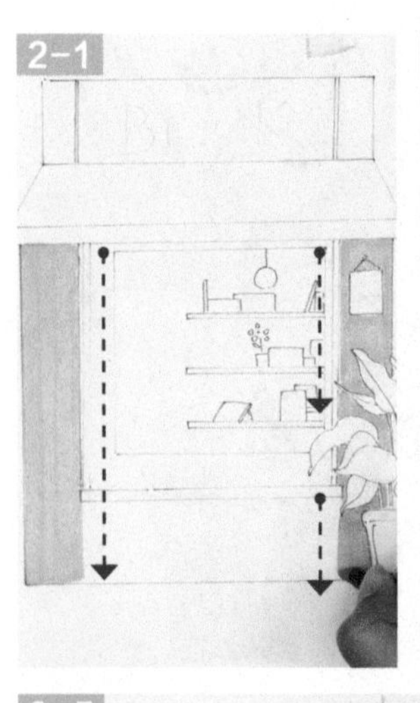

2-1

2-2

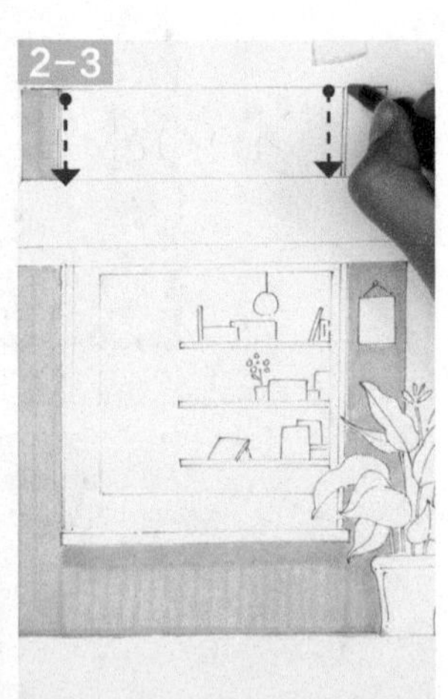

2-3

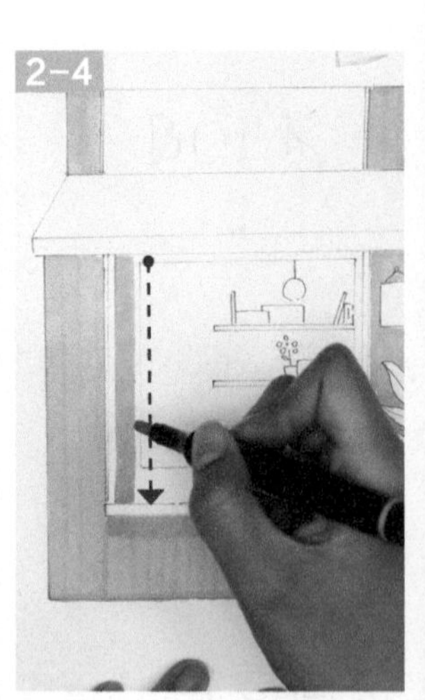

2-4

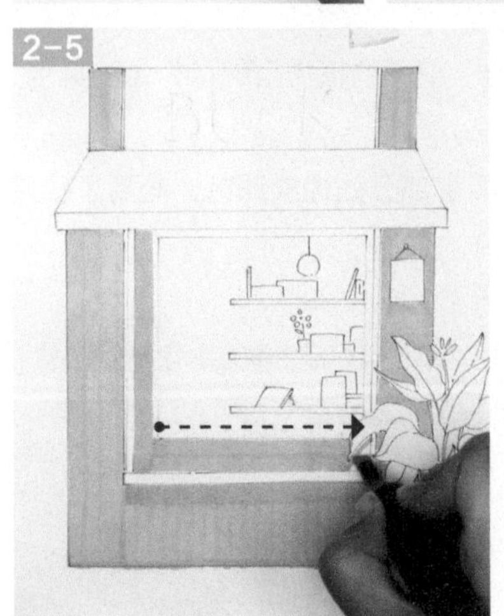

2-5

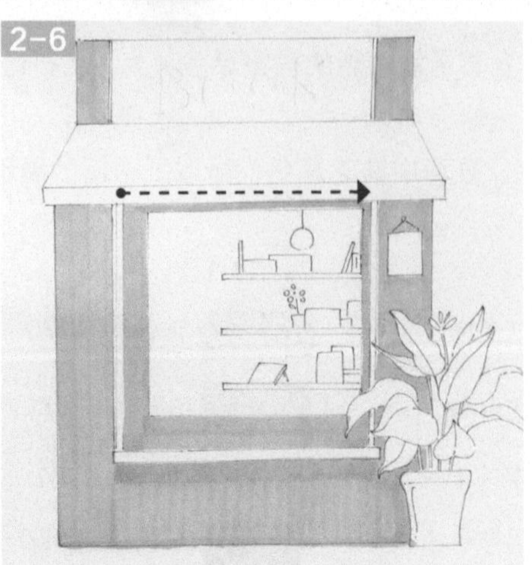

2-6

2

按照从左至右的顺序，用浅绿色马克笔的宽笔头，给店铺的墙面上色。尽量一笔画准确，不要多层涂色，画面看起来很花。

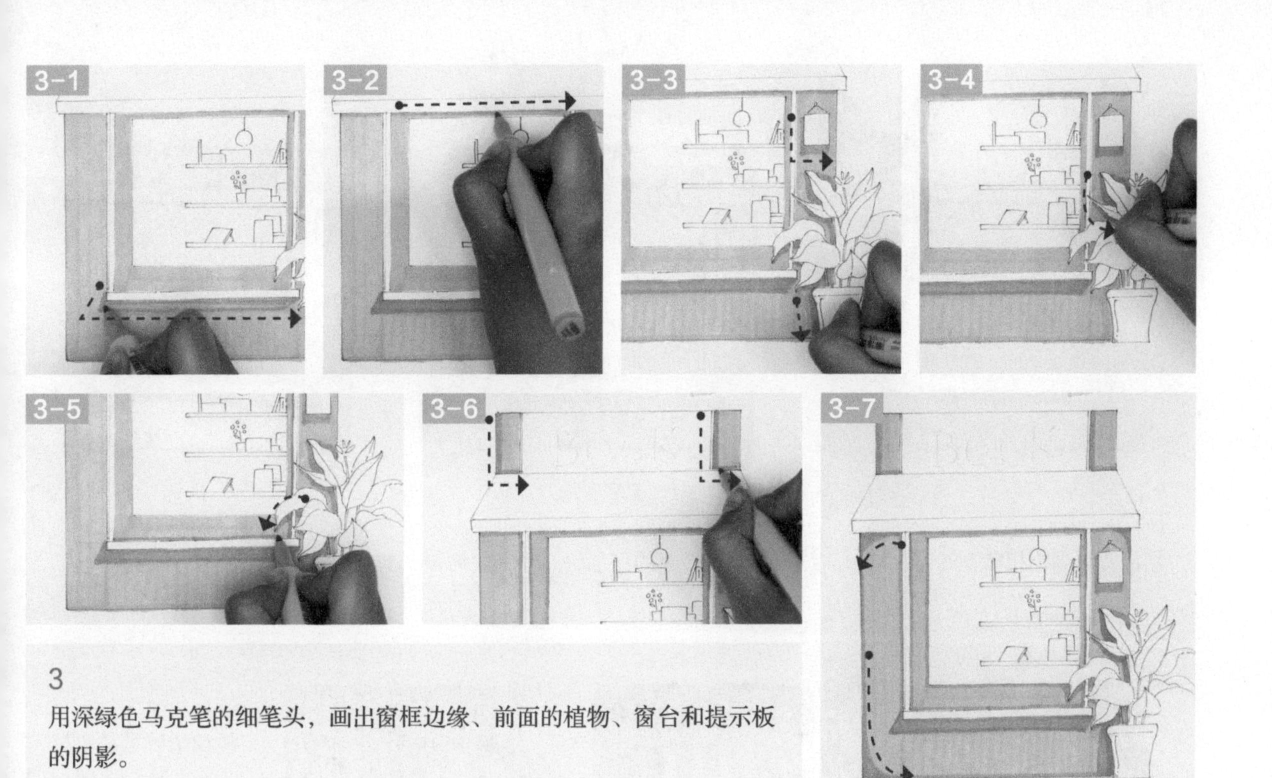

3

用深绿色马克笔的细笔头，画出窗框边缘、前面的植物、窗台和提示板的阴影。

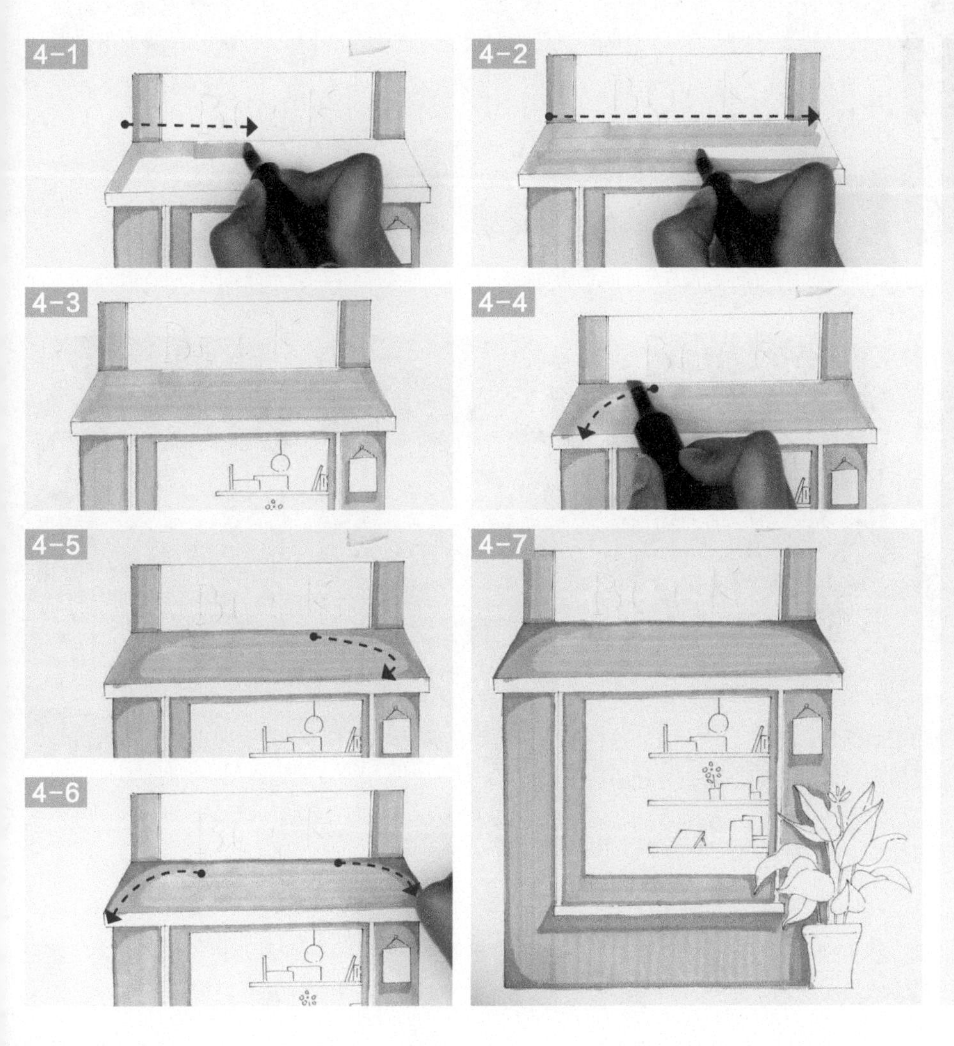

4

用与墙面同样的颜色，画出屋檐。用马克笔的宽笔头横向用笔，单层铺满颜色。再用笔头的斜边画出两边的暗部，最后用深绿色，单独画出两边的暗角。

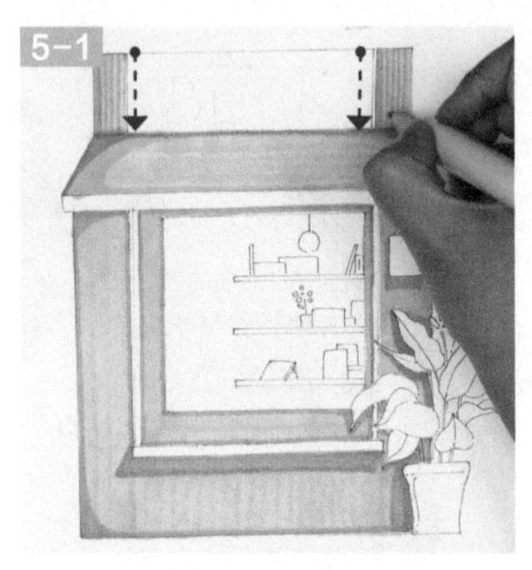

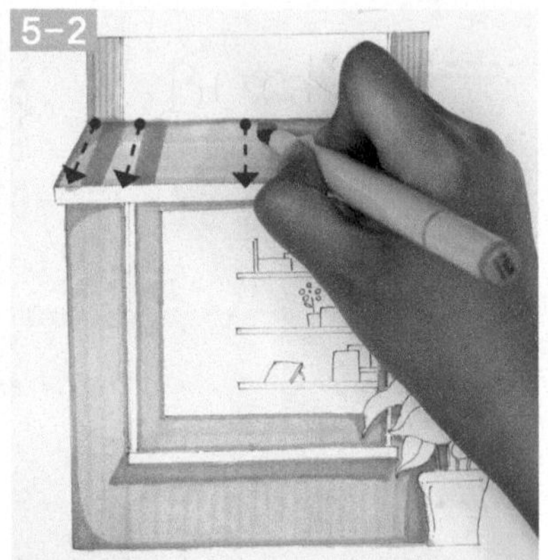

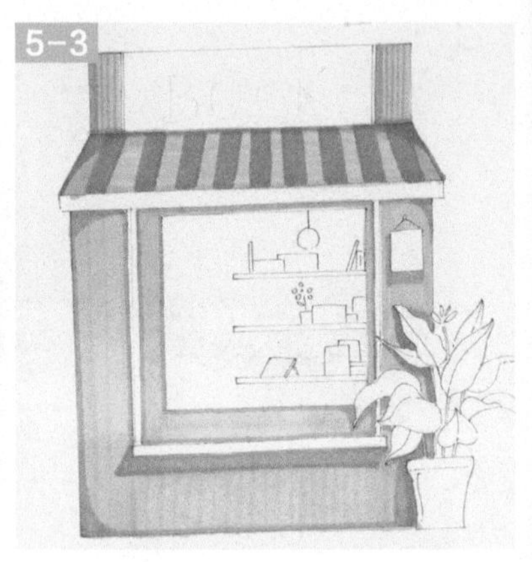

5

用深绿色画出招牌上的竖线装饰。然后画出屋檐上的深色块，笔触要均匀。

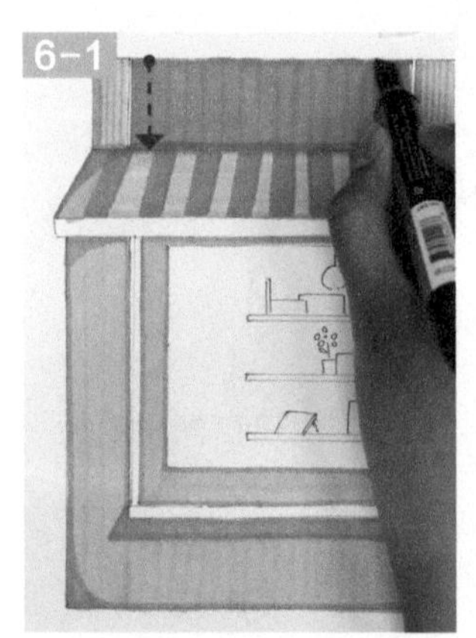

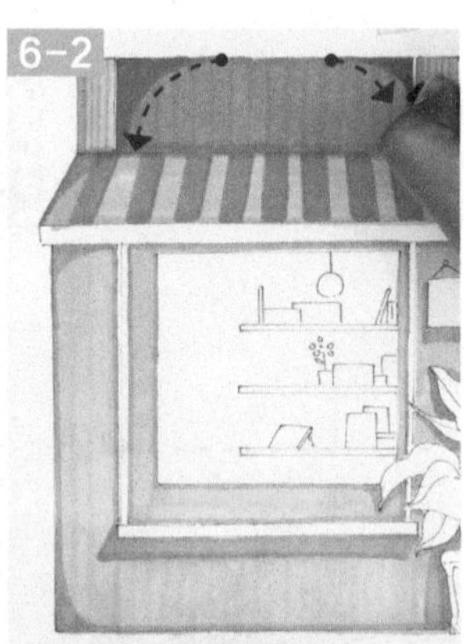

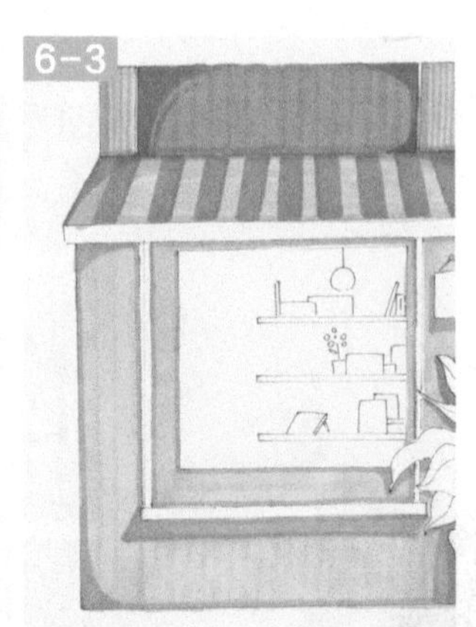

6

擦掉招牌处的铅笔痕迹，换用橄榄绿平涂出招牌的底色，并叠加出边角处的弧形暗部。

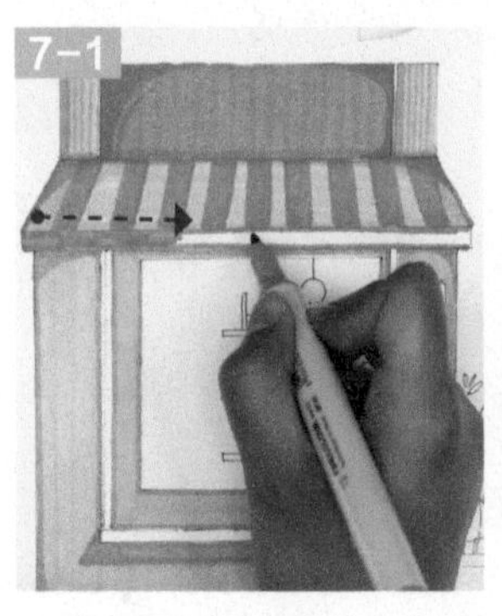

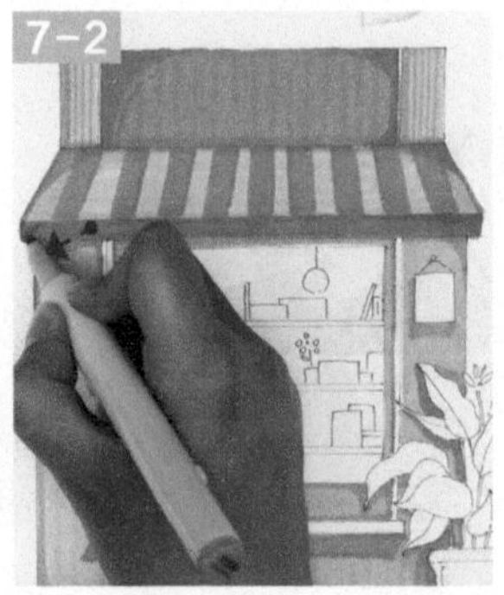

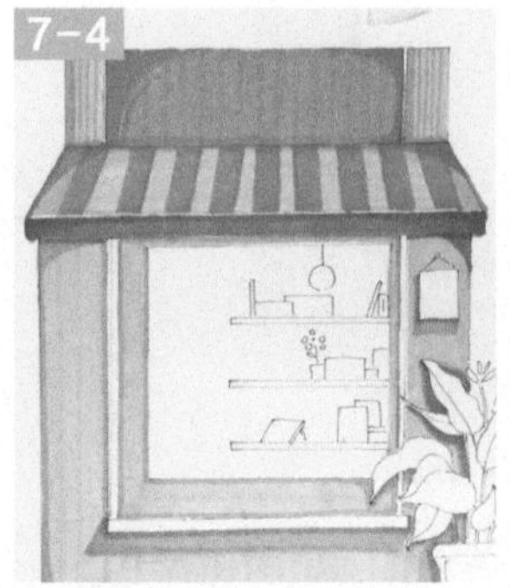

7

继续用深绿色平涂屋檐的正面部分，颜色要深一些。这样两个面的颜色通过深浅不同也能表现出两个不同朝向的面，增加体积感。最后用高光笔提亮两个面交界处的边缘。

小提示

主色调面积很大的时候，利用排线和深浅不一的色块来区分每个平面，这样不至于使画面过于扁平，又能使层次丰富。同时也可以巧妙地添加阴影，通过不同的阴影形状，也可以表现出物体的纵深感。

8

用蓝色平涂出植物的叶子。如 8-4，同色叠加来加深叶脉和边缘区域。最后用深蓝色加深暗部，拉开颜色层次。

9

用红色点缀花蕊。用深浅不同的两种咖啡色画出植物的花盆。用高光笔点涂出花盆的高光和植物叶片上的装饰点。

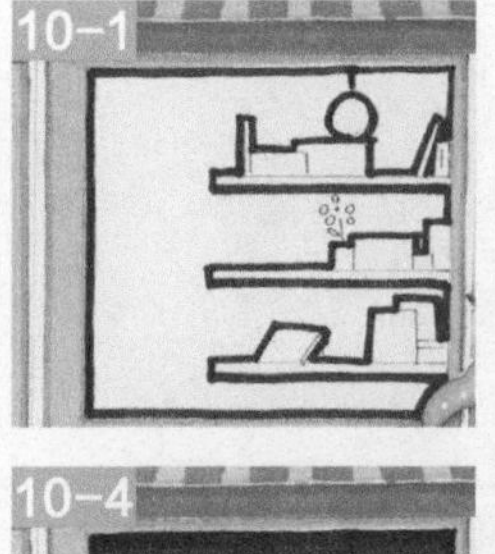

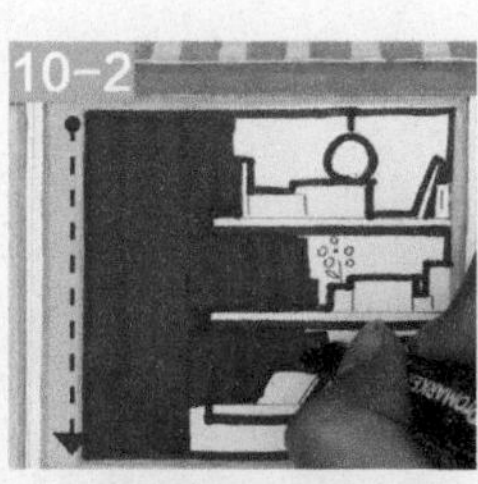

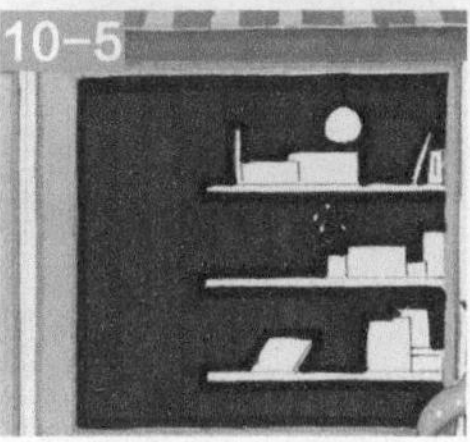

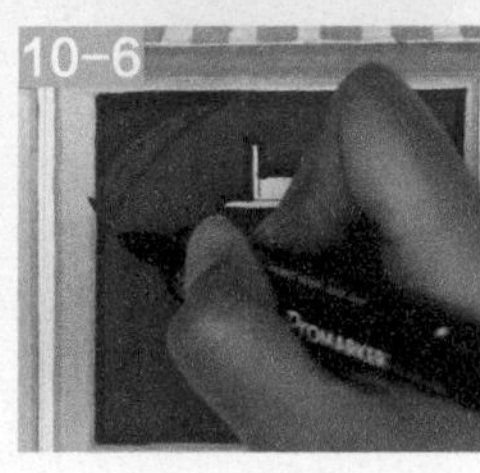

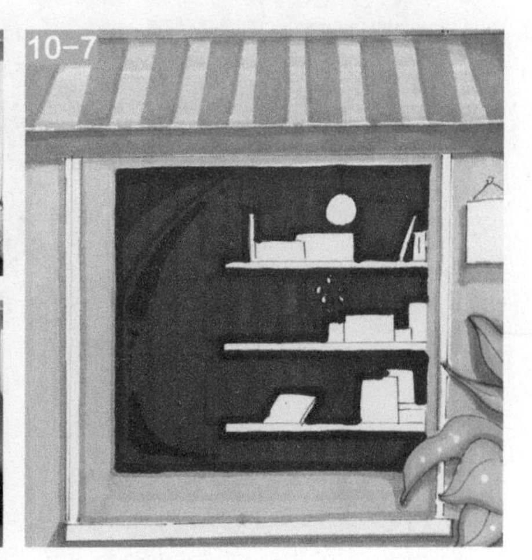

10

用红棕色画出展示窗。先勾勒需要上色部分的边缘线，再平涂上色。左侧暗部用叠加的方法画出来。

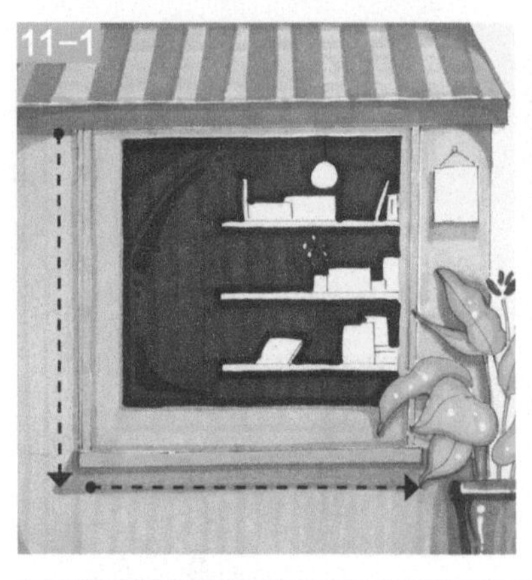

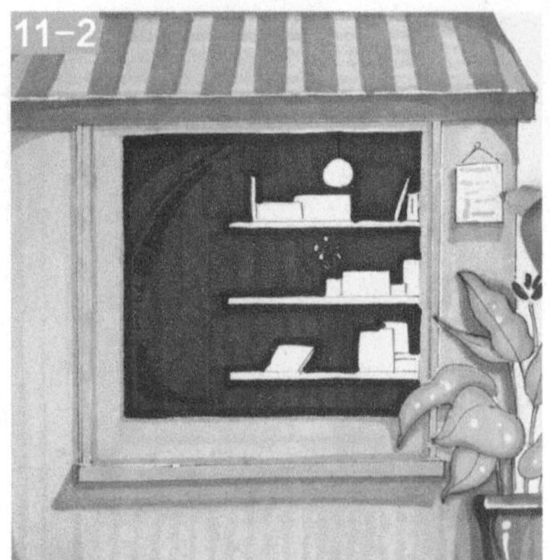

11

用黄色勾勒窗框，用浅灰色画出右边的提示板。展示窗里的物品用黄色、橘色和红色来画，并叠加出暗部，最后用高光笔点出亮部。小的细节也要有体积感。

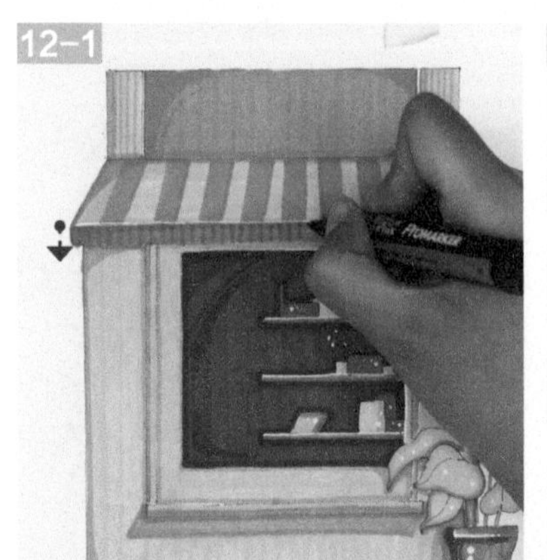

12

用橄榄绿色画出屋檐正面的装饰线。用墙面暗部的颜色画出墙面圆润的装饰花纹。再用高光笔点画出展示窗上的玻璃质感高光。写出书店的招牌，先用高光笔写出字母，再用马克笔画出暗部线条，使整体富有立体。用绿色马克笔的细笔头轻轻勾勒出装饰窗左下的横向的装饰线。最终完成作品。

不知道为什么，就是想进去看看。

第4章 一见倾心的地方

本章中的案例作品都是很有特色的店铺。或颜色鲜艳突出，或陈列物品有趣丰富，这些都是作品吸引目光的亮点。

01

充满吸引力的红色书店

绘画要点

1. 书店是长方形的，本身就像一本大大的书。门开在左侧，上层的窗户集中在右侧，呈田字形。
2. 添加绿色的背景，把传统阴影的形状进行变形，使得作品的丰富性和完整性都有所提升。
3. 在起稿阶段，要注重主体物书店的结构和细节。可以在后期添加背景中的绿色草丛，使画面更加饱满，而不只是孤零零的一栋建筑。

参考配色

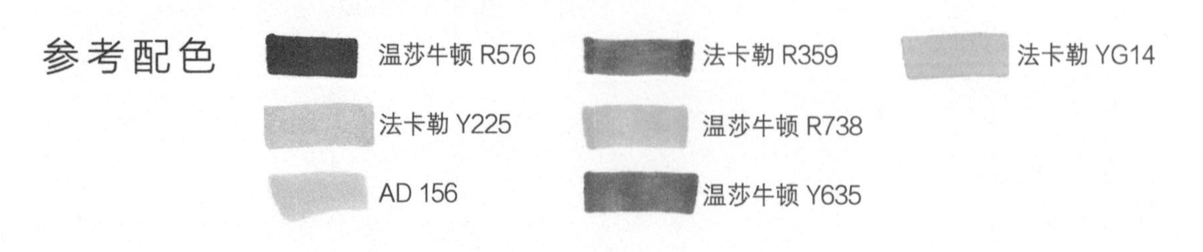

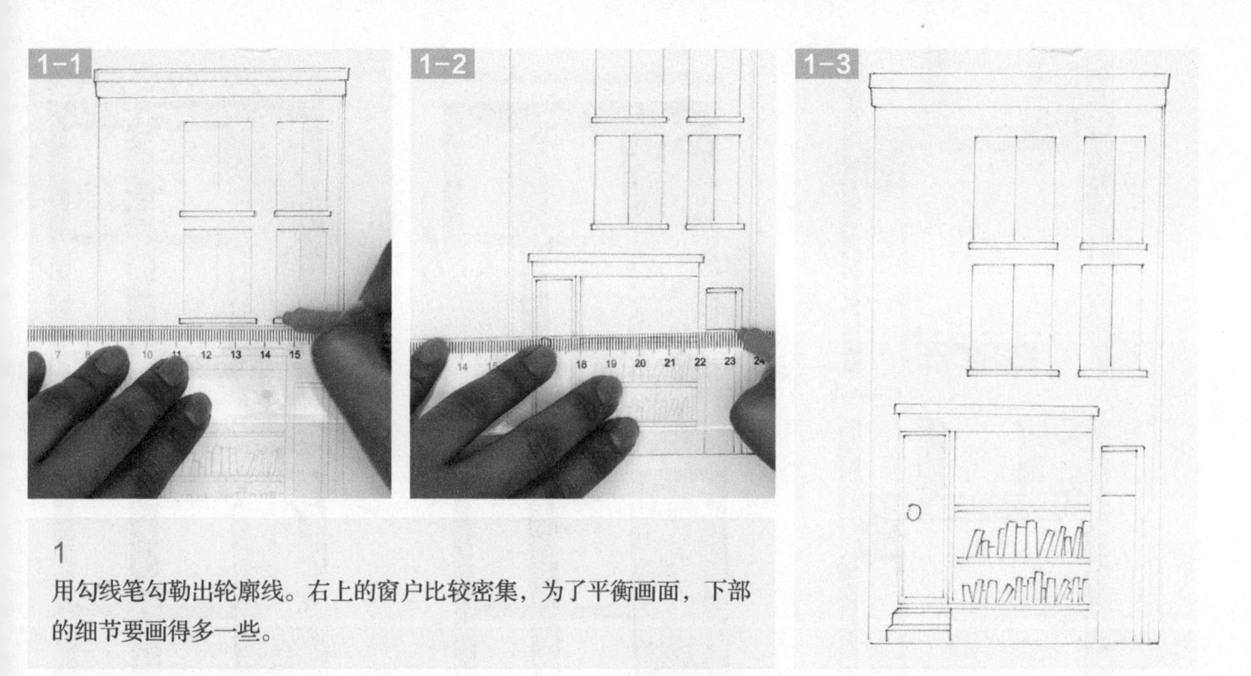

1

用勾线笔勾勒出轮廓线。右上的窗户比较密集，为了平衡画面，下部的细节要画得多一些。

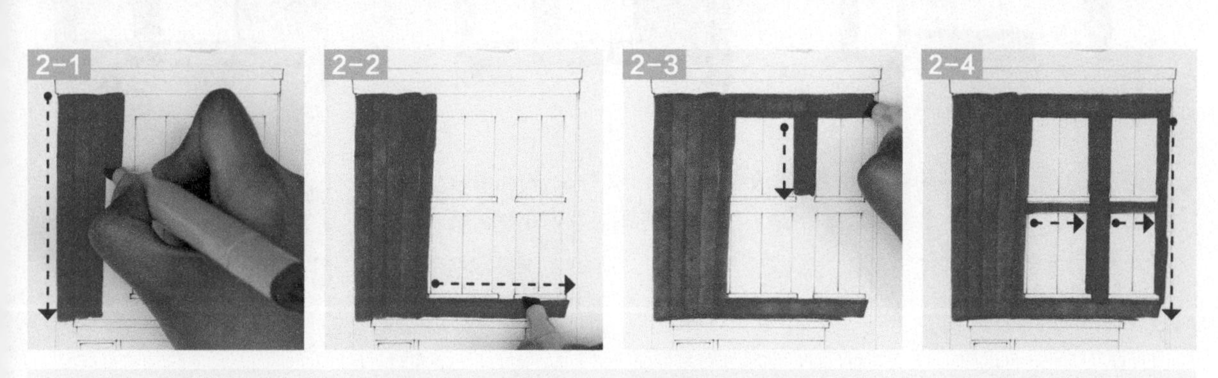

2

用红色马克笔的宽笔头平涂书店的主体墙面。从左至右依次进行，不要重复上色。

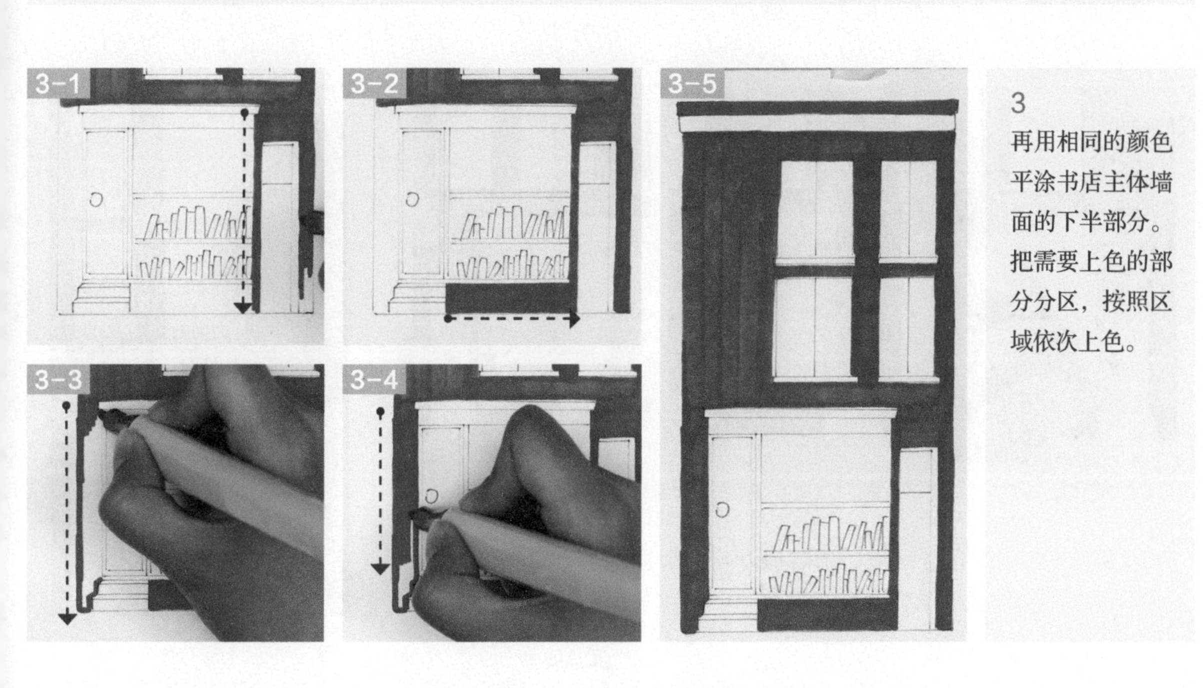

3

再用相同的颜色平涂书店主体墙面的下半部分。把需要上色的部分分区，按照区域依次上色。

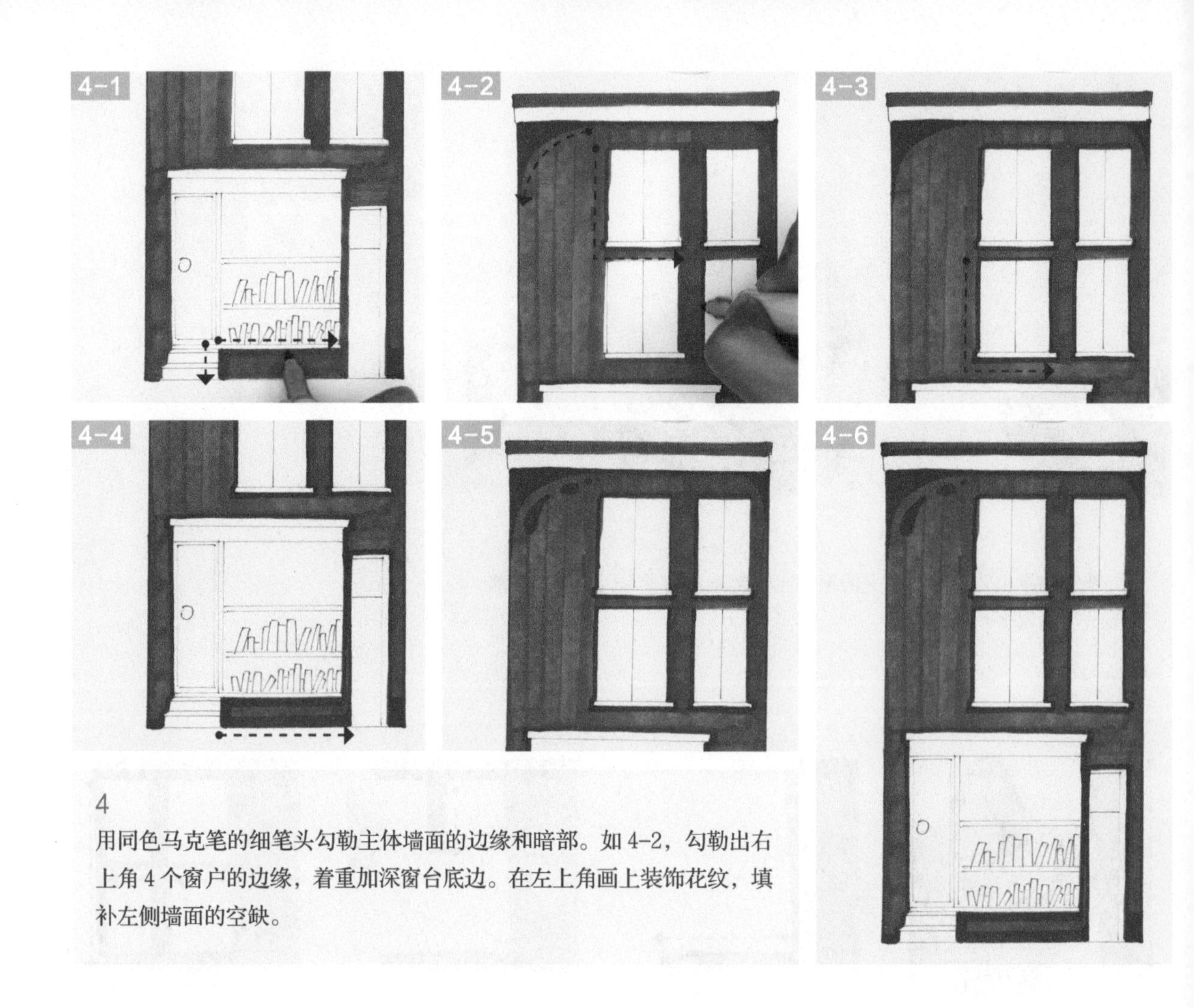

4

用同色马克笔的细笔头勾勒主体墙面的边缘和暗部。如 4-2，勾勒出右上角 4 个窗户的边缘，着重加深窗台底边。在左上角画上装饰花纹，填补左侧墙面的空缺。

小提示

在使用装饰花边时，要注意数量和位置。尽量放在单色面积较大的地方，以打破单调、沉闷。或者放在底边附近，如 P70 步骤 12，使画面中的浅色沉稳下来。

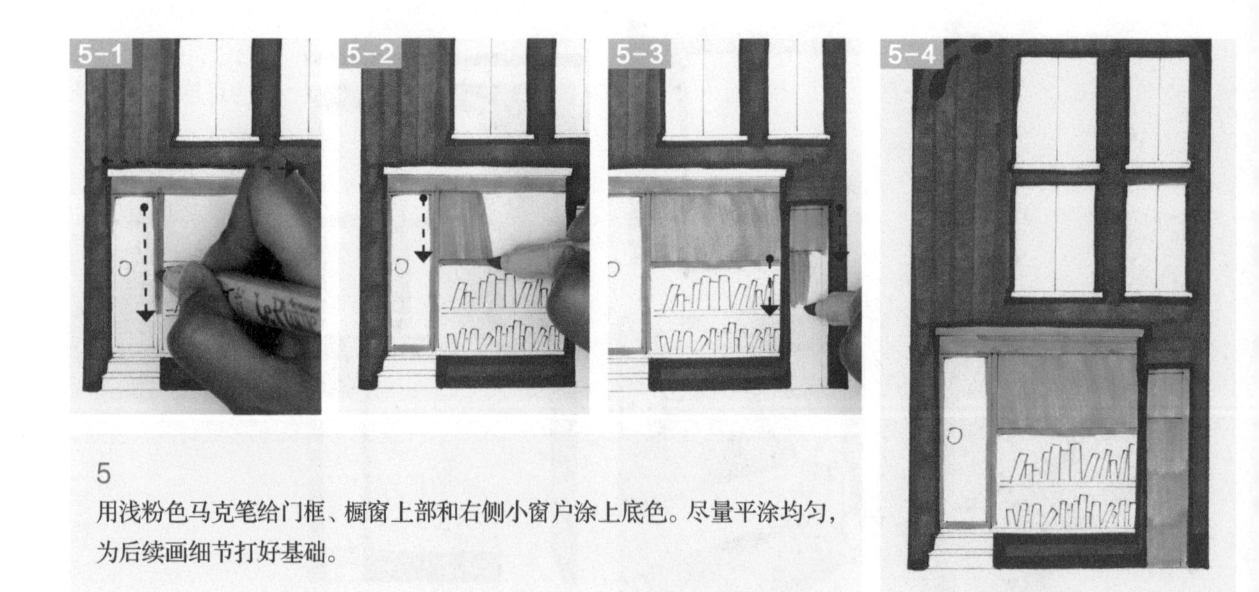

5

用浅粉色马克笔给门框、橱窗上部和右侧小窗户涂上底色。尽量平涂均匀，为后续画细节打好基础。

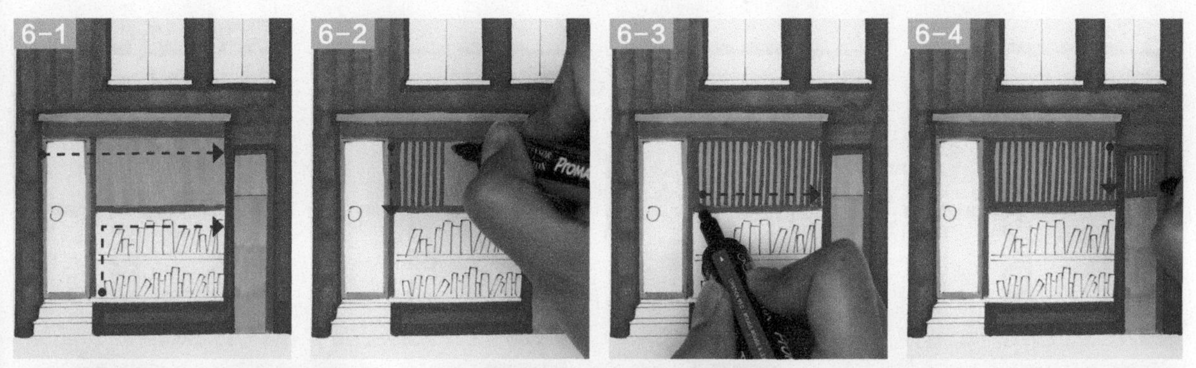

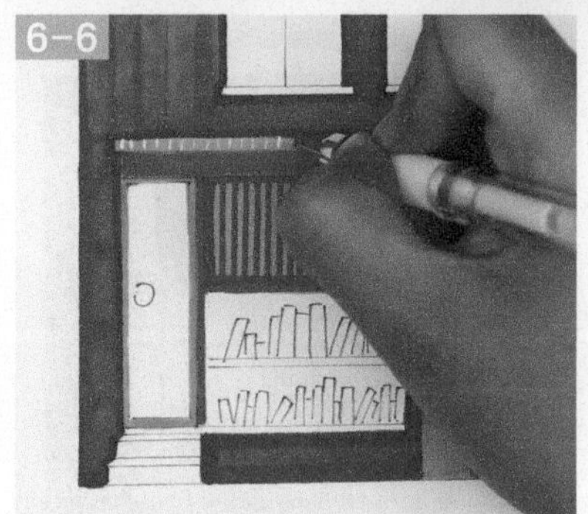

6

用橘红色加深浅色区域的暗部，用竖排线装饰两个橱窗上部。最后用高光笔画短线条给门上的边框加上装饰，同时提亮这个区域。再勾勒出橱窗和右侧窗户的边缘线，区分色块。

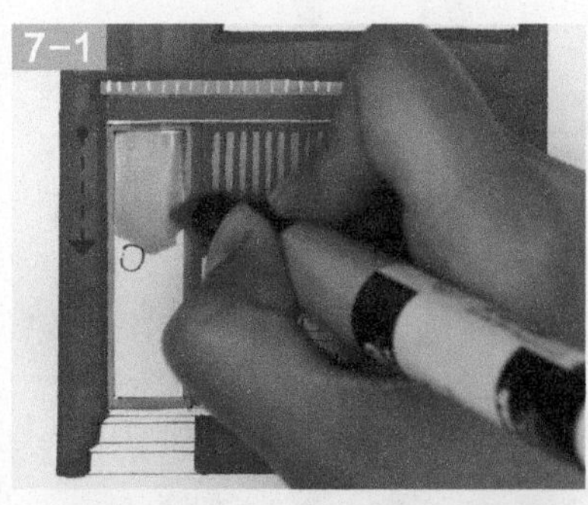

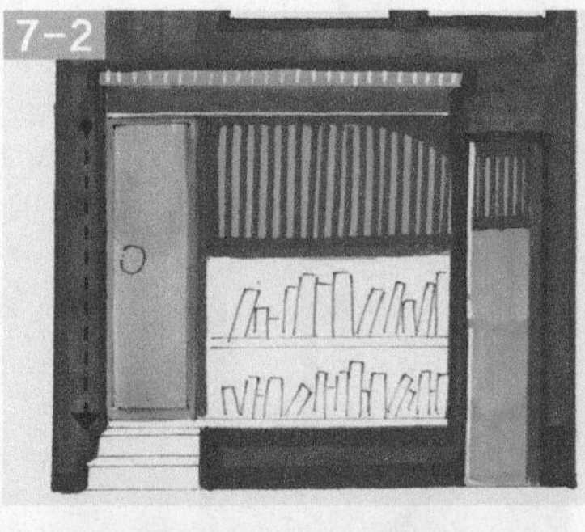

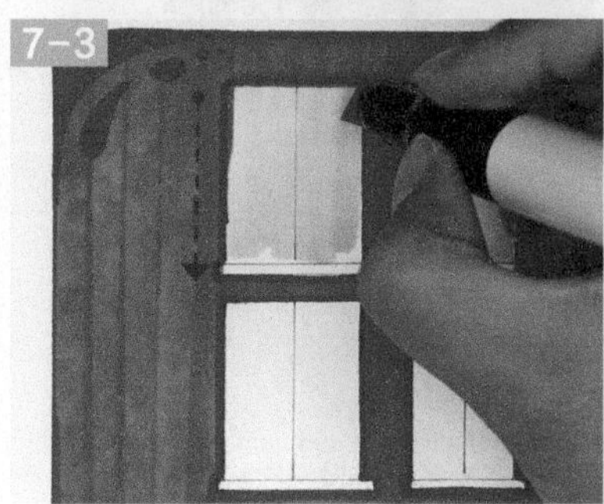

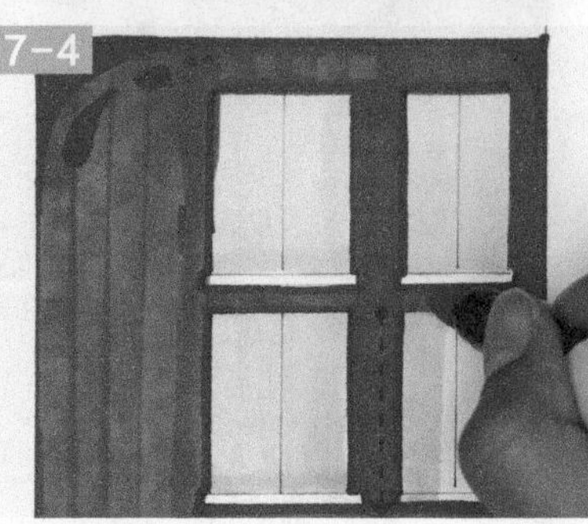

7

用浅肉橘色马克笔的宽笔头给门和右上角的窗户涂上底色。

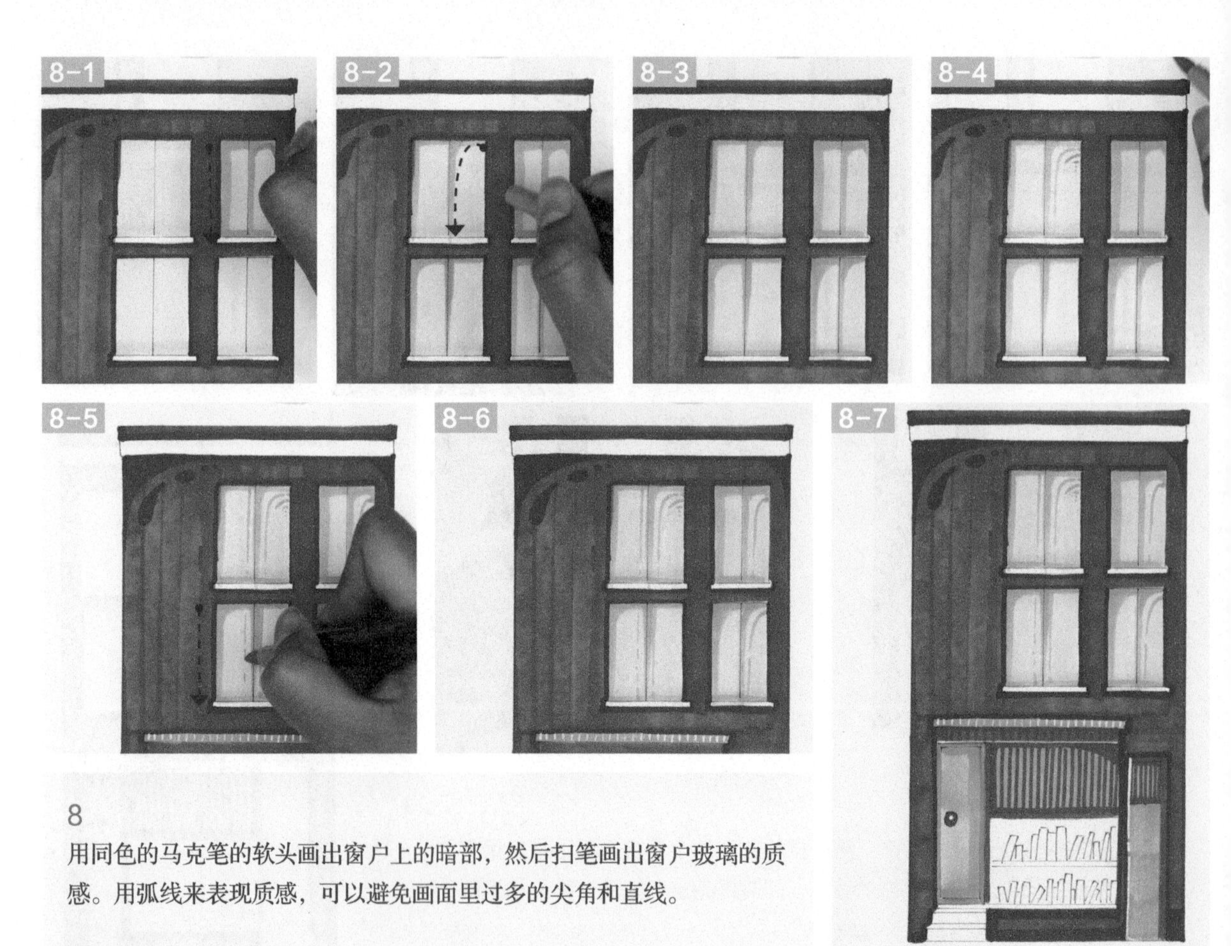

8
用同色的马克笔的软头画出窗户上的暗部，然后扫笔画出窗户玻璃的质感。用弧线来表现质感，可以避免画面里过多的尖角和直线。

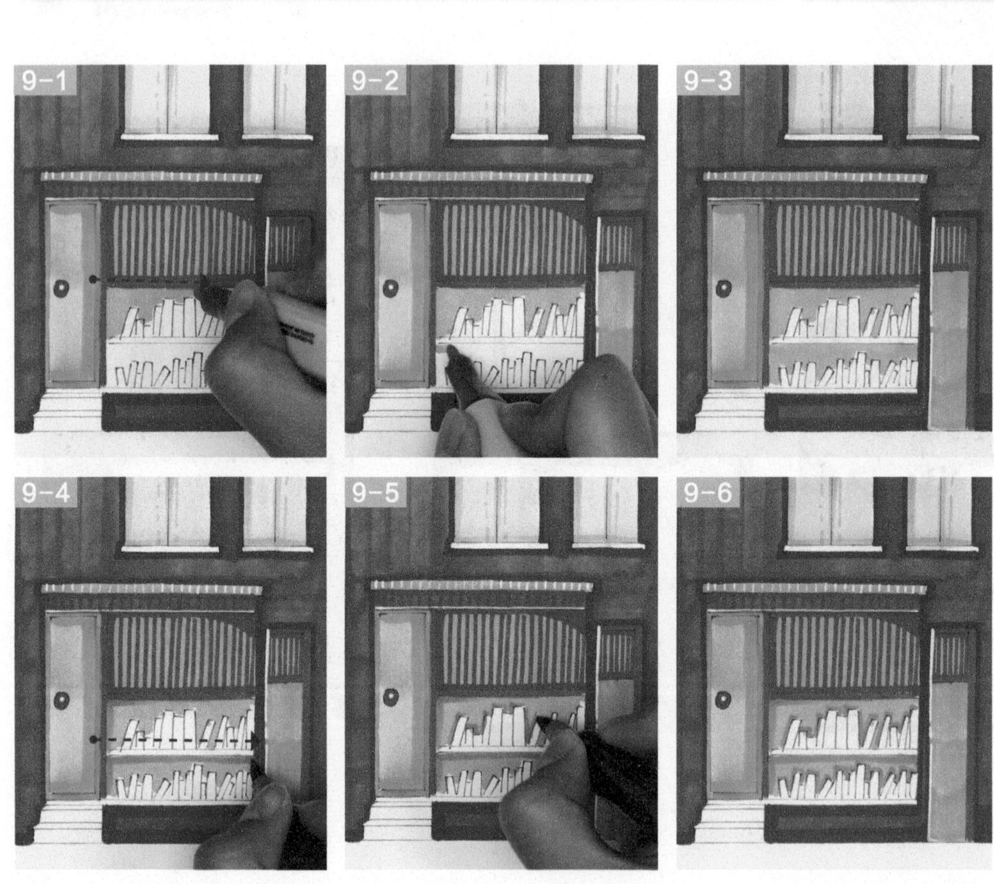

9
用黄色的马克笔，为橱窗的背景上色。平涂后，把中间隔板的底面和书籍的边缘线加深。

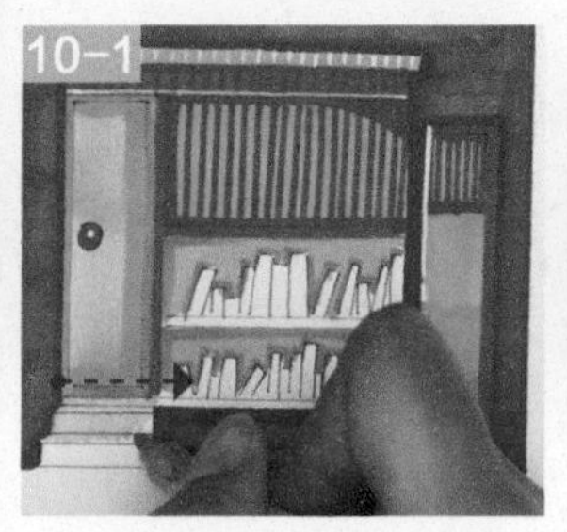

10

用浅粉色涂底色，用橘红色画出台阶的暗部。最后用高光笔提亮转角，画出体积感。

11

画橱窗上沿的黄色条，用红色画出装饰点。用高光笔提亮右上的窗台，并画出装饰花纹的高光。

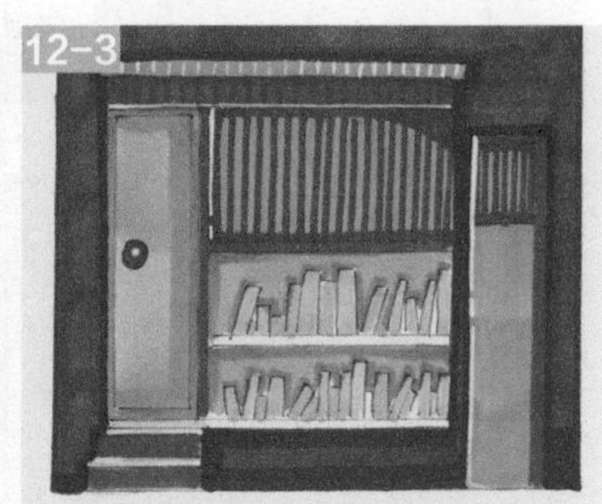

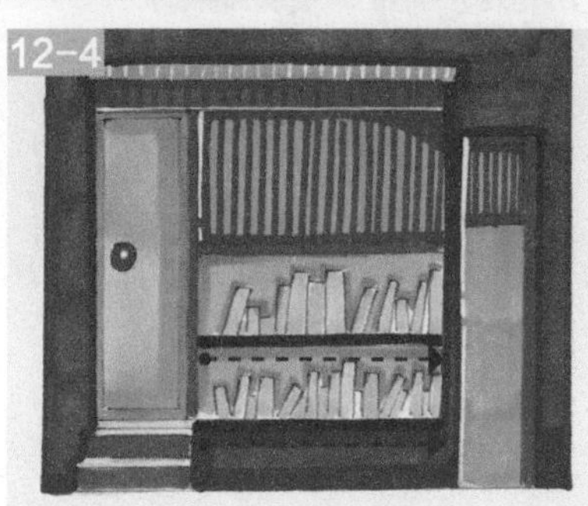

12

选取冷色，如蓝色、青色和绿色，给橱窗里的图书上色。注意保证颜色区域的和谐，但是整体颜色要淡一些。

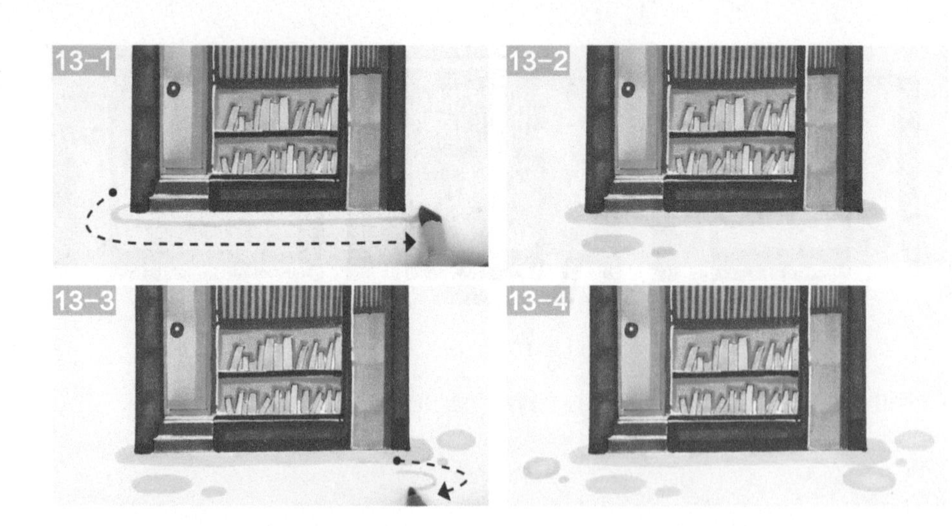

13

用灰色的马克笔画出书店下方的阴影。用椭圆形来表现，冲淡画面中的直线和直角的尖锐感觉。

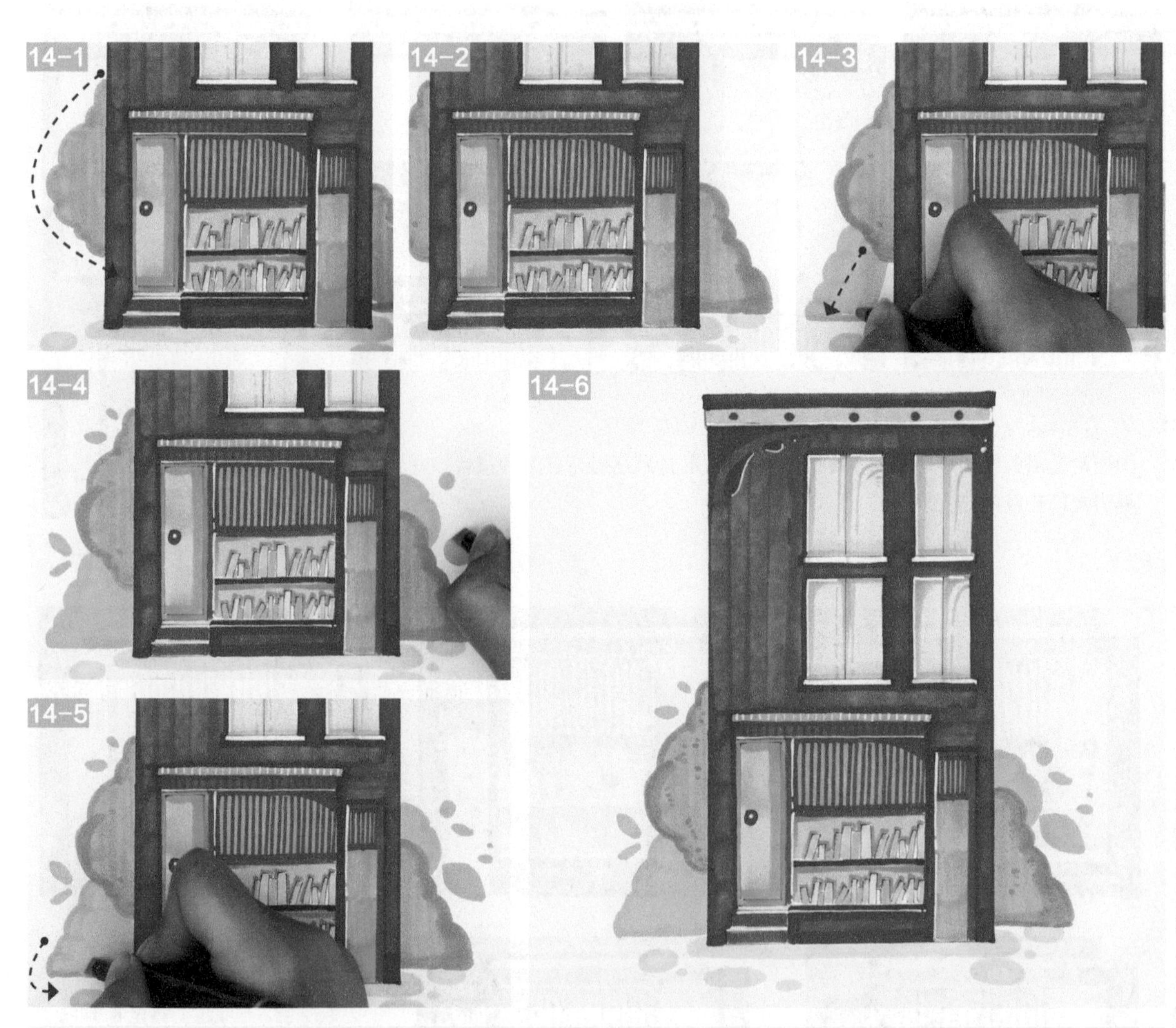

14

最后，用深浅不同的两个绿色，添加在书店的左右，增加画面的趣味。如14-2、14-5，就算是背景也要画出暗部，体现出体积感。最终完成作品。

02

被阳光照亮的咖啡店

绘画要点

1. 暖色调的画面很适合画餐馆咖啡店，暖色调本身就有食物的可口感觉，并且和主体也相得益彰。
2. 窗户的高光需要根据窗户形状来画。

参考配色

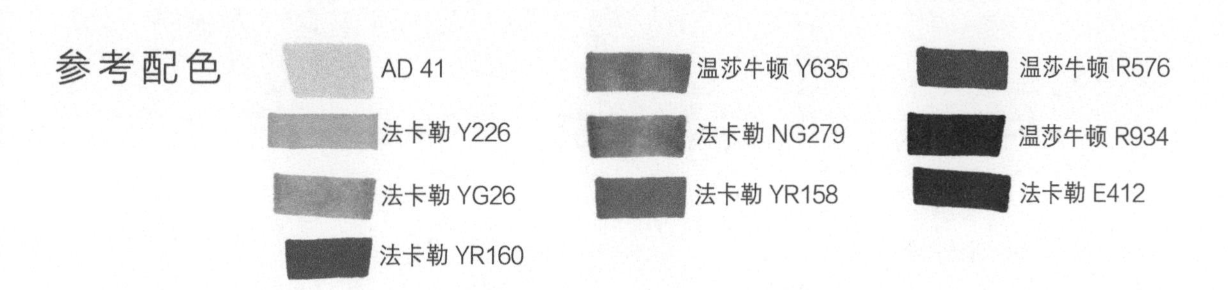

1

准确画出线稿，从前向后，按照比例依次把物体的细节画出来。特别是颜色有变化的区域，要表示清楚。

2

用黄色平涂招牌的底色，边角处用弧线叠加加深。

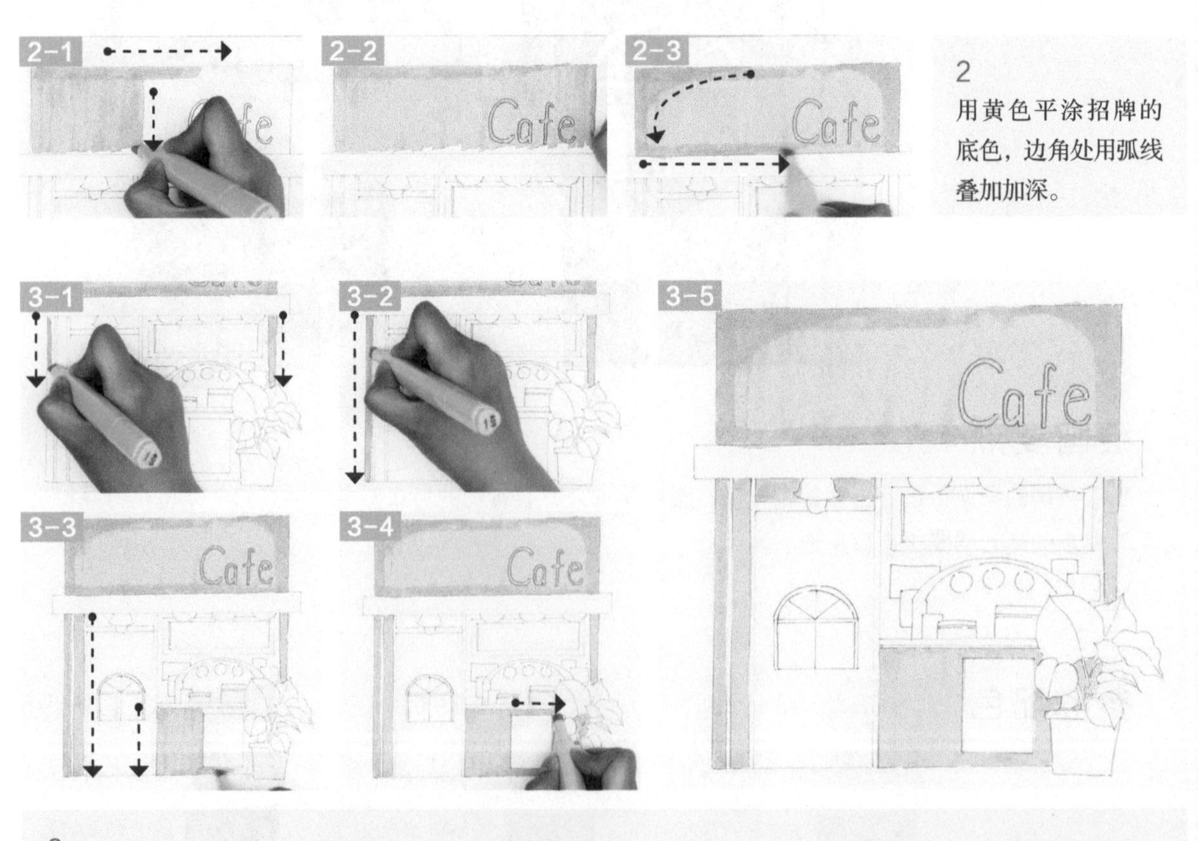

3

继续给店铺的下半部分涂上黄色。

小提示

画街道房屋这种细节很多的物体时，上色前确定好同一颜色的区域，并确定这些区域的空间关系。先把这些大块面的主体颜色画好，再刻画小细节。

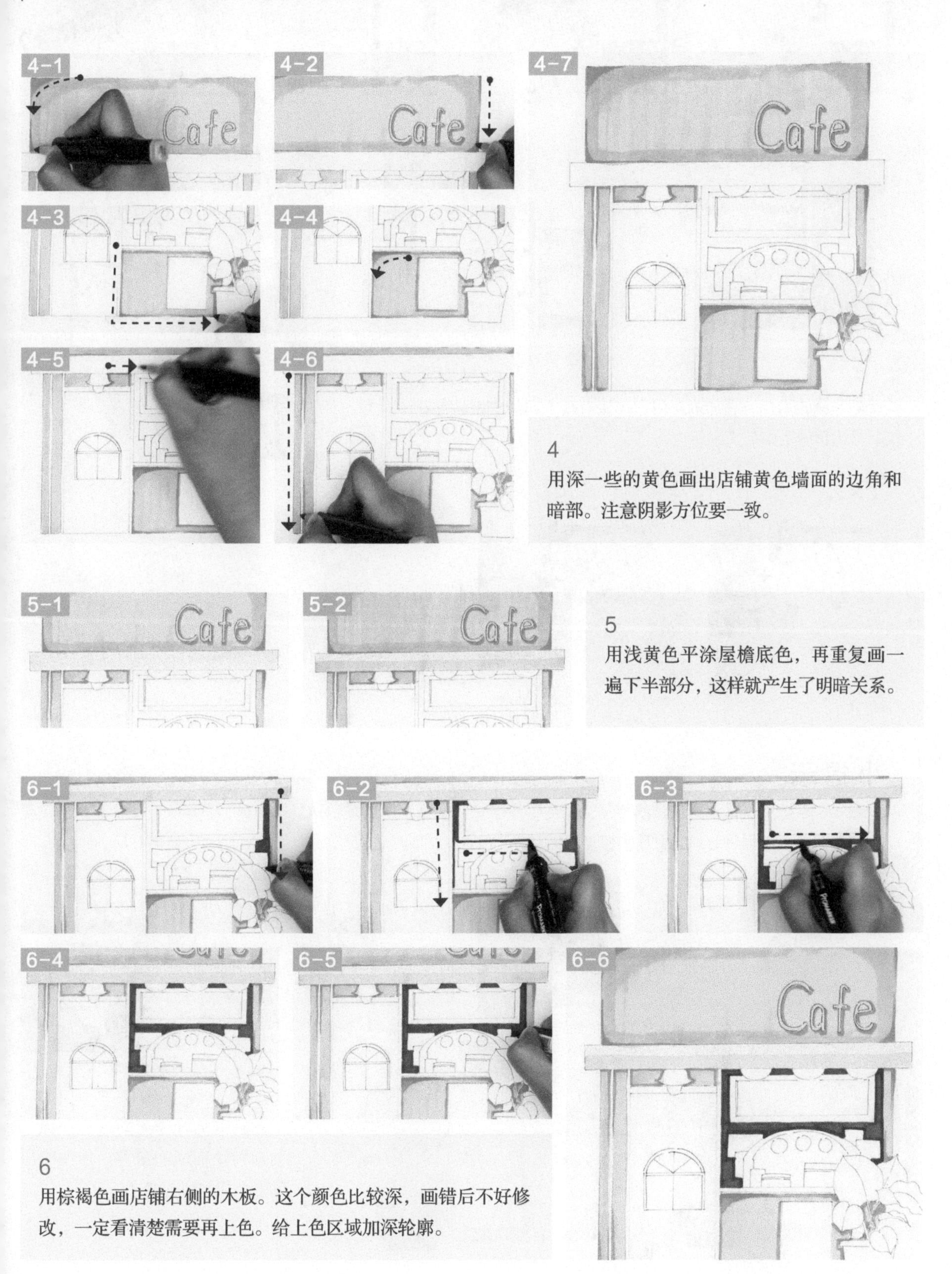

4

用深一些的黄色画出店铺黄色墙面的边角和暗部。注意阴影方位要一致。

5

用浅黄色平涂屋檐底色，再重复画一遍下半部分，这样就产生了明暗关系。

6

用棕褐色画店铺右侧的木板。这个颜色比较深，画错后不好修改，一定看清楚需要再上色。给上色区域加深轮廓。

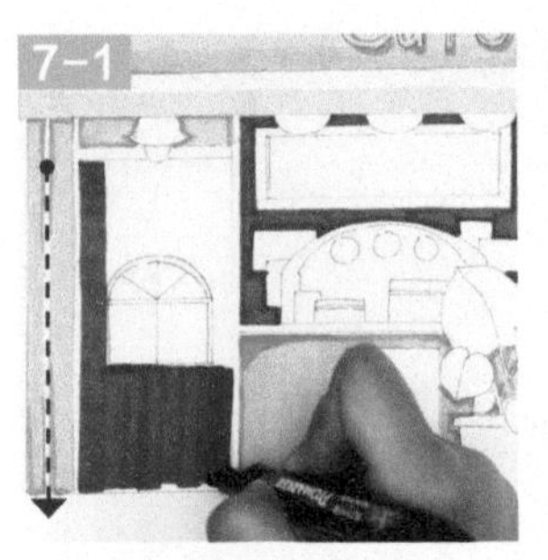
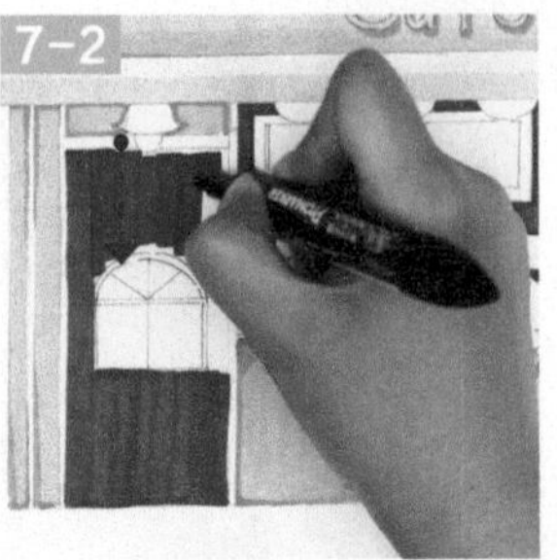

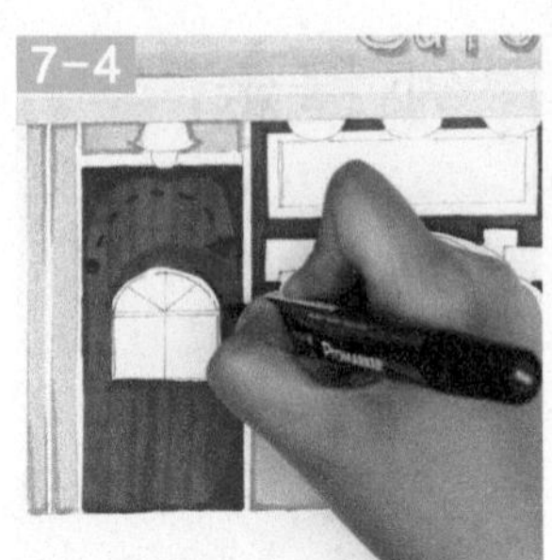

7
继续画左侧的木门，叠加画出阴影。接着画上门的气泡装饰花纹，写出招牌上的英文字母。

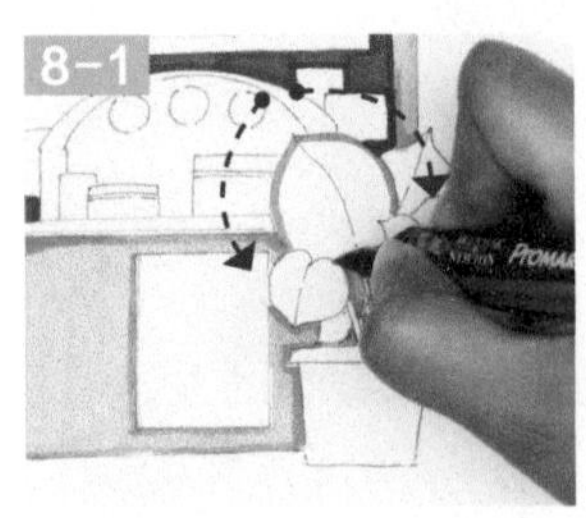

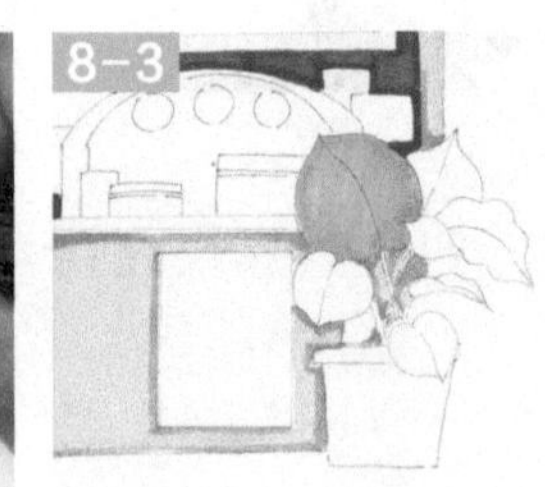

8
画叶子时，先勾勒轮廓，再平涂叶面区域。所有的叶子都这样一片一片地画。

小提示

步骤 8 中示范的就是油性或酒精性马克笔的平涂方法。先把上色区域的边缘画出来，然后平涂填满颜色，不要画到外面去。这里用到的是温莎牛顿 Y635 的细笔头。

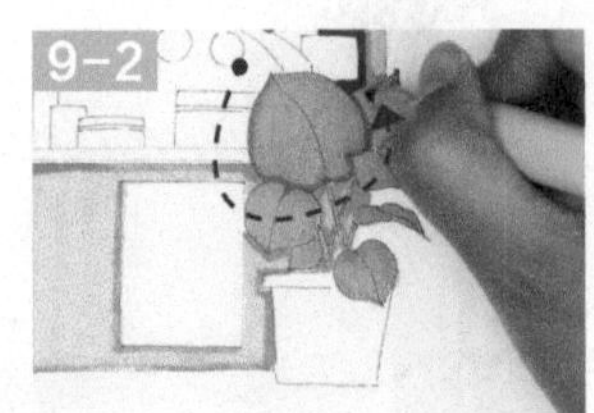

9
平涂所有的叶子之后，用深绿色勾勒轮廓线和暗部。用咖啡色平涂花盆和暗部。

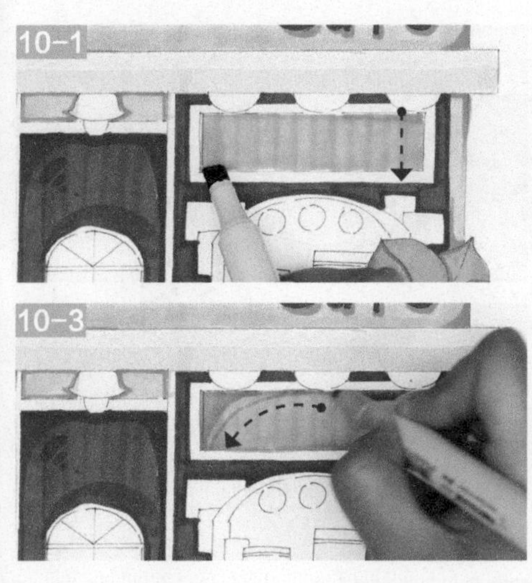

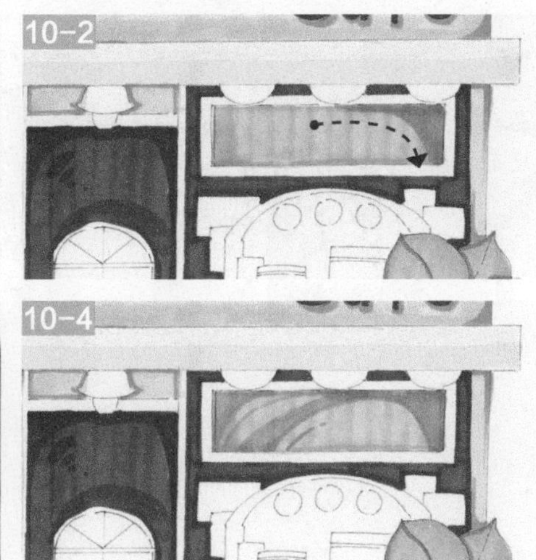

10
用浅灰色马克笔的宽笔头平涂长方形的玻璃窗。然后加深边缘，轻轻地扫出玻璃的质感。

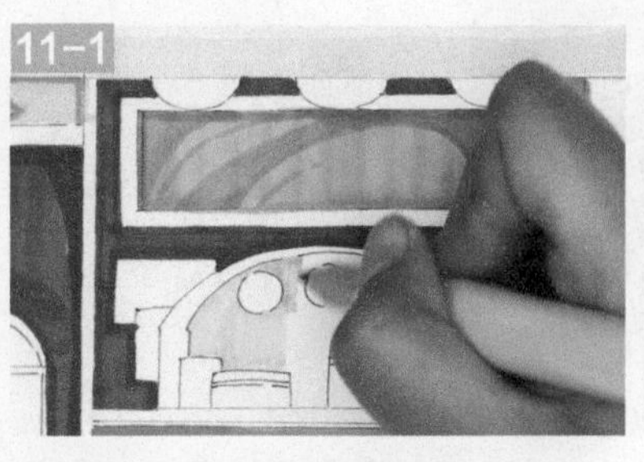

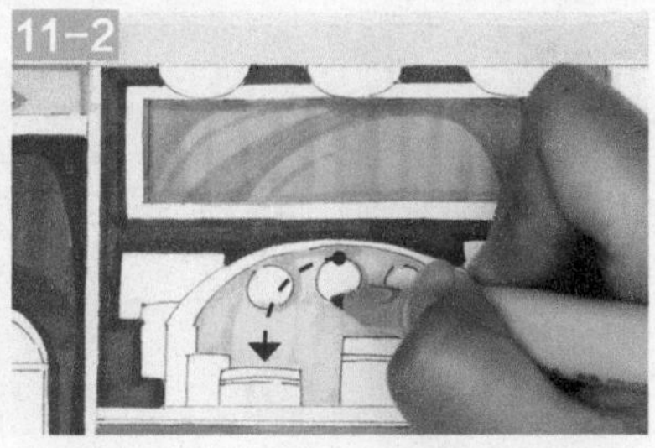

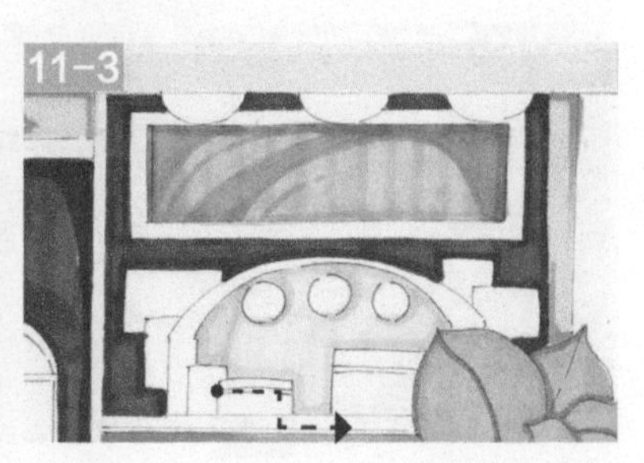

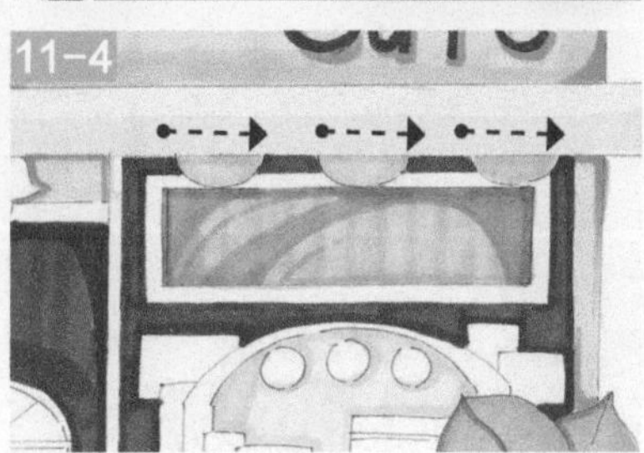

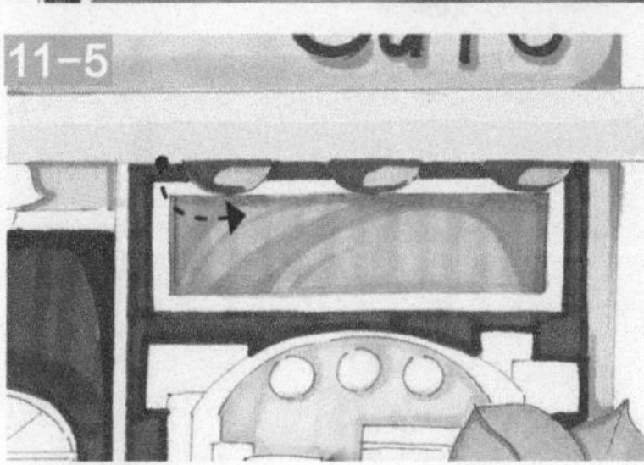

11
用同色画半圆的玻璃。用淡黄色和橘红色搭配，画出屋檐下的三盏灯。

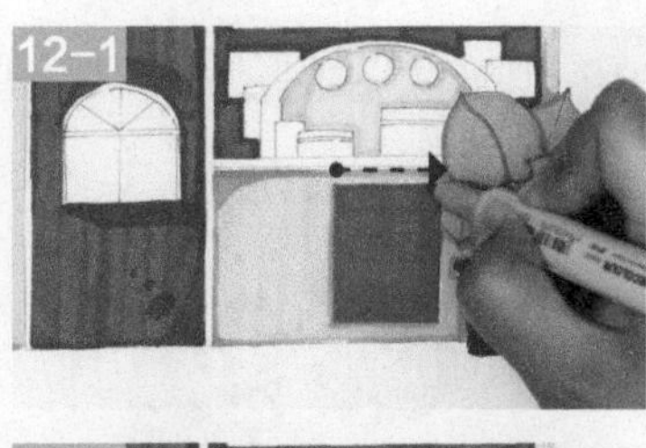

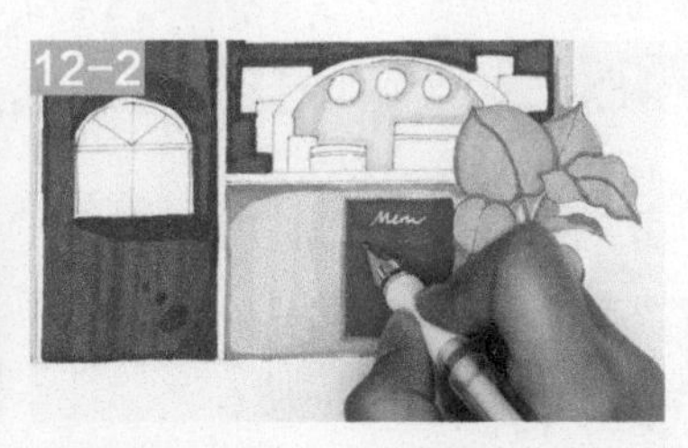

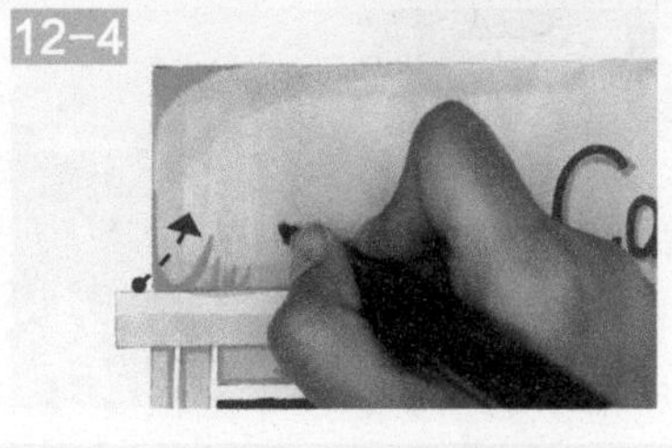

12
用橘红色平涂右下的菜单牌，边缘涂整齐，用高光笔写出上面的字。招牌的左侧有些空，用招牌暗部的颜色在空的地方画上小花纹，作为装饰。

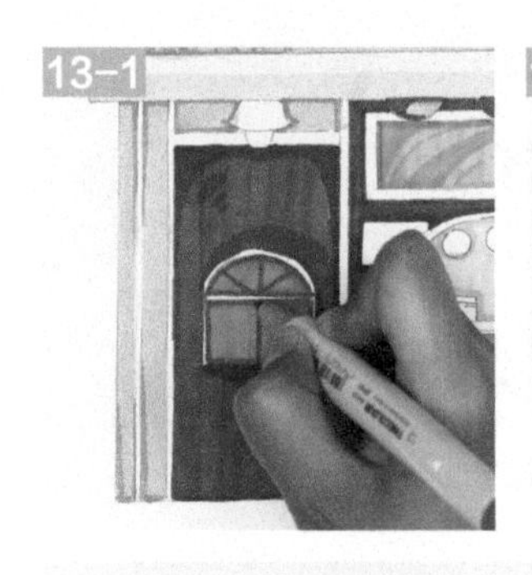

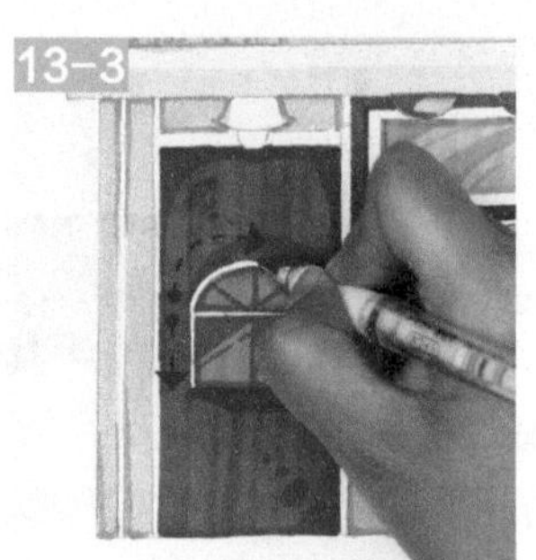

13

用深浅两种橘色画门上的小窗户，框架用橘红色来勾勒。再用高光笔画一遍边框，增强窗户的体积感。

14

用红色和浅橘色画出窗口前的盒子，注意表现出体积感。用高光笔提亮方形玻璃窗的高光，用红色画出窗户上的三盏灯。

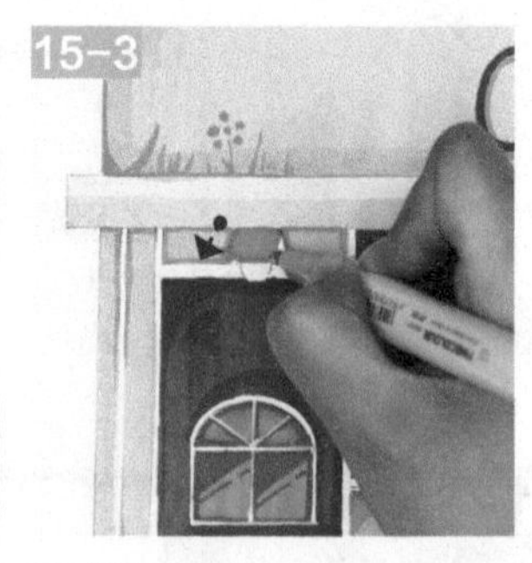

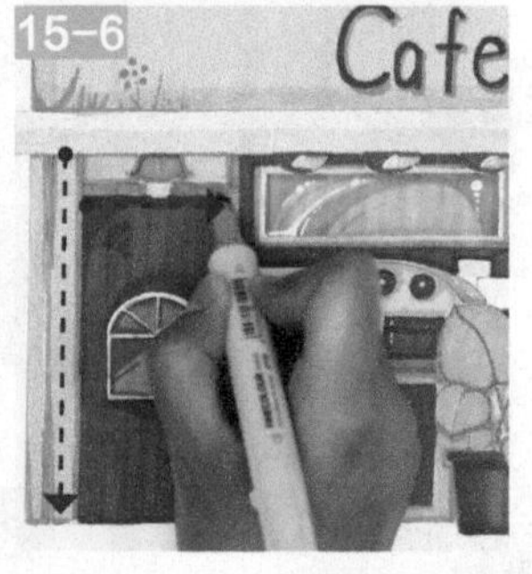

15

为方形窗户画上边框，用深一点的颜色勾勒出外轮廓的体积感。画出门上的灯，灯罩是橘色的。用窗框的颜色画出门框和左侧的立柱。

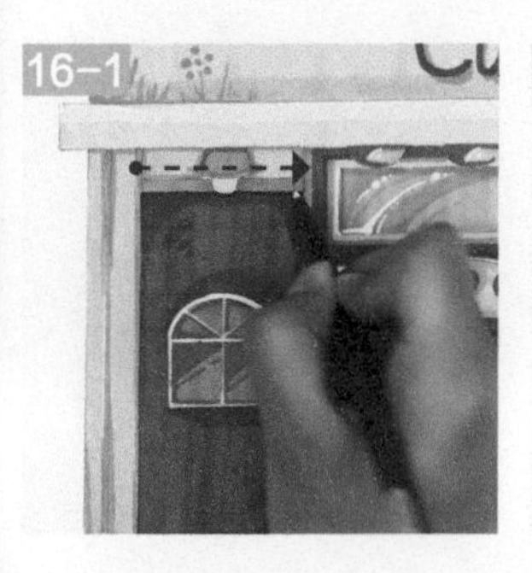

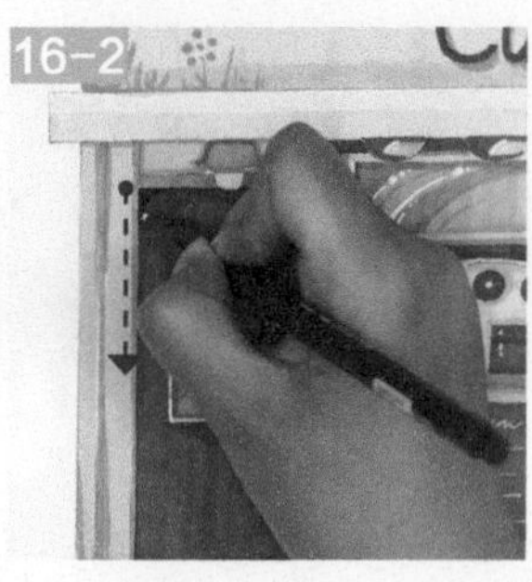

16
用咖啡色勾线笔画出门的边缘线和半圆的窗户边缘线。门上的阴影也用勾线笔来加深。

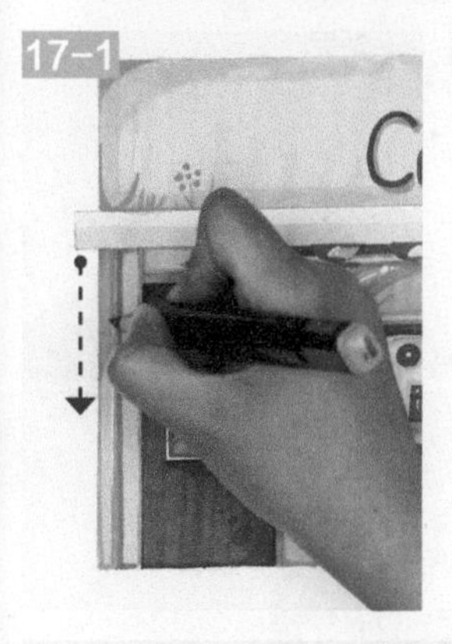

17
加深左侧立柱和中间的屋檐的暗部，还有弧形玻璃的边框。用高光笔画出灯的光线。

18
再次添加黄色墙面的装饰。用浅灰色画出店铺下的阴影，形状和墙面的装饰形状相似，都是椭圆形的，比较有趣。再次用深色的马克笔加深花盆的边缘，用暗部的颜色在叶子上画上圆点装饰，让画面丰富一些。最终完成作品。

03

冷静思考的书店

绘画要点

1. 本案例是以蓝色为主的冷色调，这样的配色可以给人冷静的感觉，也很适合书店这样的主题。配合屋内温暖的黄色灯光，冷静但并不冷漠，还是有温度的。

2. 画面中的两个橱窗处于稳定的左右对称的位置，这样的构图容易死板，可以在左侧窗户下面加盆植物来打破对称。

参考配色

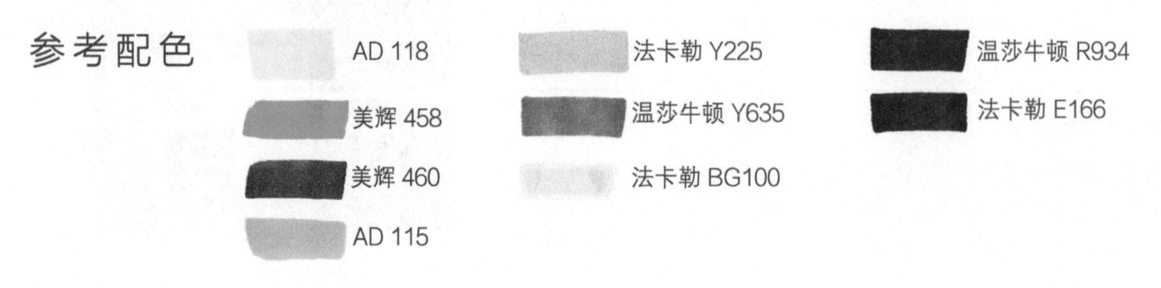

1

画线稿时，从前向后画，按照比例依次把物体的细节画出来，特别是颜色有变化的区域，要表示清楚。

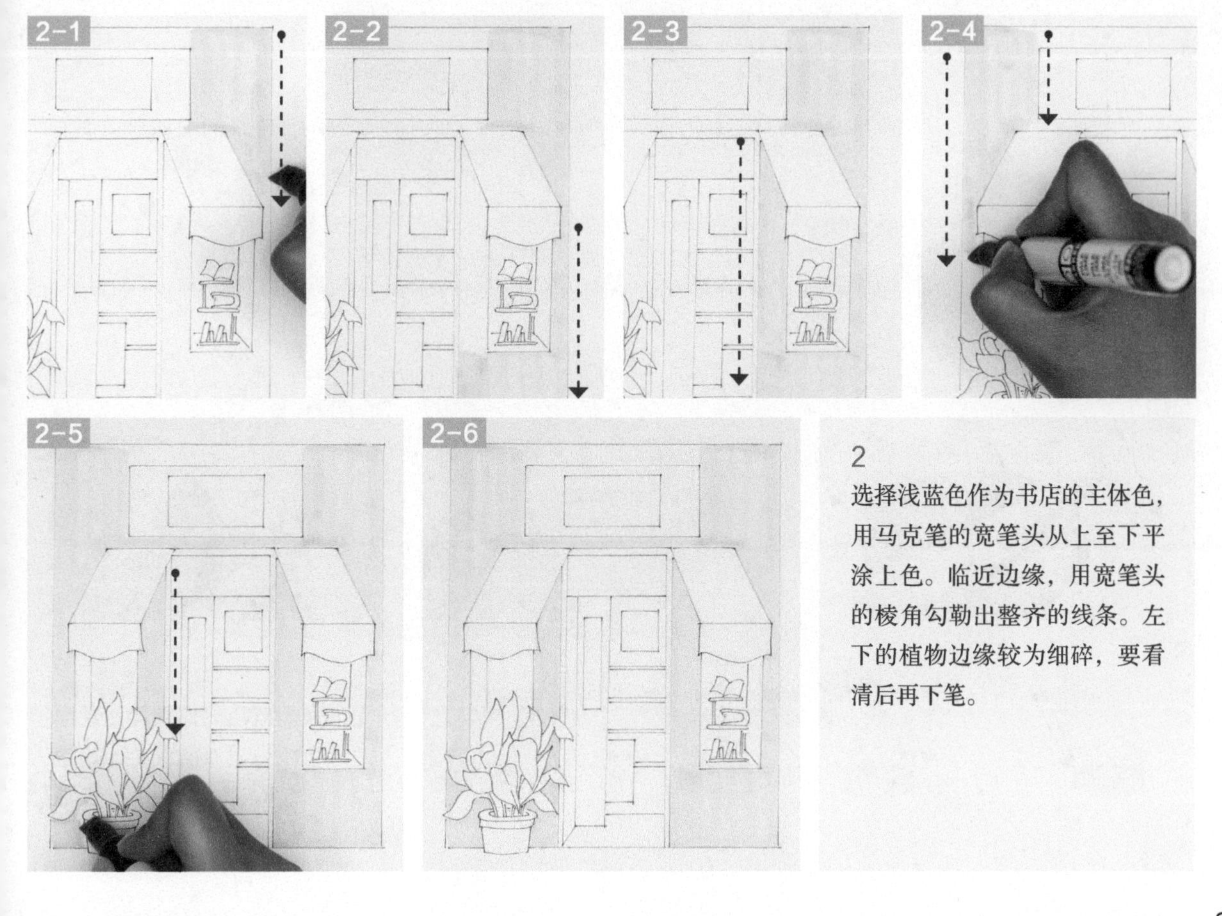

2

选择浅蓝色作为书店的主体色，用马克笔的宽笔头从上至下平涂上色。临近边缘，用宽笔头的棱角勾勒出整齐的线条。左下的植物边缘较为细碎，要看清后再下笔。

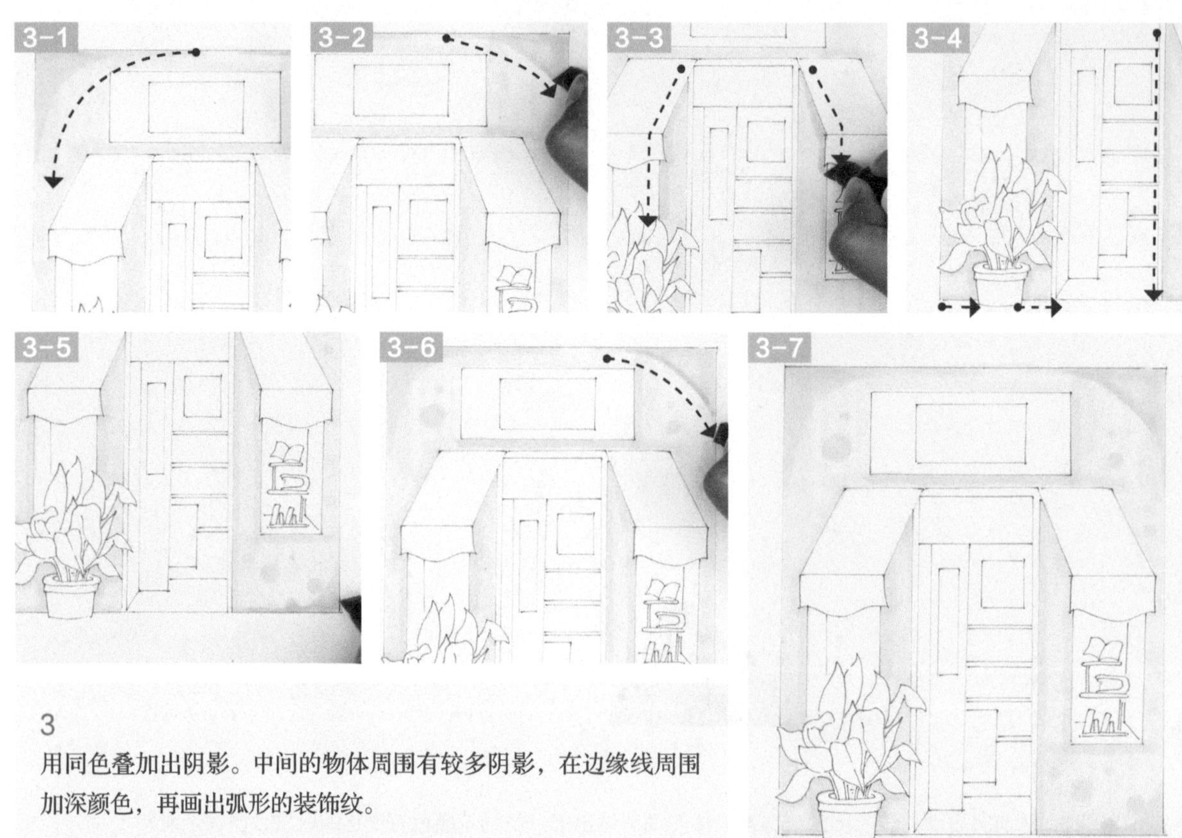

3

用同色叠加出阴影。中间的物体周围有较多阴影，在边缘线周围加深颜色，再画出弧形的装饰纹。

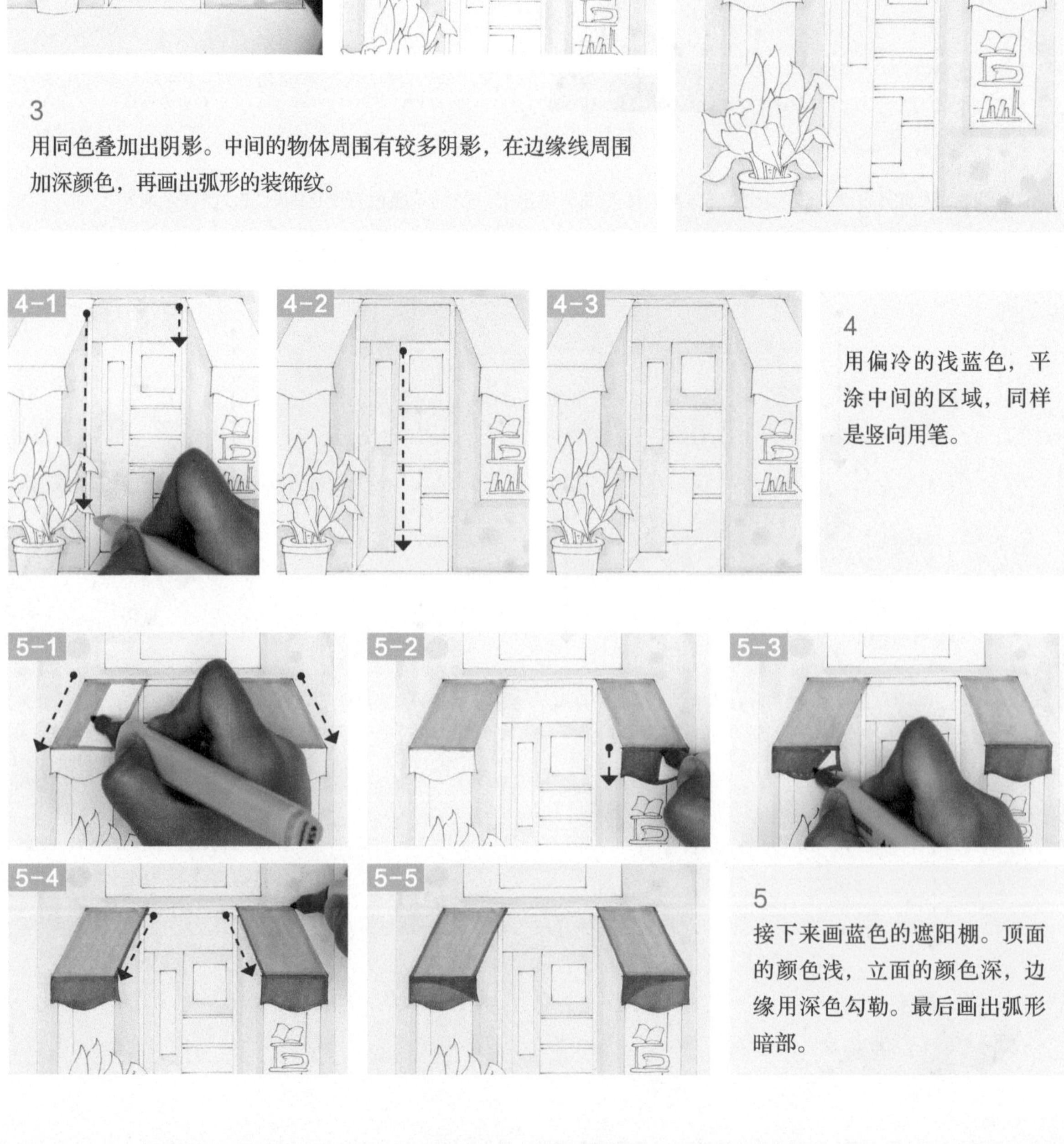

4

用偏冷的浅蓝色，平涂中间的区域，同样是竖向用笔。

5

接下来画蓝色的遮阳棚。顶面的颜色浅，立面的颜色深，边缘用深色勾勒。最后画出弧形暗部。

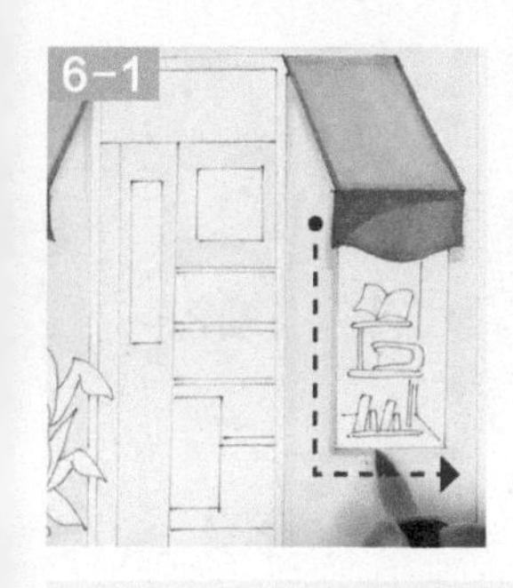

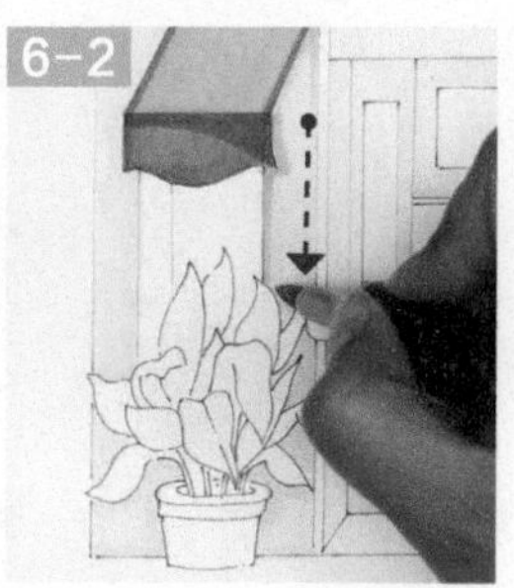

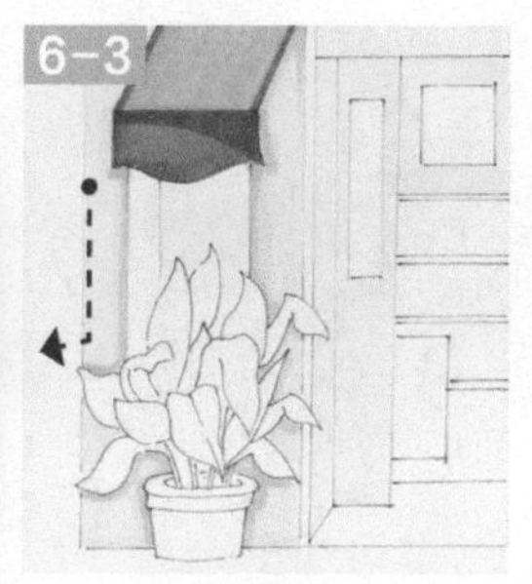

6

用浅蓝色加深橱窗轮廓，使阴影的颜色变深。尤其在植物周围加深，这是植物在墙面上的阴影，可以表现植物的茂密之感。

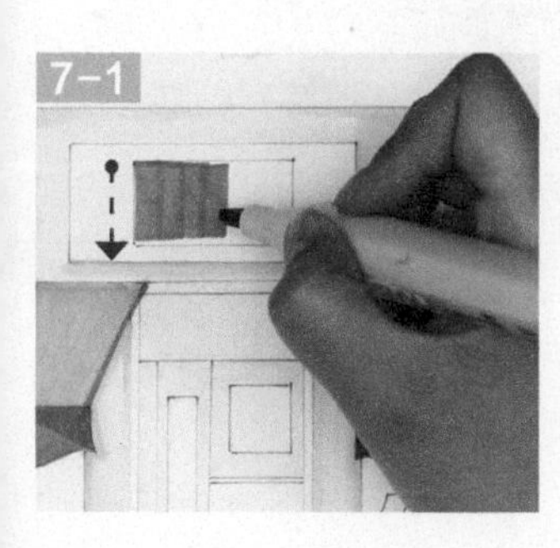

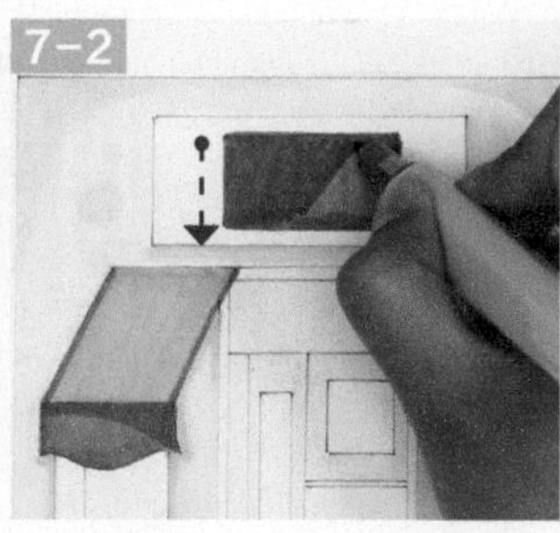

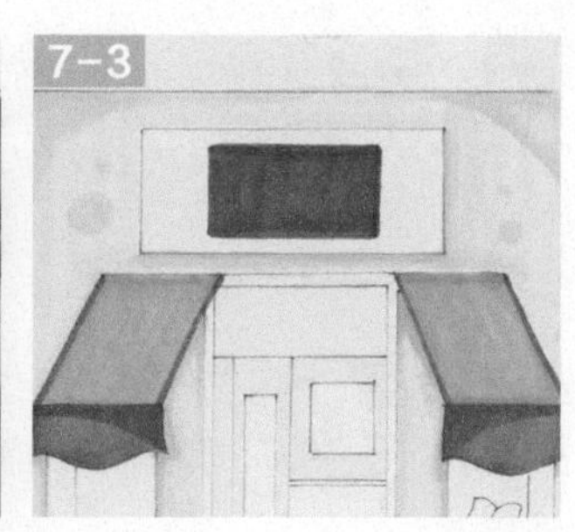

7

用深蓝色平涂两层画出招牌的底色。

小提示

由于书店的主体色颜色极浅，要注意纯度较高的蓝色在画面中的比例大小，防止出现头重脚轻的画面。相同的颜色画的层数不同，颜色也会不同，借此可以使画面颜色更丰富。

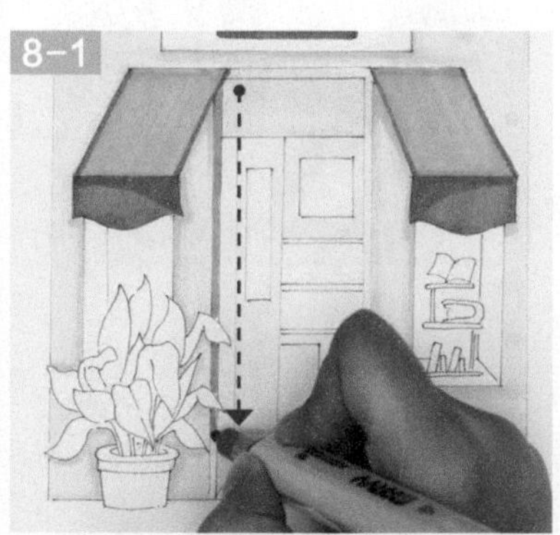

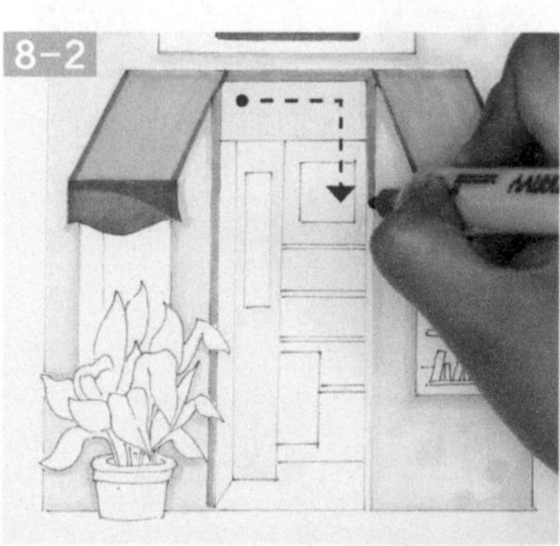

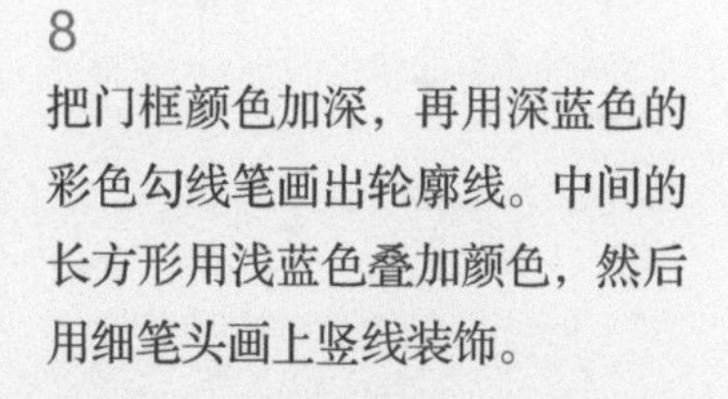

8

把门框颜色加深，再用深蓝色的彩色勾线笔画出轮廓线。中间的长方形用浅蓝色叠加颜色，然后用细笔头画上竖线装饰。

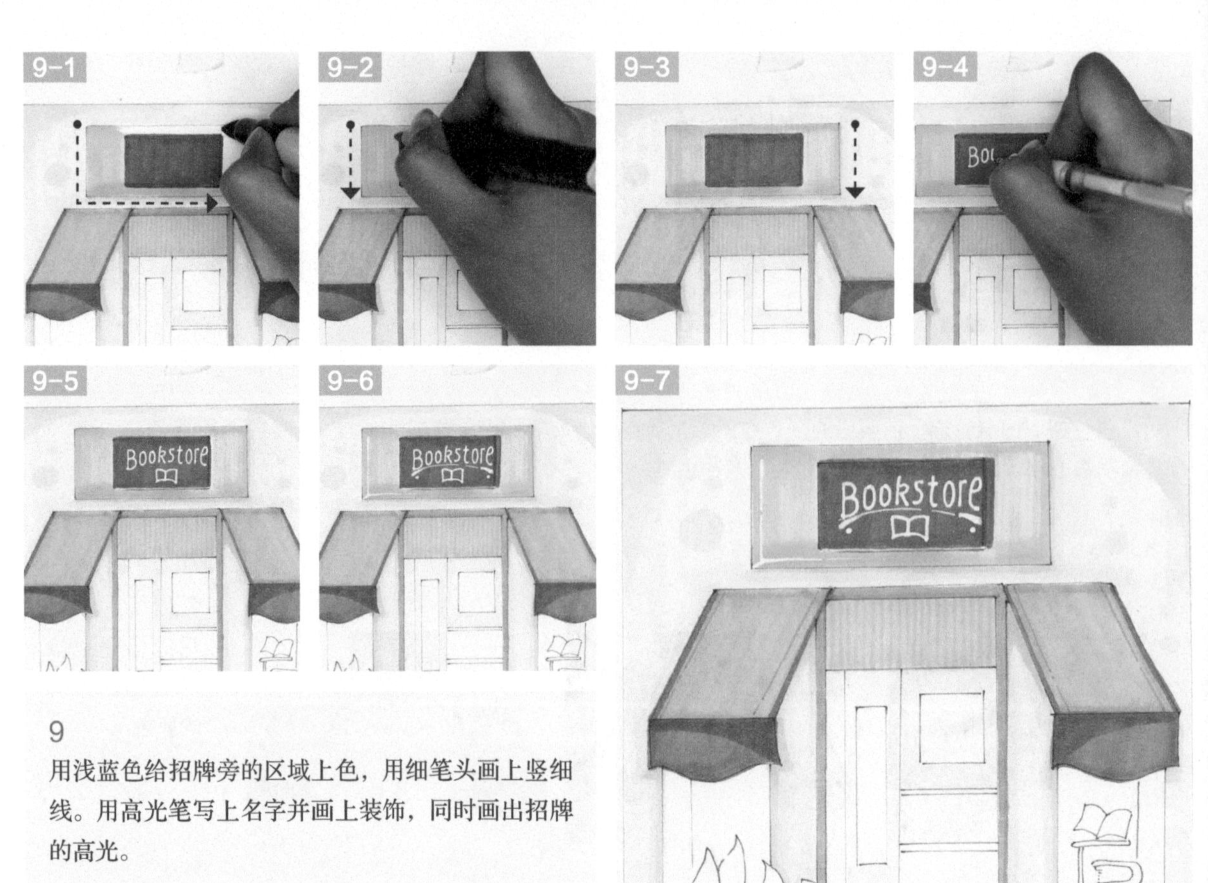

9

用浅蓝色给招牌旁的区域上色，用细笔头画上竖细线。用高光笔写上名字并画上装饰，同时画出招牌的高光。

10

书店的玻璃橱窗都用黄色上色。用深黄色勾勒玻璃边缘，用黄色扫出玻璃的质感线条。加深侧面和底面颜色来区分左右两侧的玻璃橱窗的块面。

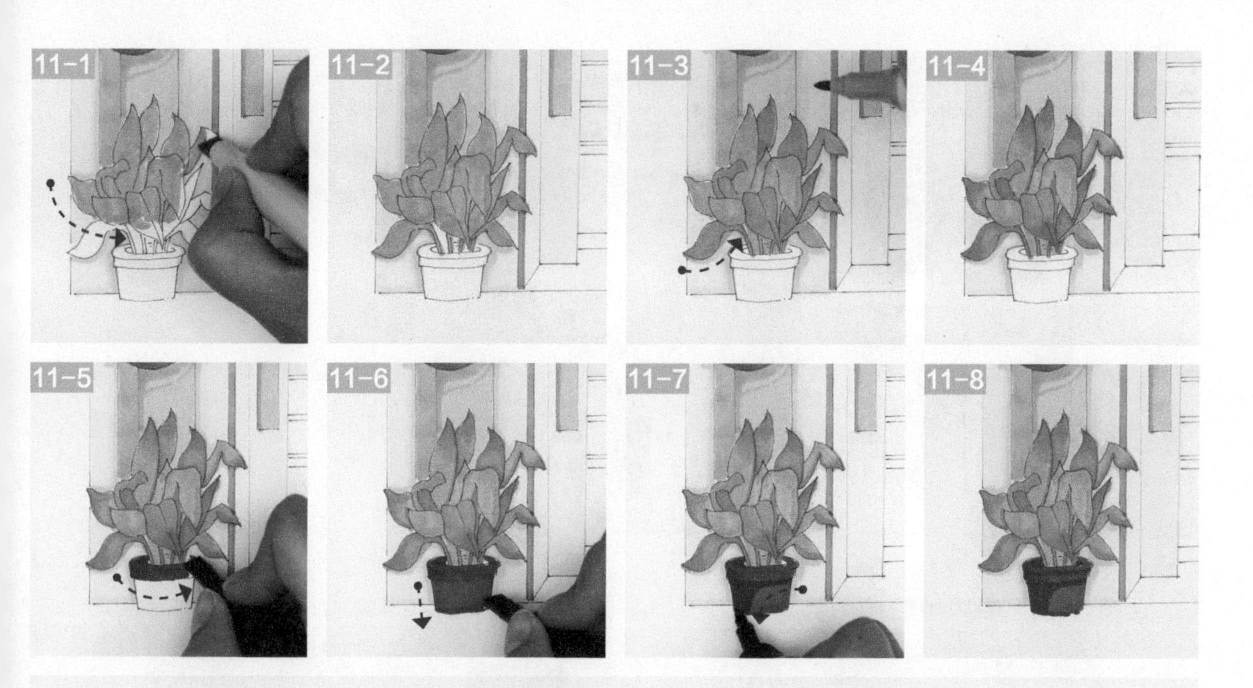

11

用浅绿色为植物上半部上色，下半部换深绿色上色，再加深叶子的暗部。用咖啡色画出花盆。

12

用浅蓝色给门内侧面墙壁上色，正面墙角处画出弧形阴影和装饰。

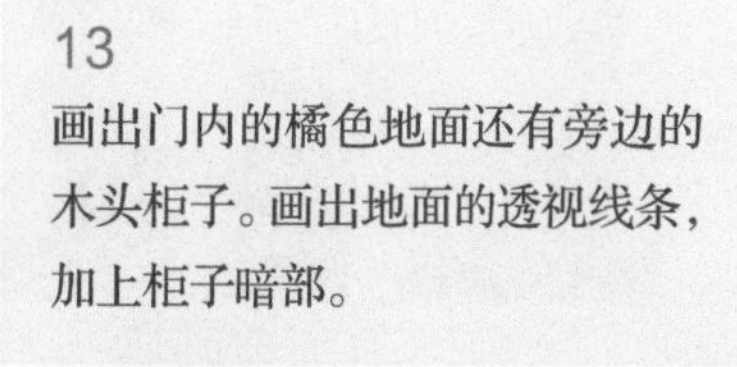

13

画出门内的橘色地面还有旁边的木头柜子。画出地面的透视线条，加上柜子暗部。

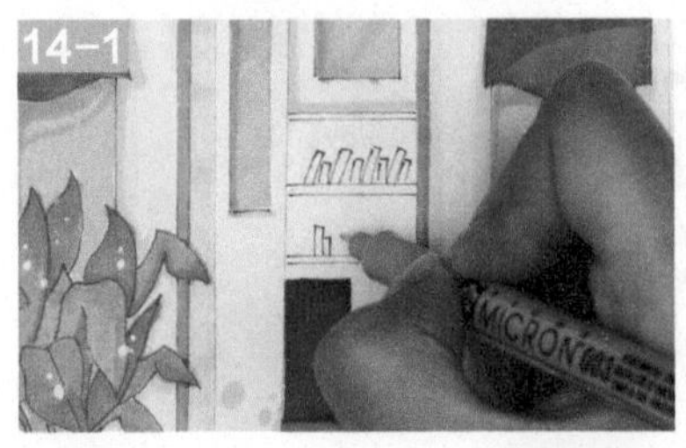

14

用勾线笔画出屋内的书架和书，然后用橱窗的颜色统一上色。

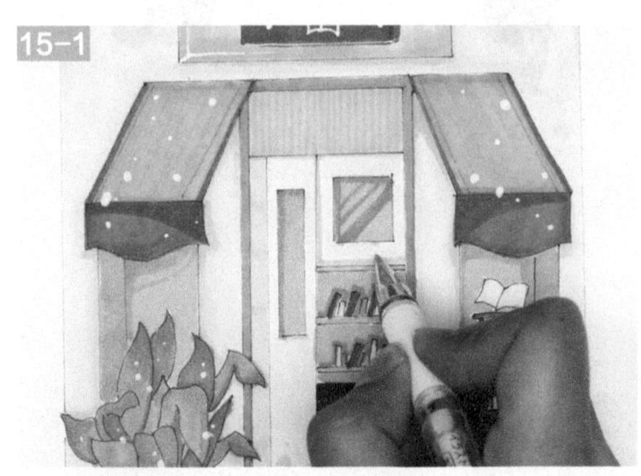

15

用高光笔提亮画面，添加装饰点。再次加深画面中的阴影。最终完成作品。

小提示

在作品收尾时，如果整体颜色明度相仿，可以加深画面的暗部，或者用高光笔提亮高光和亮部。这样可以使画面避免平庸。

04

贩卖生活的杂货铺

绘画要点

1. 杂货铺的琐碎细节十分多。起稿时可分成上、下两部分，下半部分又分左右两边。分好区域，划分好每一部分的功能，把线稿画得尽量详细。
2. 杂货铺的颜色很丰富，如果控制不当会使画面很混乱。细节颜色的种类不要过多，可以使用相同颜色，让画面中的细节有所呼应。

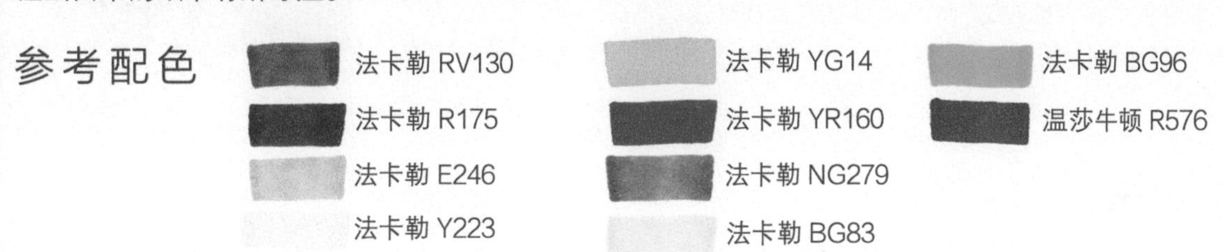

1
用铅笔起稿后，用勾线笔从前向后勾勒出准确的轮廓。等笔迹干后，用橡皮擦掉前面的铅笔痕迹。

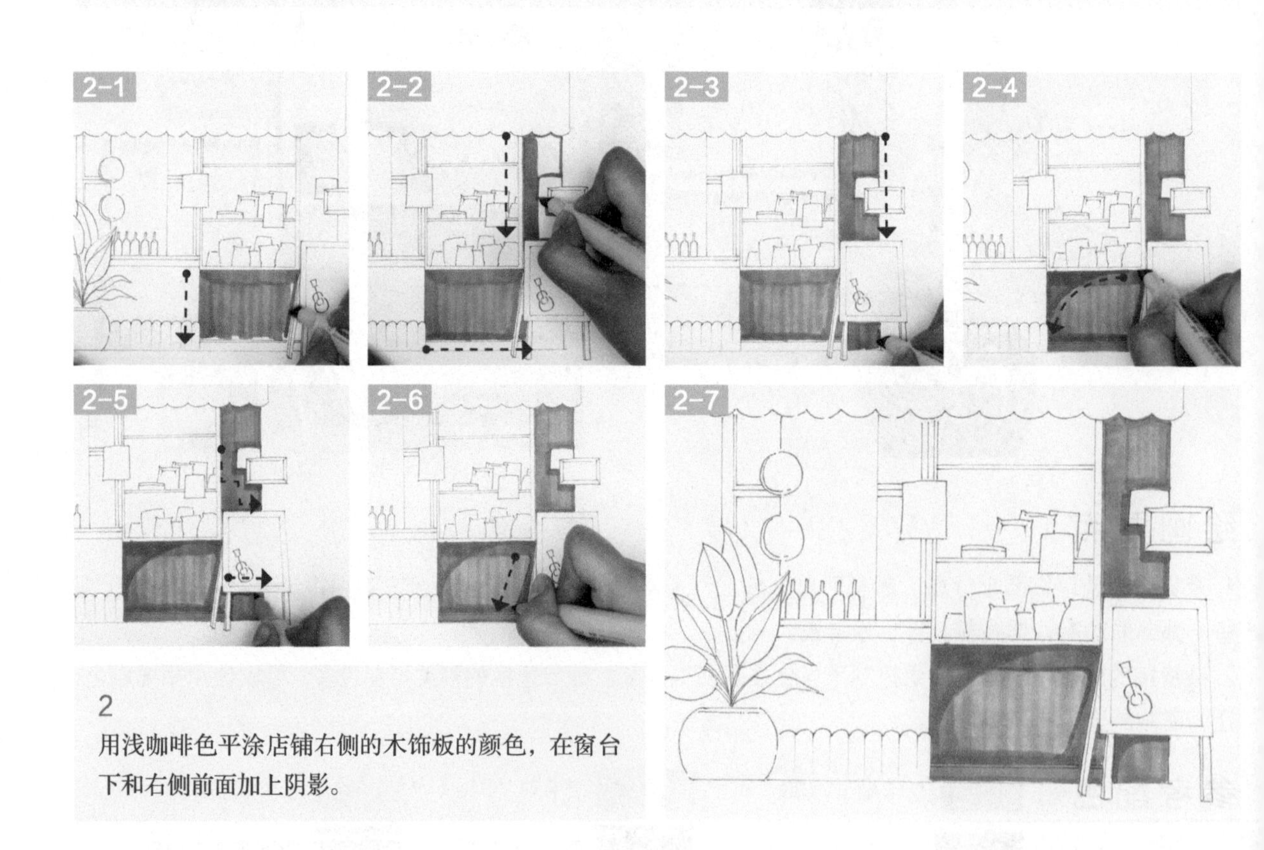

2
用浅咖啡色平涂店铺右侧的木饰板的颜色，在窗台下和右侧前面加上阴影。

小提示

木饰板的颜色较深，每加深一层颜色，都会有明显的不同。尽量平涂底色，不要来回重复涂抹。如果有不匀的地方，立刻加深暗部或者画出周围物体的阴影，使不均匀的地方不那么明显。

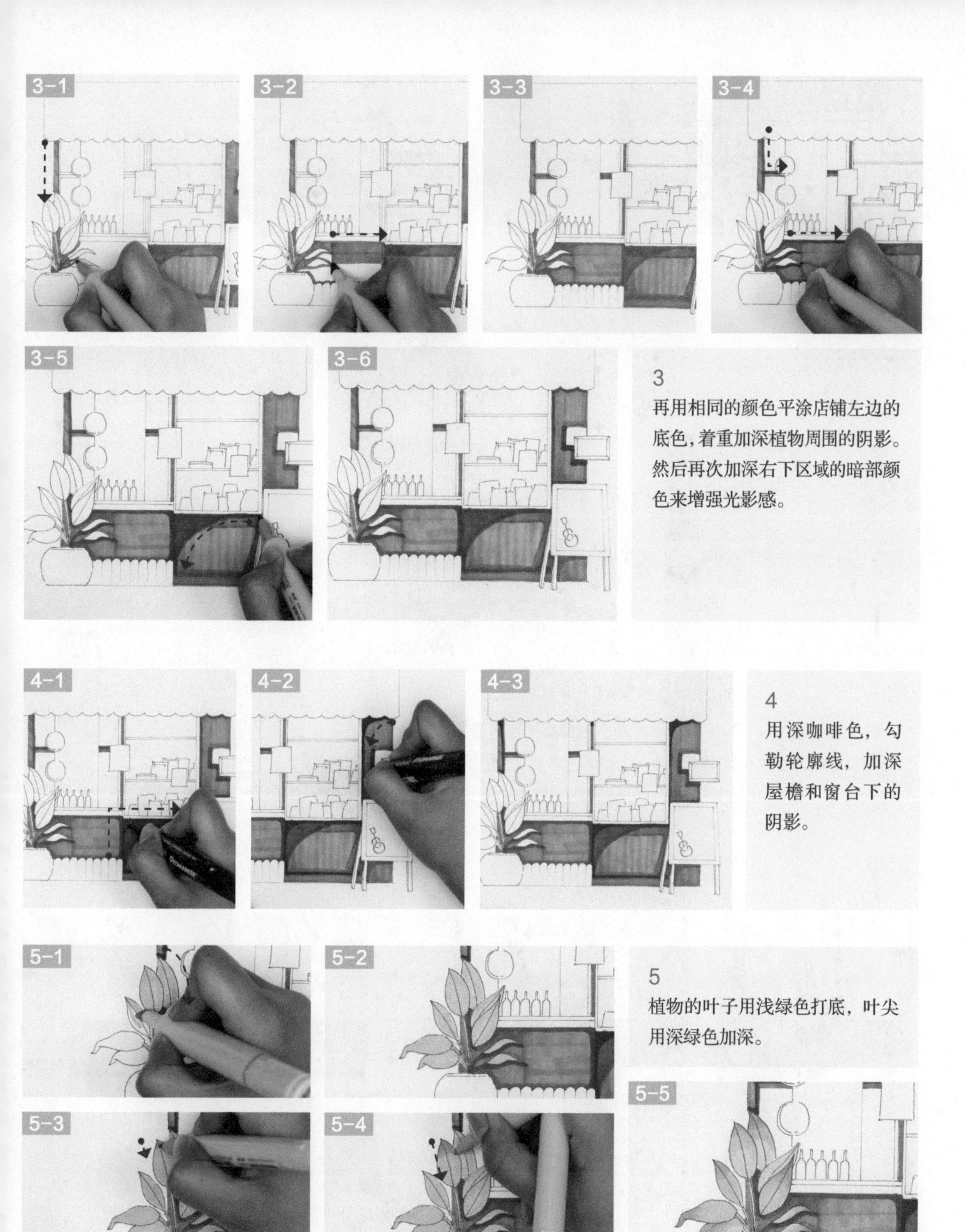

3
再用相同的颜色平涂店铺左边的底色，着重加深植物周围的阴影。然后再次加深右下区域的暗部颜色来增强光影感。

4
用深咖啡色，勾勒轮廓线，加深屋檐和窗台下的阴影。

5
植物的叶子用浅绿色打底，叶尖用深绿色加深。

小提示

步骤 5-3、5-4 里用到了马克笔的晕染技法，用的是法卡勒 YG14、YG26。平涂叶面之后，用 YG26 加深叶尖，然后用 YG14 向叶柄方向晕染深色，形成由深到浅的渐变色。

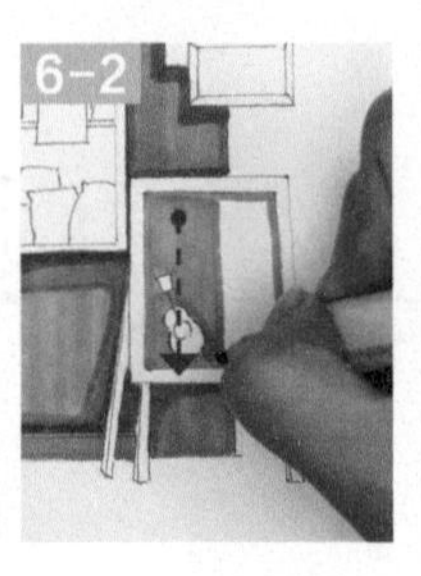

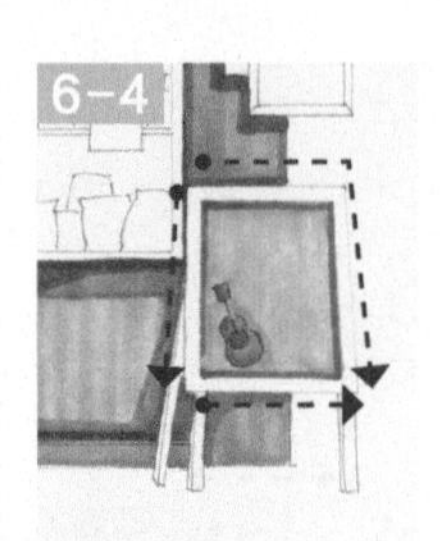

6

用灰色给右下角的小黑板上色，上面的吉他装饰用橘色来画。最后加深边缘线。

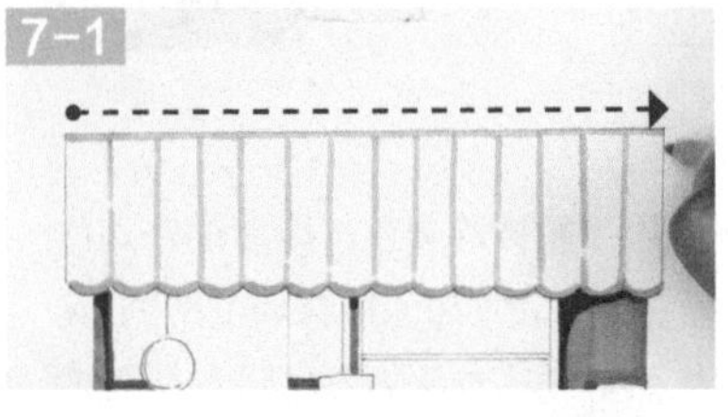

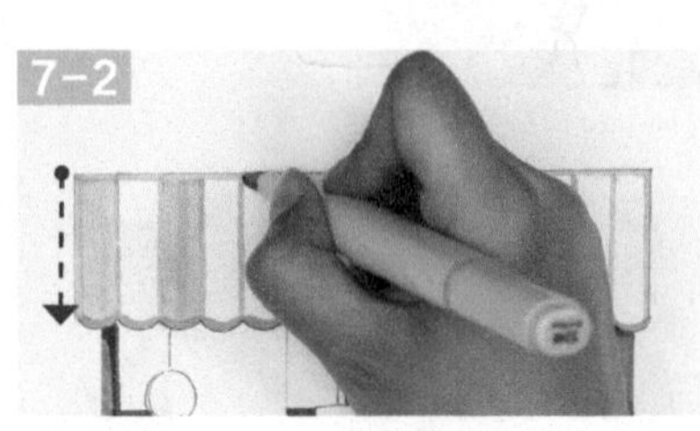

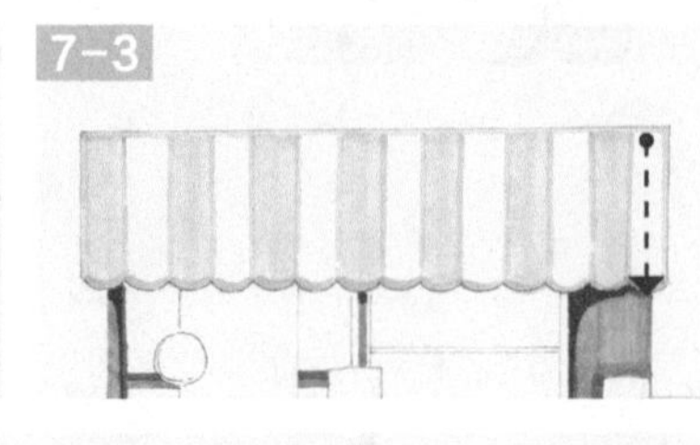

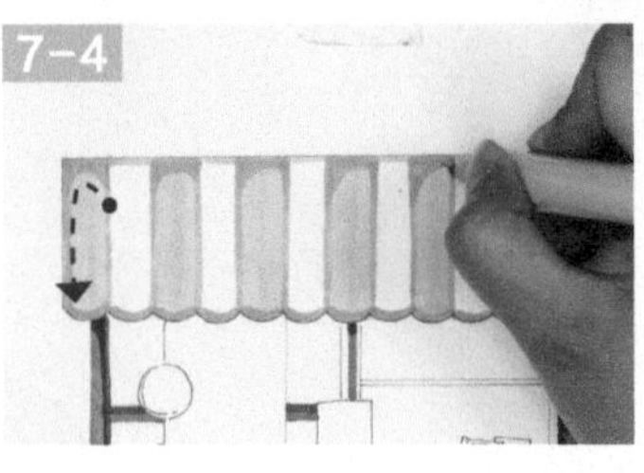

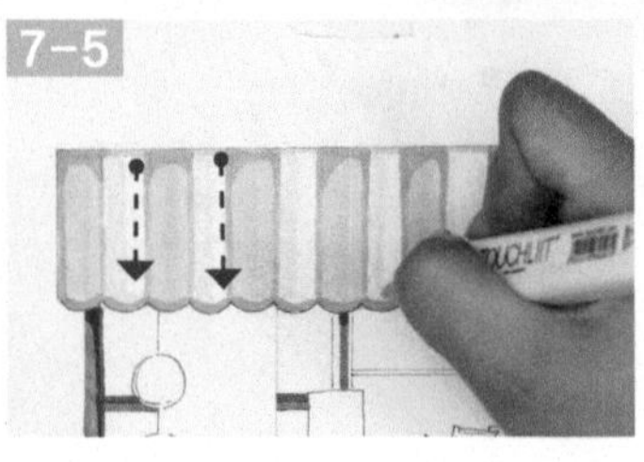

7

用暖灰色勾勒边缘，再平涂画出屋檐，用极淡的黄色涂在白色条的左半边。形成有规律的色条，上边画上弧形阴影。

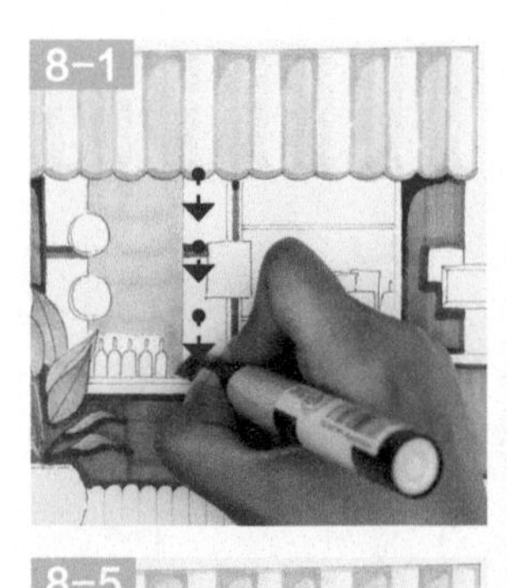

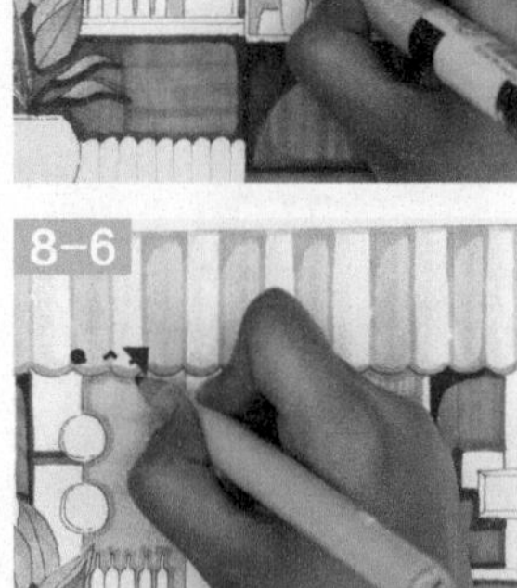
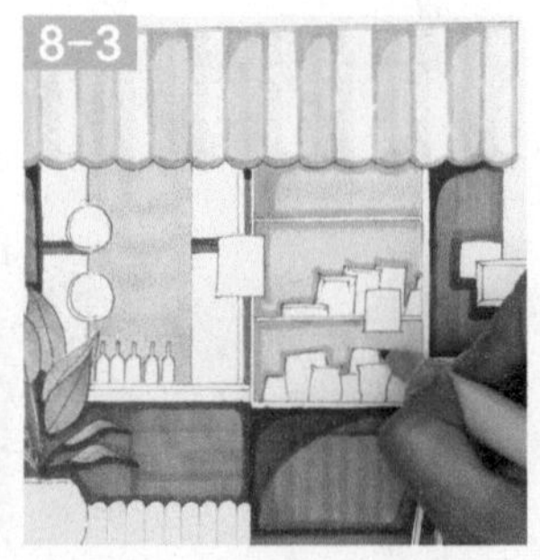
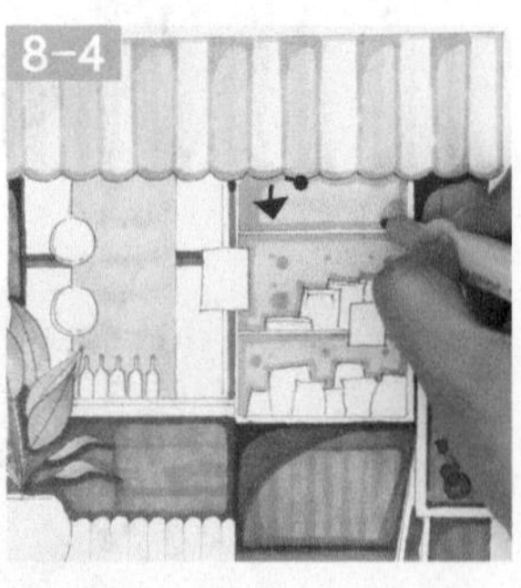

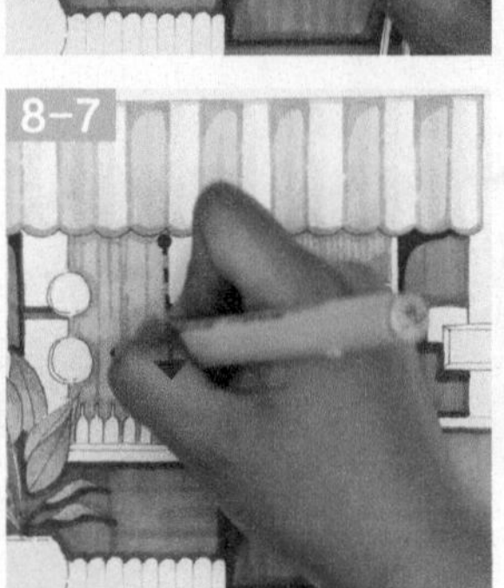
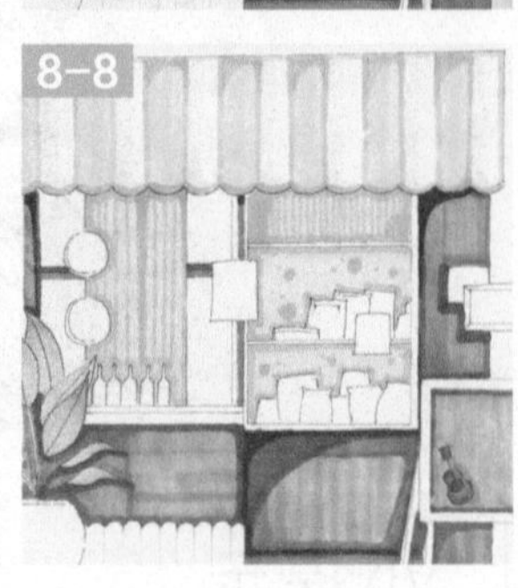

8

用黄色涂满窗户，左侧和右上的方形均匀地用同色画上竖线条装饰，右下橱窗用圆点装饰。

9-1

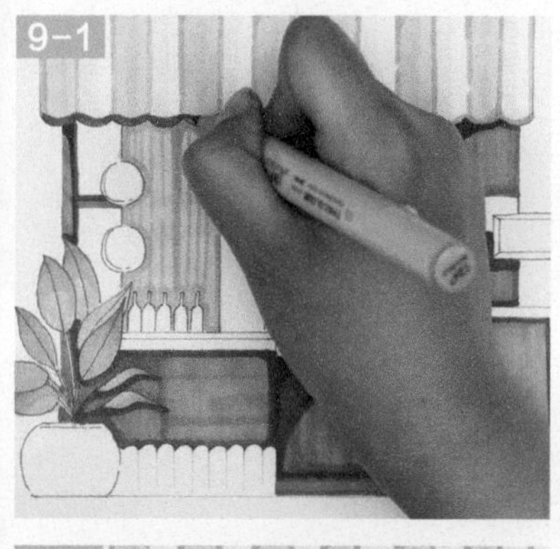

9-2

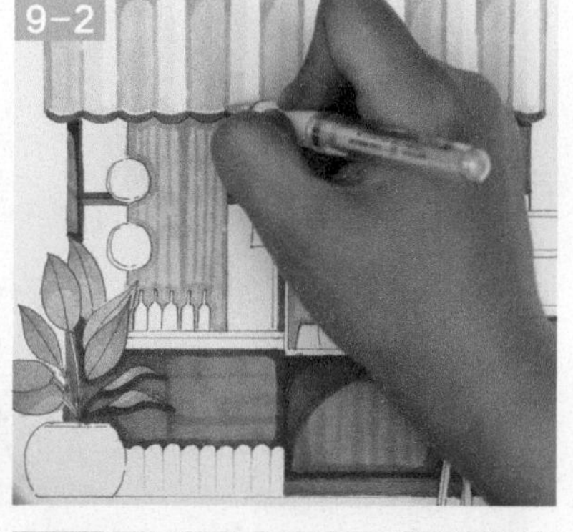

9-3

9-4

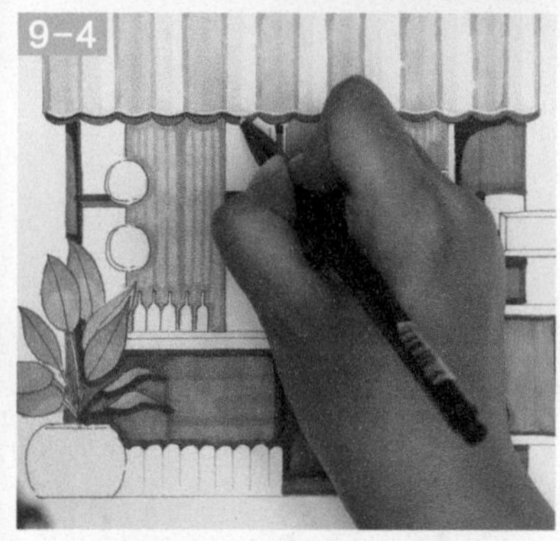

9-5

9

画出屋檐的体积感。先用深咖啡色勾勒下边缘，再用高光笔提亮阴影的上边缘，最后用咖啡色的勾线笔加深亮部和暗部的下边缘。这样屋檐的厚度就可以表现出来了。

10-1

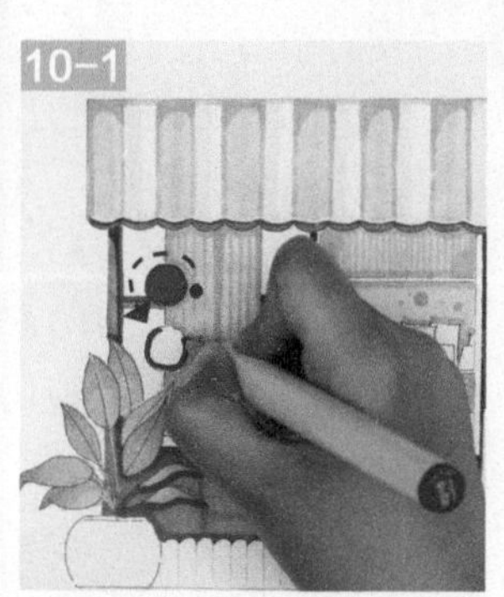

10-2

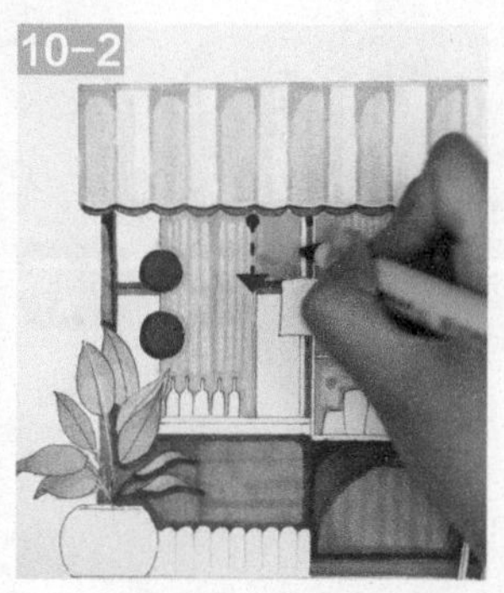

10-3

10-4

10-5

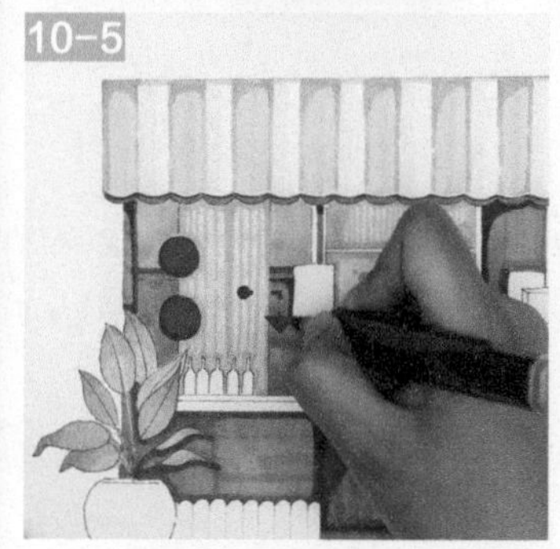

10-6

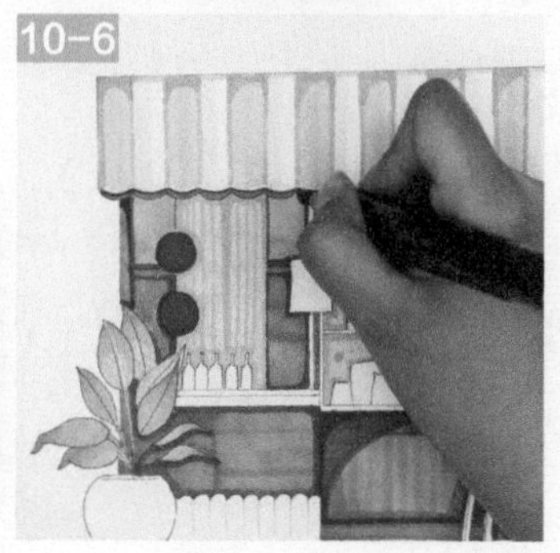

10-7

10

用红色画出左边的灯，对称地用深浅不同的两种灰色给窗框上色。用木饰板的颜色加深窗框的阴影和暗部，特别加深左边灯旁的阴影。

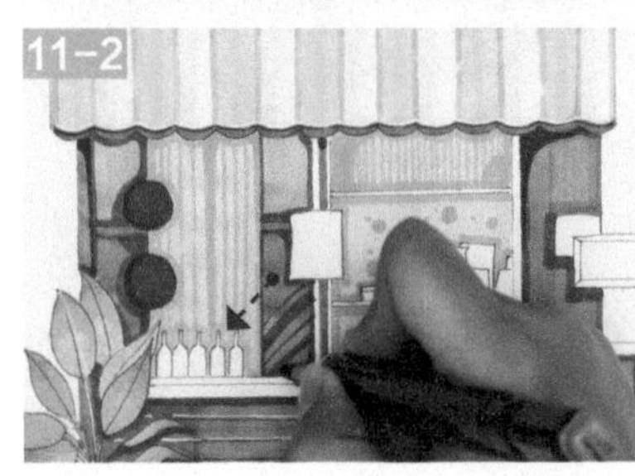

11
画出左侧植物旁的木饰板的横向纹路。先用深色画出横线，再用高光笔画出亮部。最后换深咖啡色的马克笔画出上窗框的质感线条。

12
选择鲜艳的橘色给植物的盆上色。提亮画面的纯度，让画面不会太灰。

13
给橱窗里的物品上色。用深浅不同的两色画出小黑板边框的体积感，用咖啡色勾线笔勾勒边缘。

14

画出右侧墙体的线条，同样加上高光。写出左边灯上的汉字，画出窗户玻璃和花盆的高光。

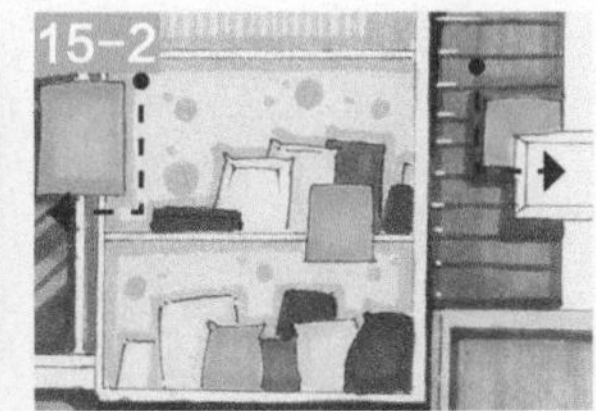

15-4

15

给画面里的小细节涂上颜色。右边的牌子分边框和底色两部分来画。用高光笔给黑板和提示牌写上浅色的文字。

16

加深木饰板暗部，再用浅灰色画出左下的白色栅栏和店铺整体的阴影。

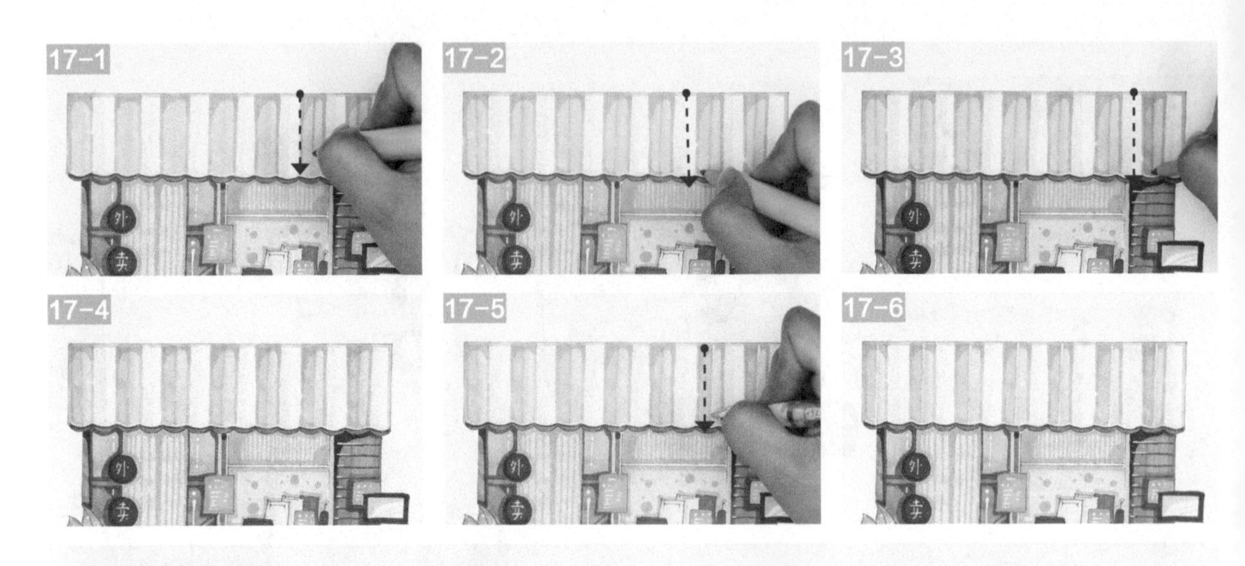

17
用暖灰色勾勒屋檐上的色块边缘来加深暗部，中间的交界线处用高光笔提亮，这样就有了弧度。

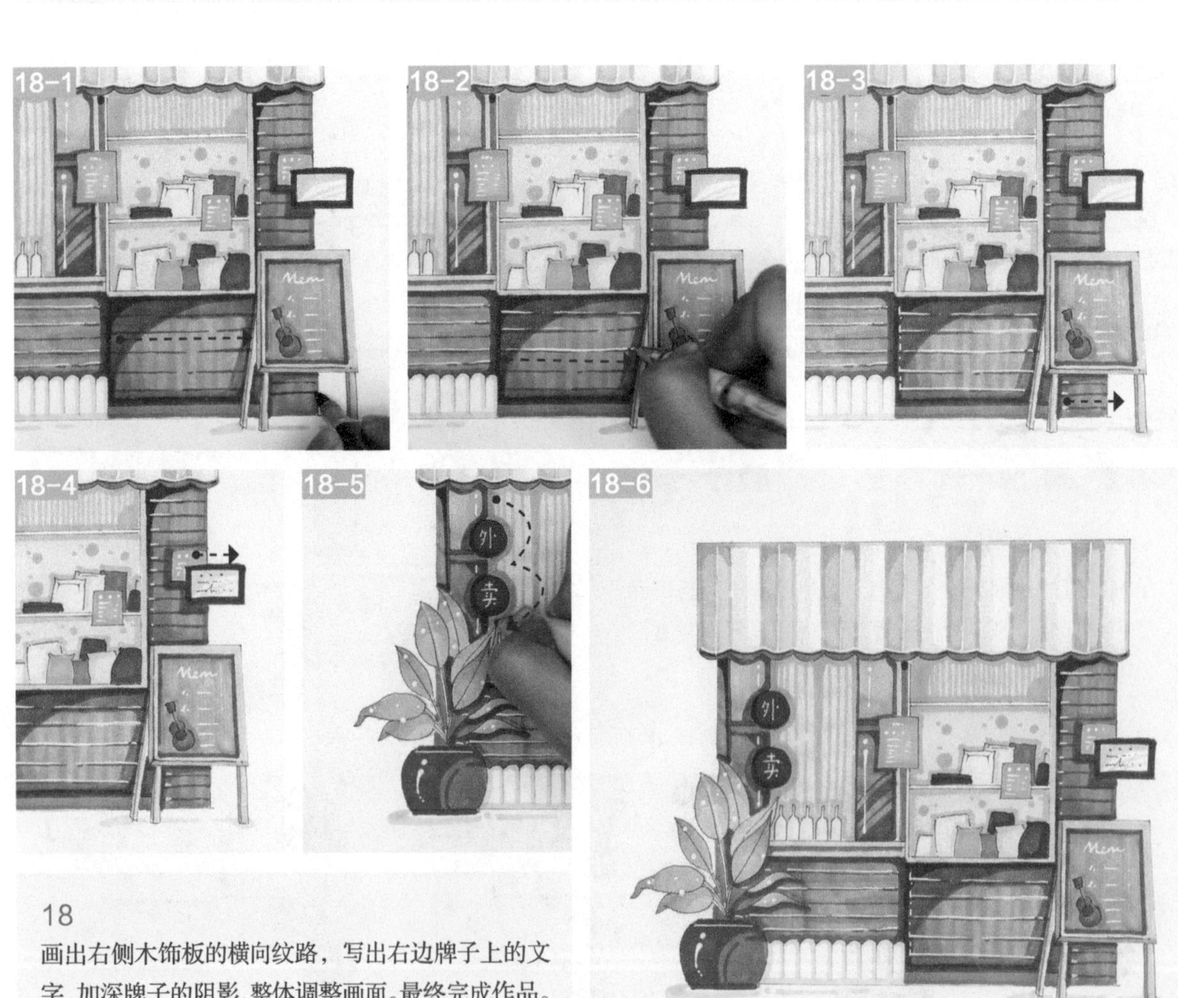

18
画出右侧木饰板的横向纹路，写出右边牌子上的文字，加深牌子的阴影，整体调整画面。最终完成作品。

05

夏日清新冷饮店

绘画要点

1. 作品洋溢着法式的浪漫风情，颜色也是轻柔的浅蓝色。搭配小面积的黄色和红色，给人以轻松俏皮的感觉。

2. 画面中物品的层次不仅通过颜色的饱和度来表现，还可以用丰富的花边和装饰来区分。画面中间的蓝色字牌十分突出。

参考配色

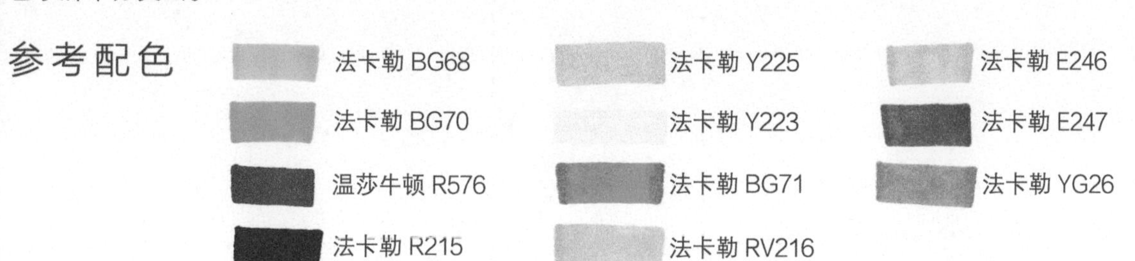

1

用铅笔起稿，确定店铺的高宽比例。然后用勾线笔勾勒出轮廓线，最后用橡皮擦掉铅笔线。英文字母部分可以暂时不用勾勒，保留铅笔线。冷饮店的屋檐有法式店铺的风格，层次较多，虽是正视角，但有极强的体积感。

1

2

用浅蓝色给店铺正面上色。用马克笔的宽笔头按照不同的形状来勾勒，最后加深椅子、黑板和植物的后面的区域。

2-1

2-2

2-3

2-4

2-5

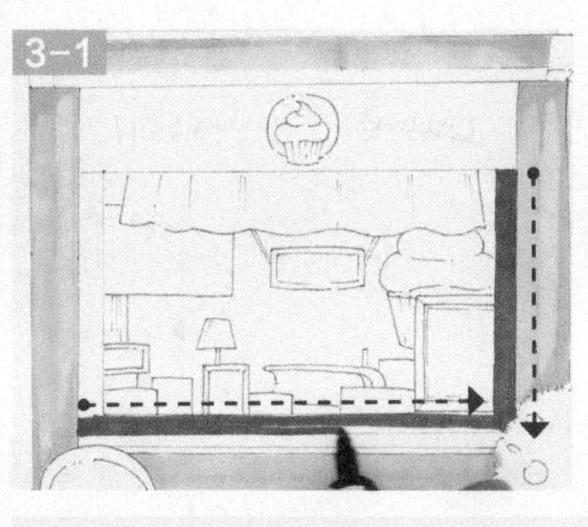

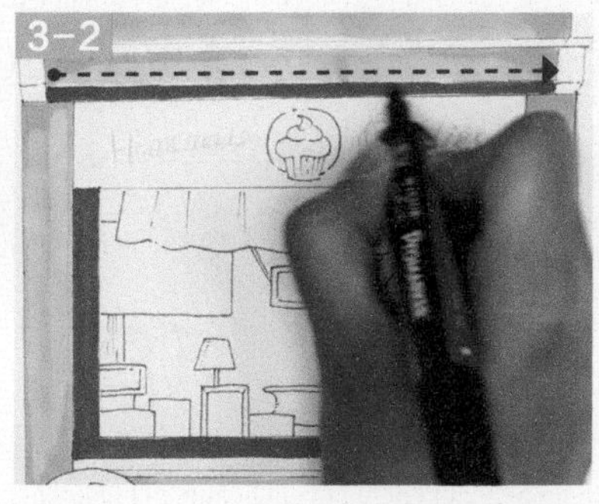

3

换用鲜艳的红色马克笔的细笔头沿着直线，画出店铺中间窗口的边框。

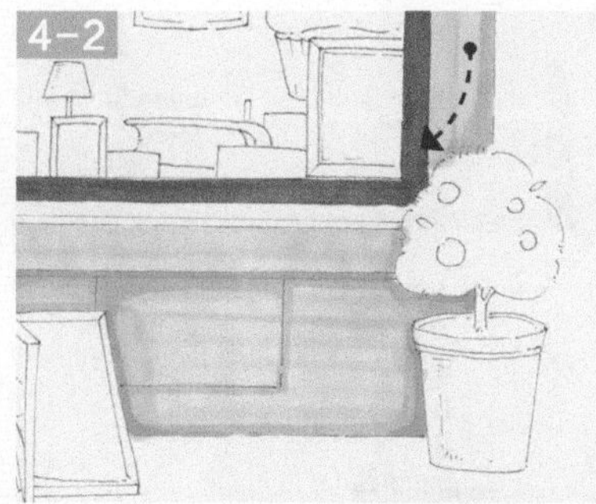

4

再用蓝色马克笔加深店铺正面部分。屋檐有两层，加深下边，画出体积感。店铺的所有阴影的弧形区域都加深一遍。椅子镂空的地方也涂上蓝色，并加深轮廓线。

5

屋檐的两端用黄色涂满。角落里的植物留出果子的位置，其他部分都涂上草绿色，花盆用浅咖啡色来上色。

6

橱窗里的冰激凌用浅红色，叠加加深暗部。右下角的小黑板用深灰色上色，加深两个对角的颜色。

7

用灰色画立在地上的小黑板，加深靠近椅子旁的暗部。用植物的主色加深植物的下半部分，让植物的球形树冠更有体积感。用同样的方法来加深花盆外侧的暗部。

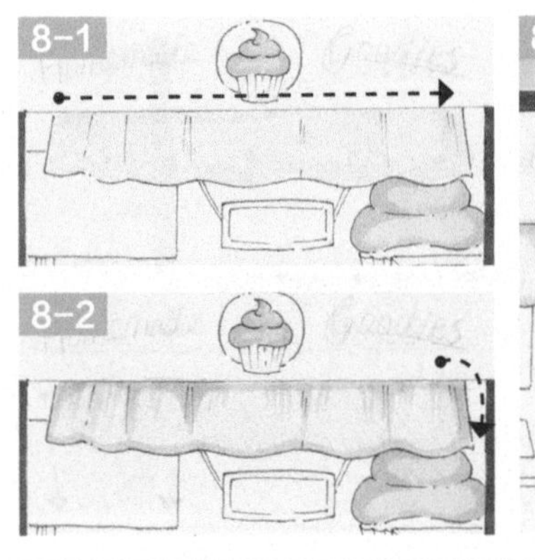

8

用黄色马克笔画出橱窗上的布帘，并且加深布帘的褶皱。中间的牌子用极浅的蓝色上色，冰激凌的杯托用黄色来上色，与布帘有所呼应。窗框上用高光笔提亮。

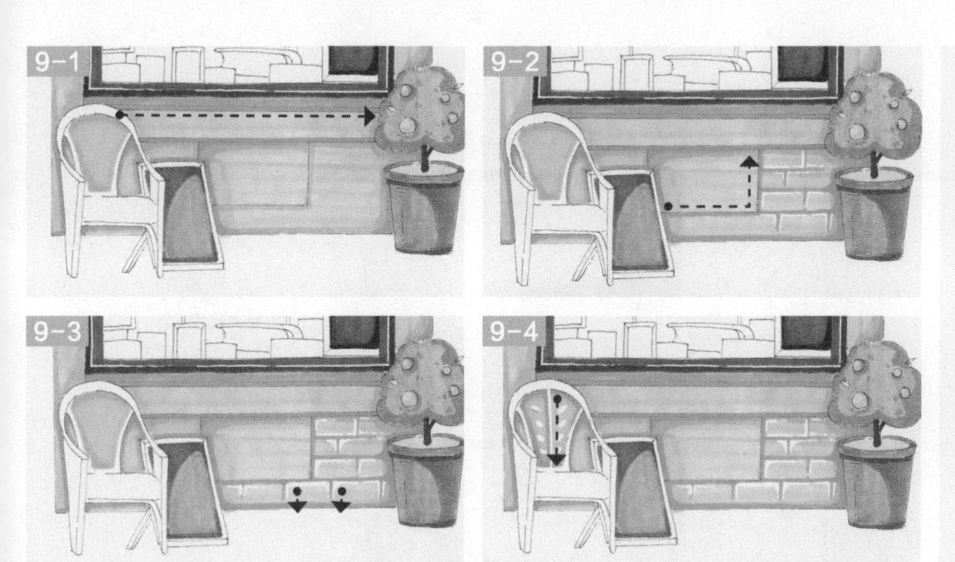

9

刻画窗户下墙面细节。用蓝色加深方形区域的轮廓，形成凹陷的感觉。马克笔和高光笔结合使用，画出周围的方砖墙面的凹凸质感。最后画出椅子背的镂空花纹。

10

给小物件上色。为椅子旁小黑板边框、窗户内的小物件和窗户内的背景涂上颜色，加深阴影，画出装饰花纹。

小提示

画面中明亮的蓝色、黄色会让物品有拉近读者的感觉，而窗户内的深灰色则有后退的感觉。而且深色背景还可以衬托出前面的浅色小物件。

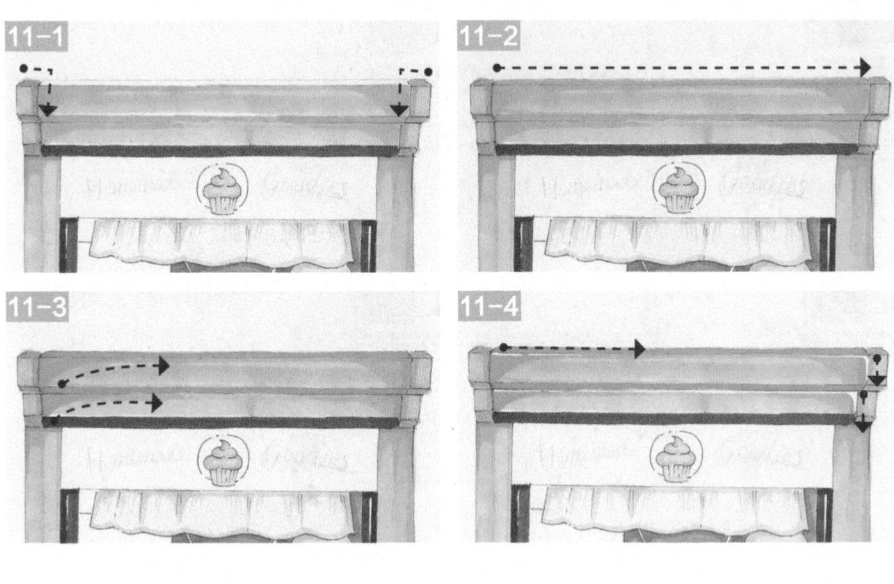

11

加强屋檐的体积感。用黄色加深顶面和底面。用蓝色加深蓝色窗框暗部，亮部和交界线的地方用高光笔提亮。

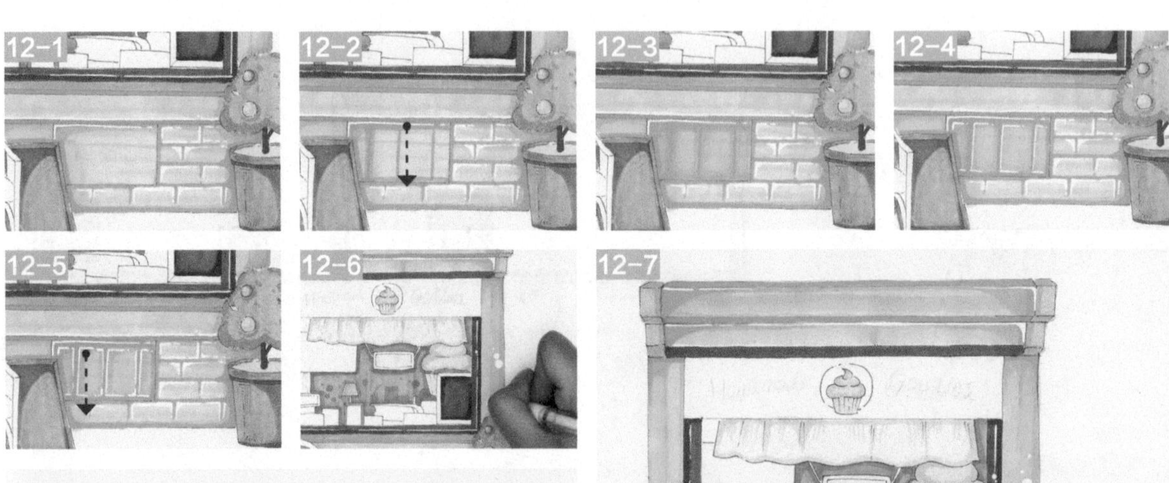

12

在窗户下加上竖形砖。先划分好布局，再加深颜色，最后用高光笔提亮，做出体积感。用高光笔装饰店铺。

13

用深红色勾线笔画短竖条装饰最上面的红边。再用咖啡色勾线笔写出招牌上的字母。

14

用高光笔分别写出两块黑板上的文字，在窗户上画上表现玻璃质感的高光。

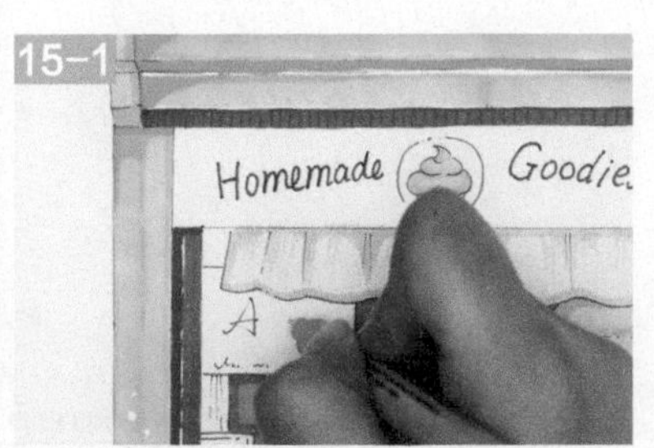

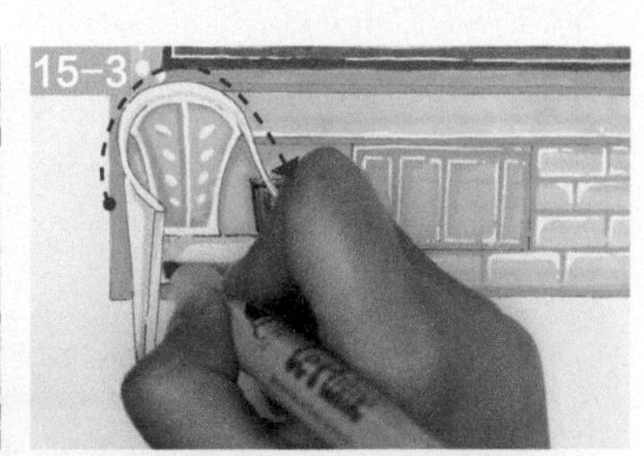

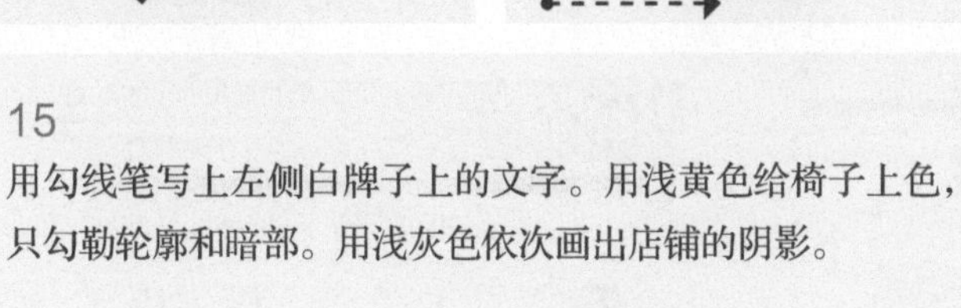

15

用勾线笔写上左侧白牌子上的文字。用浅黄色给椅子上色，只勾勒轮廓和暗部。用浅灰色依次画出店铺的阴影。

16

招牌的四周用黄色画出装饰，用深黄色的勾线笔加深内边缘。

17

给中间的物品上色。细节地方用深一些的彩色勾线笔画，配合高光笔，画出中间牌子的装饰花纹。

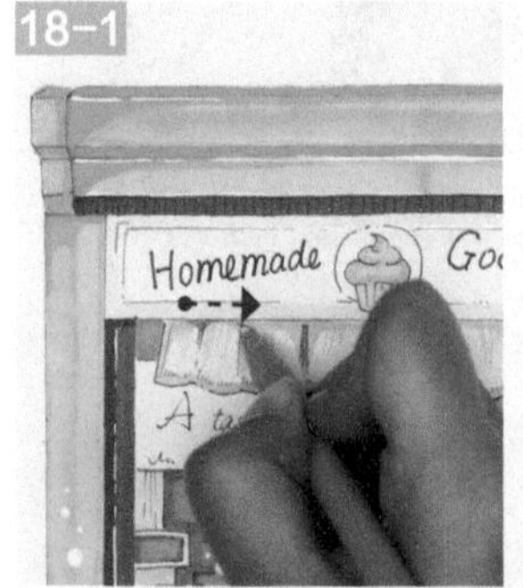

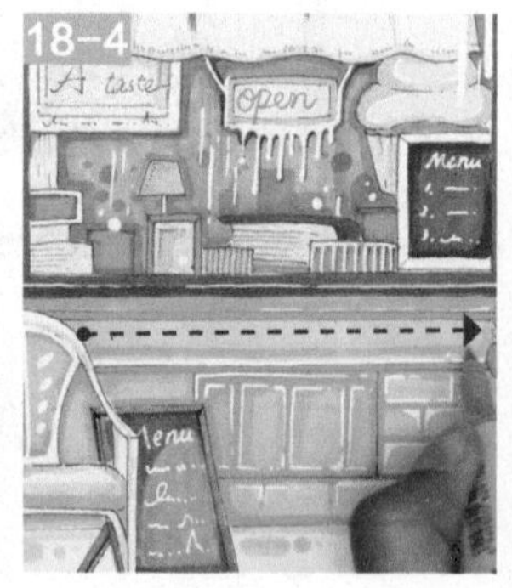

18

用深黄色加深布帘的褶皱，再勾勒旁边的牌子的边框。突出蓝色墙面的砖块效果，为招牌上的圆形图案加上黄色的背景。再调整画面中的明暗关系，最后完成作品。

每次路过这个路口，都会驻足。

第 5 章 记忆中的建筑

本章中的作品都是曾经生活里常见的建筑物。有的进行了艺术化美化，有的则保持真实的状态。从这些作品里学习怎样把平常的建筑画得不平常。

01

渐渐消失的工厂

绘画要点

1. 选用了饱和度很高的颜色来表现工厂，使原本冰冷的工厂并不压抑。
2. 主体物的线条也十分的圆润流畅，使画面更活泼。

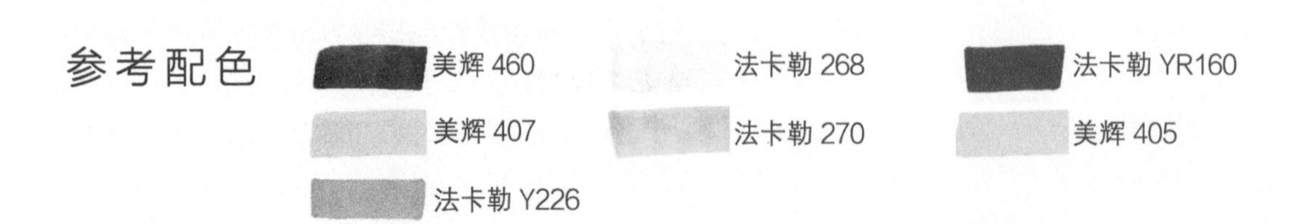

1
用勾线笔从上至下地勾勒出细节轮廓。画面里的尖角很少，多数的线条都很圆润，所以线条要画得流畅一些。

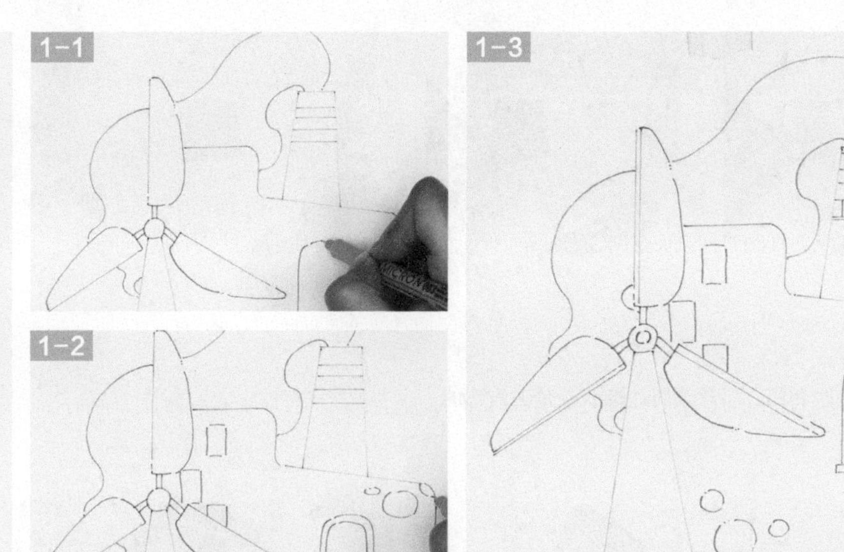

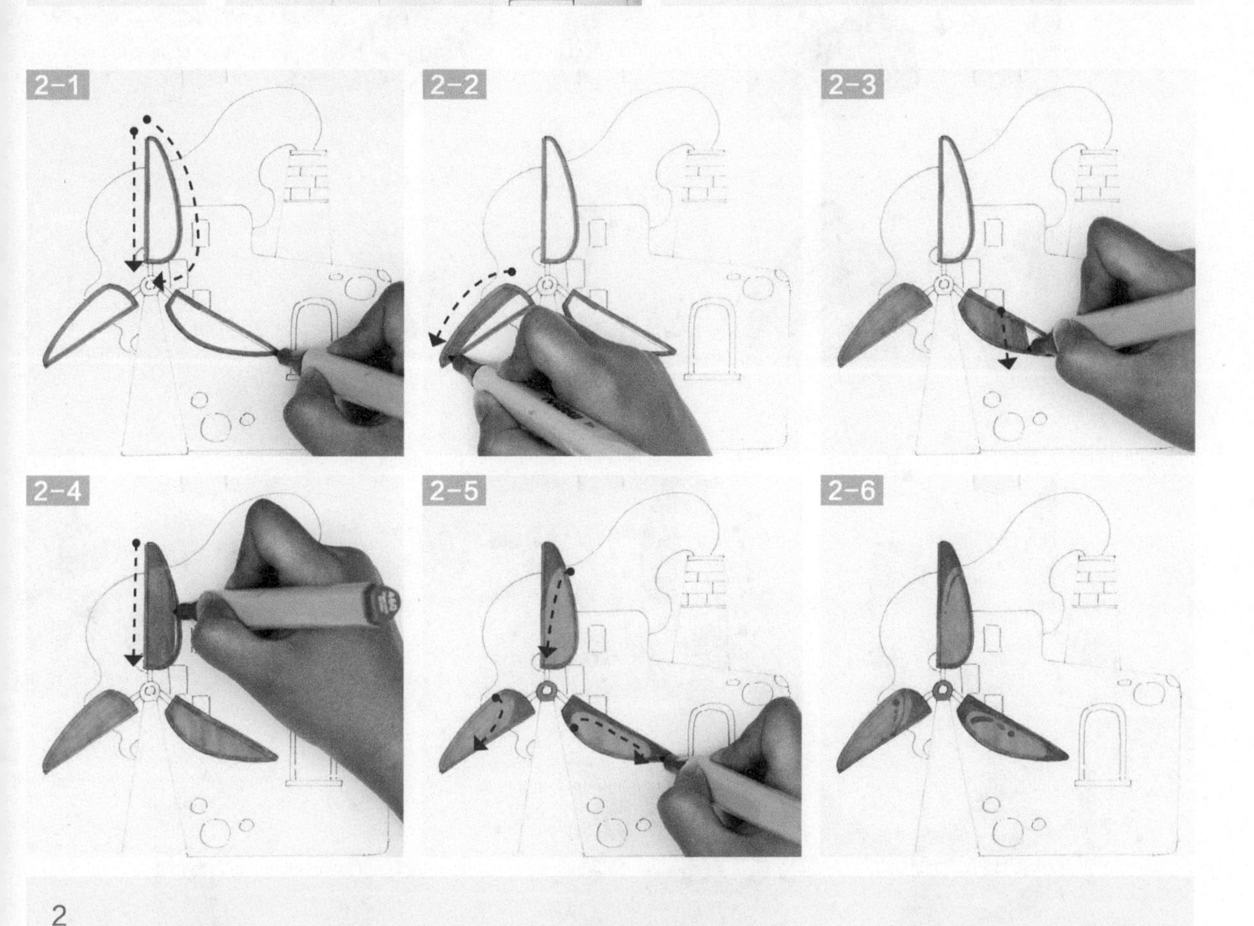

2
为风车的三片扇片涂上蓝色底色，并画出弧形的阴影和装饰花纹。

小提示

为这样圆润的区域上色时，可以先把轮廓线勾勒出来，然后再用长直线条平涂，这样上色颜色会比较均匀。酒精性和油性马克笔都可以这样用，而水性马克笔不可以，它容易出现笔触。

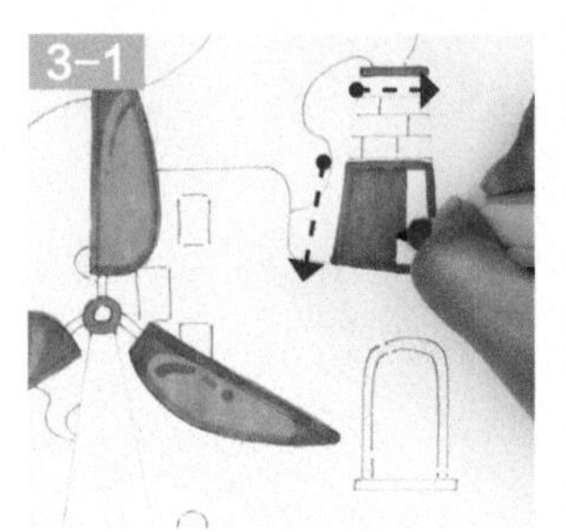

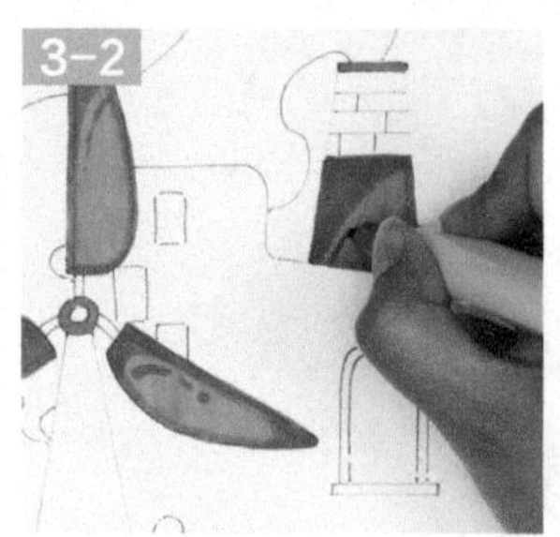

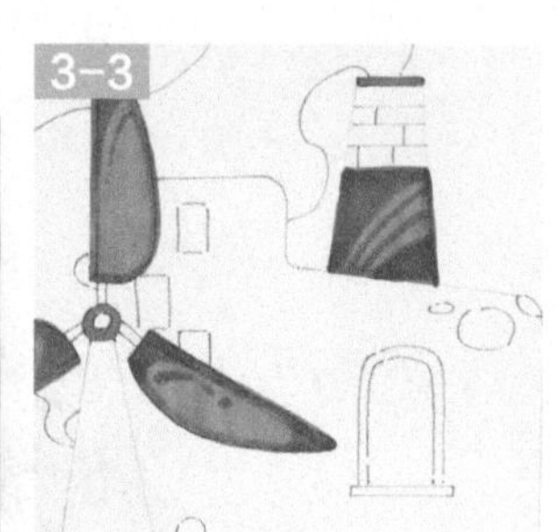

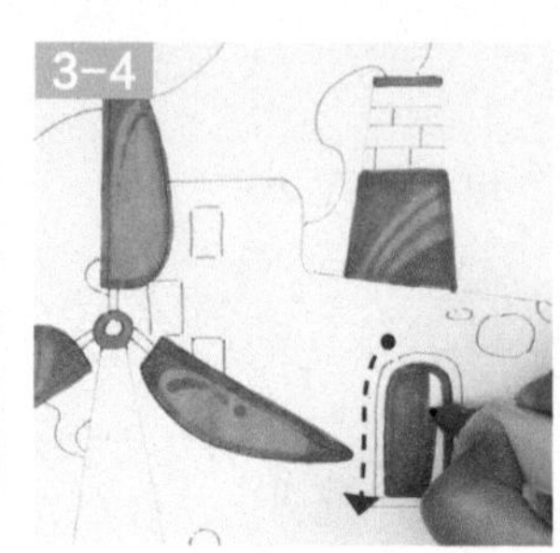

3

用蓝色画出烟囱和门。注意烟囱装饰线条是弧线形的。

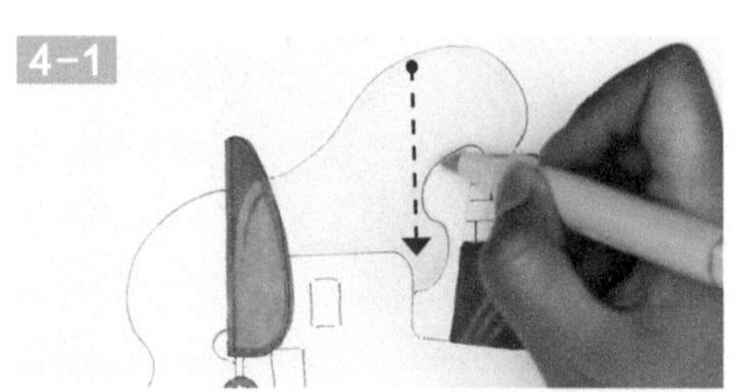

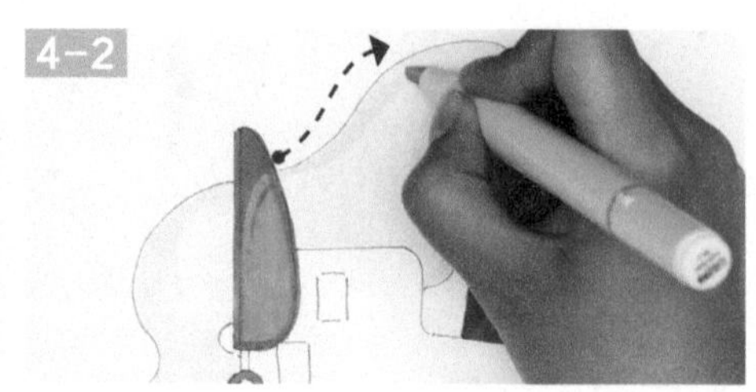

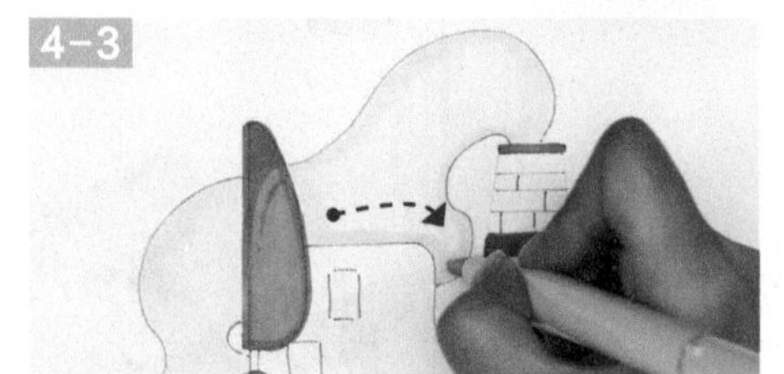

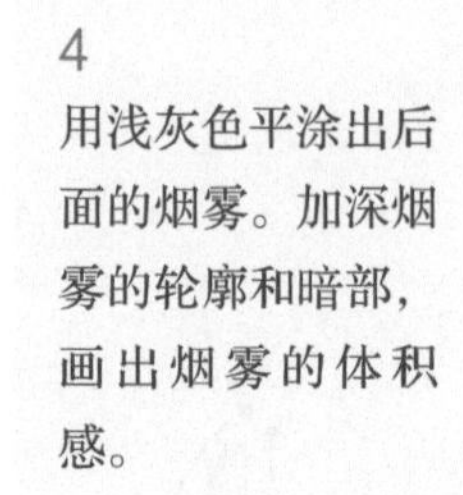

4

用浅灰色平涂出后面的烟雾。加深烟雾的轮廓和暗部，画出烟雾的体积感。

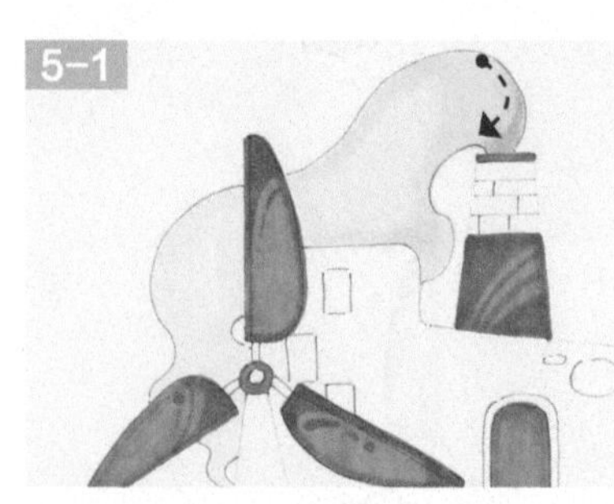

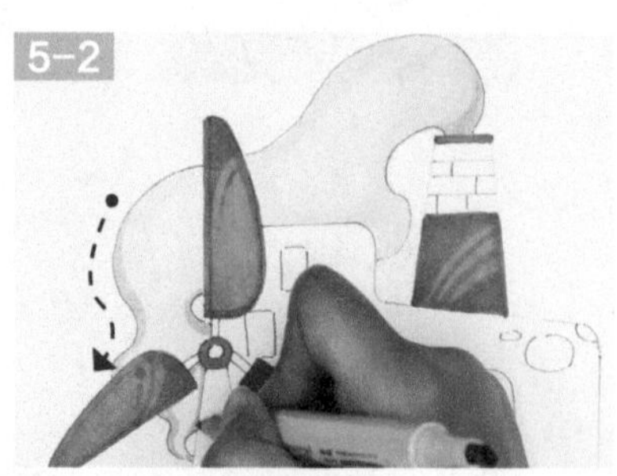

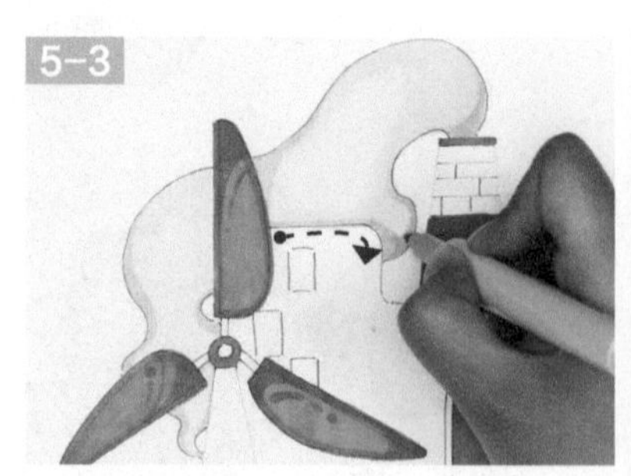

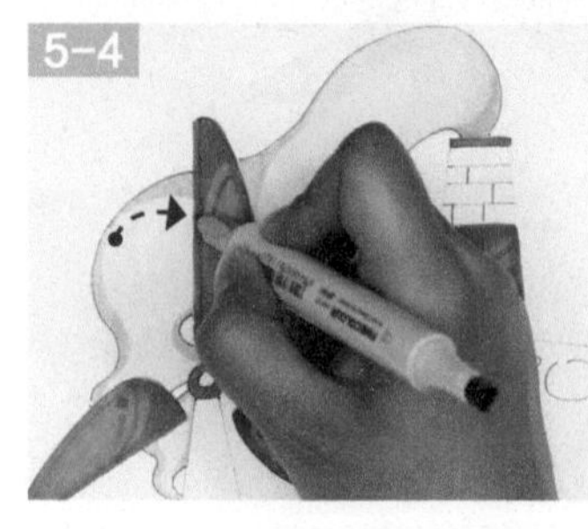

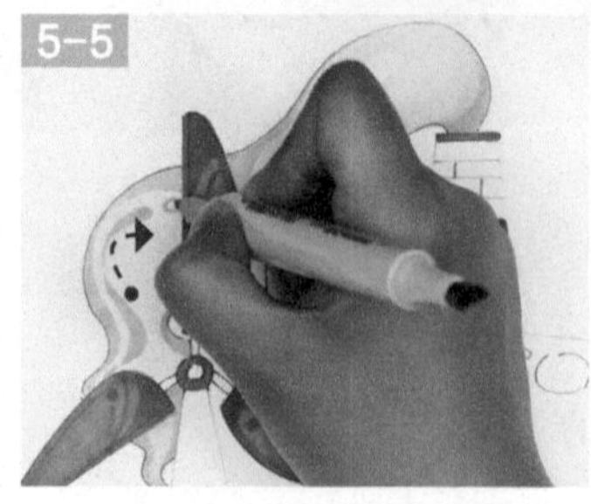

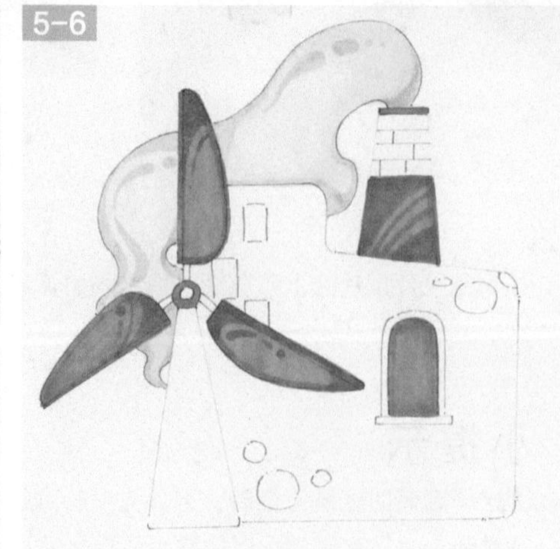

5

再用灰色马克笔的细笔头重复画烟雾的暗部，尤其要加深风车后面的部分。在空的地方加上装饰花纹。

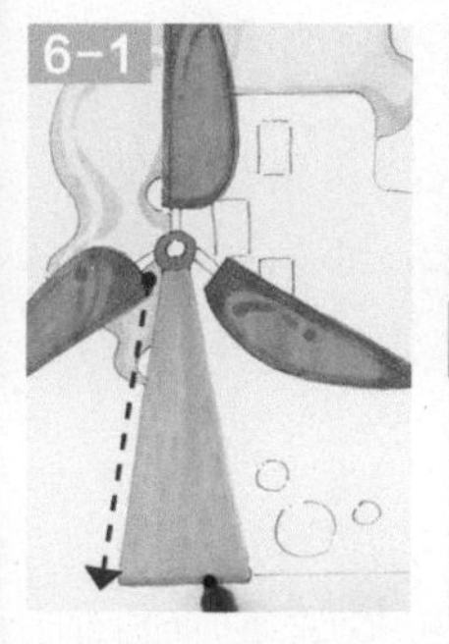

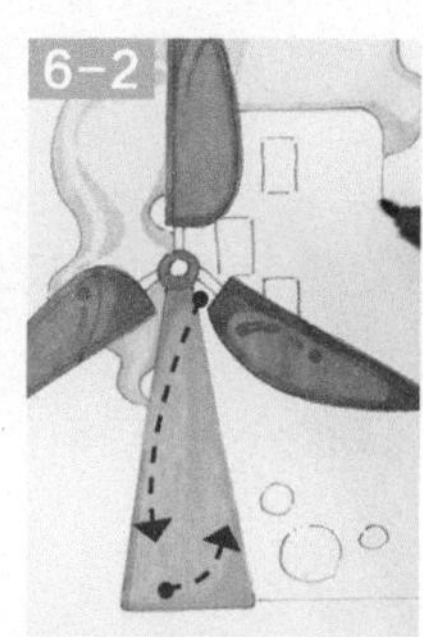

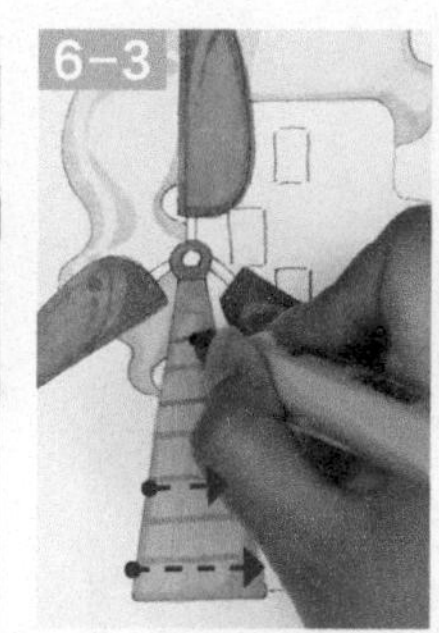

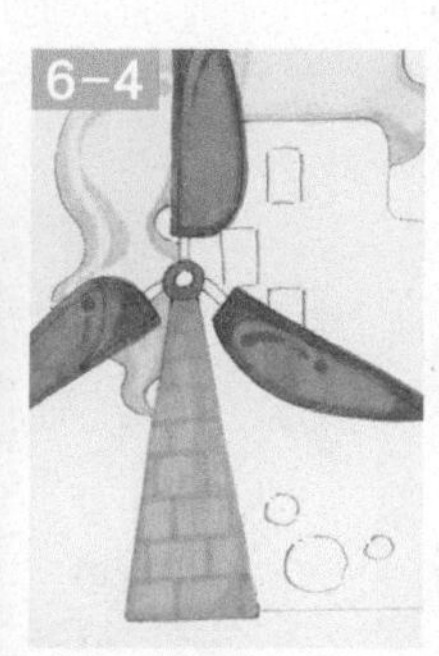

6

用浅蓝色画出风车的底座和烟囱的上端的底色，再分层画出方砖的形状，做出相应的质感。

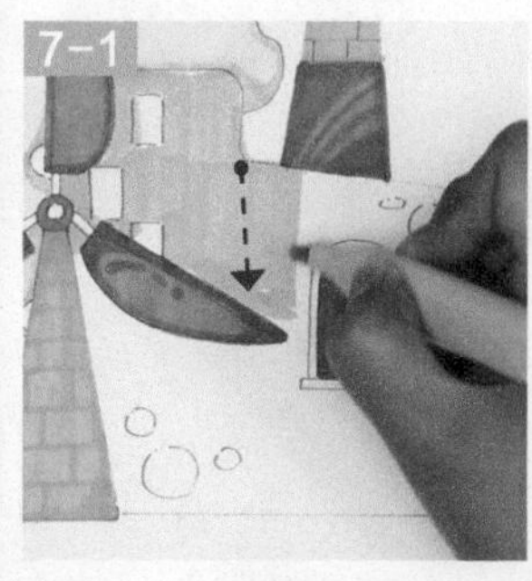

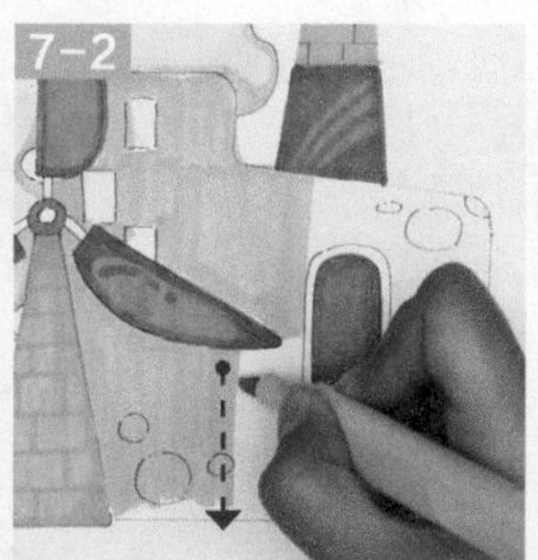

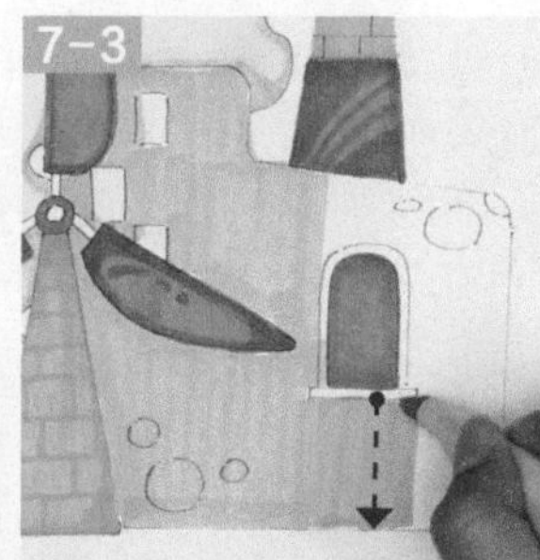

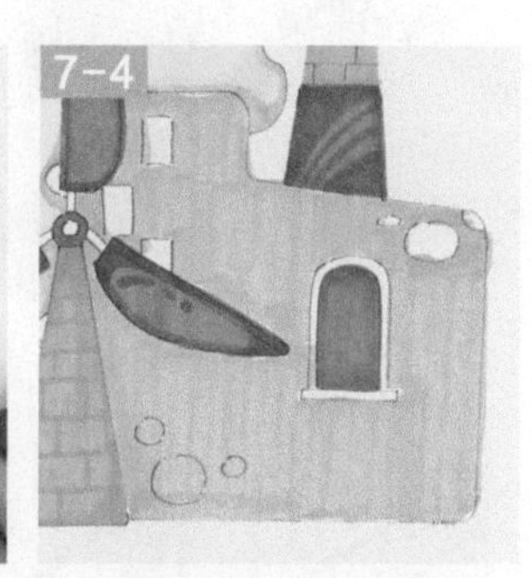

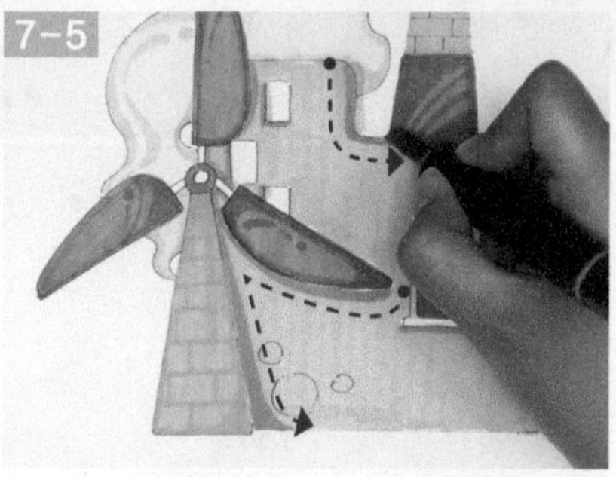

7

中间的墙体用黄色上色，注意风车后面的方形窗户要留白。加深风车和中间窗户的阴影。

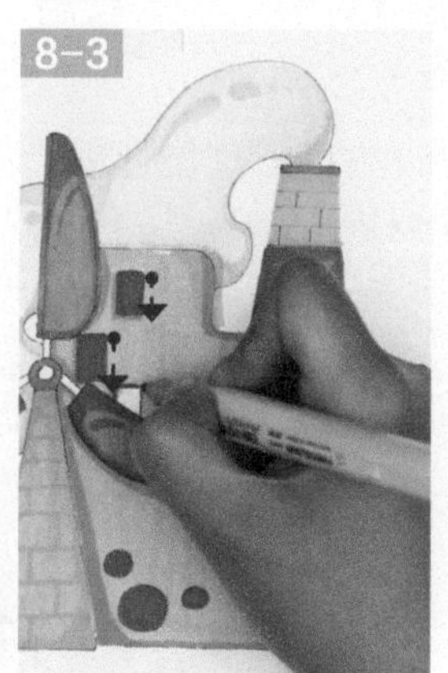

8

用橘红色画出左边的方形窗户和旁边的圆形装饰。

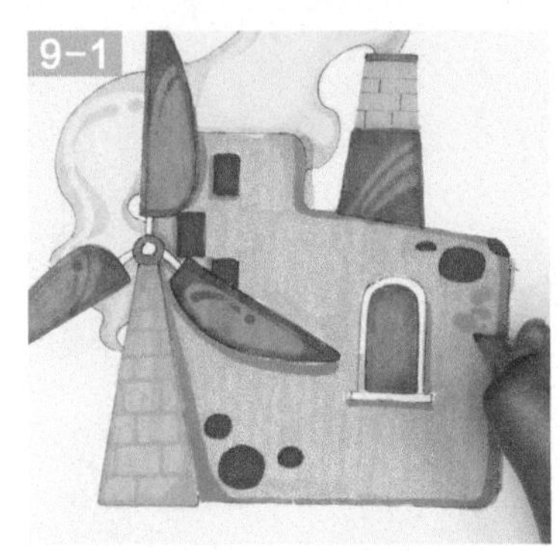

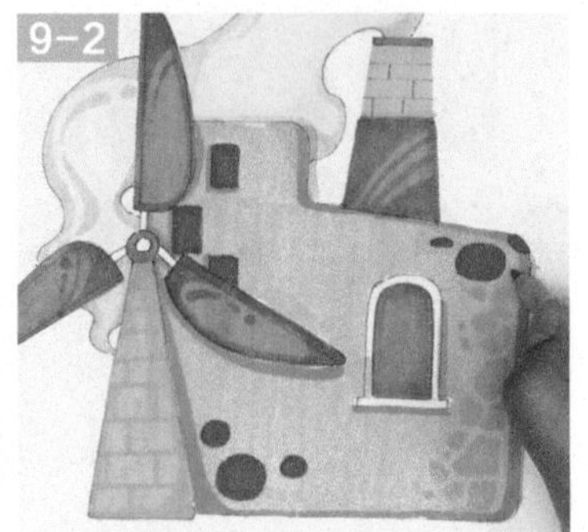

9

用黄色给墙面画上石头纹路。主要画在墙面的右侧和顶部，形状不固定，靠近边缘的画得大一些，向中间过渡，渐渐变小。

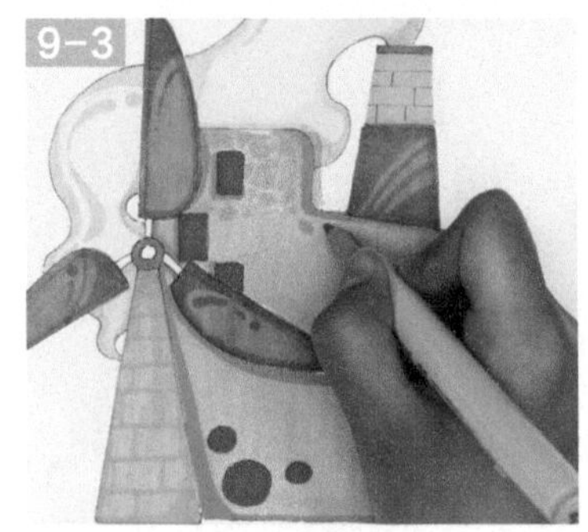

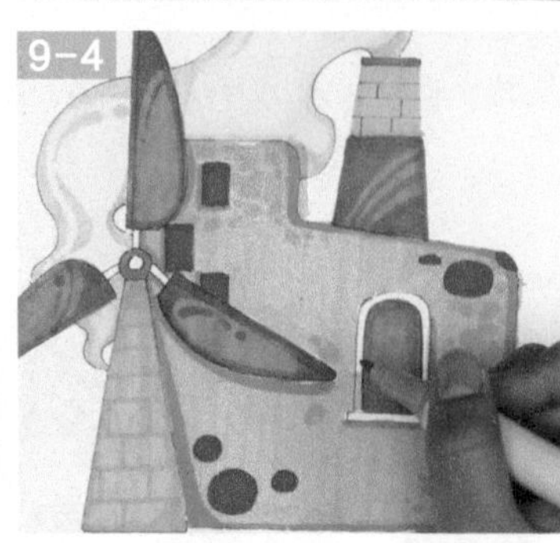

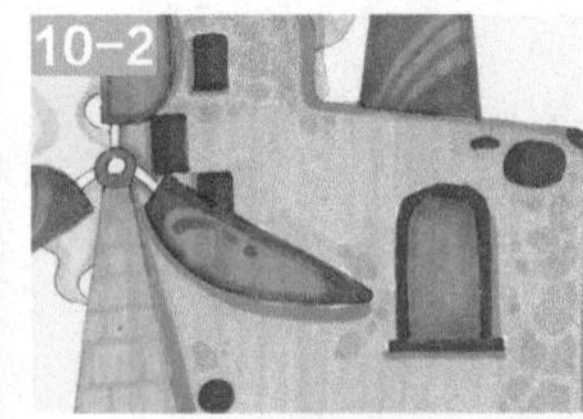

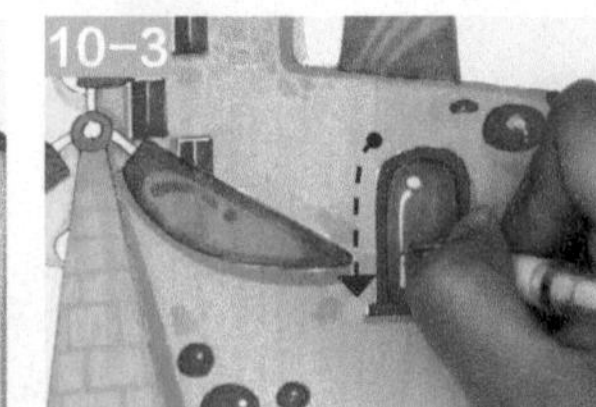

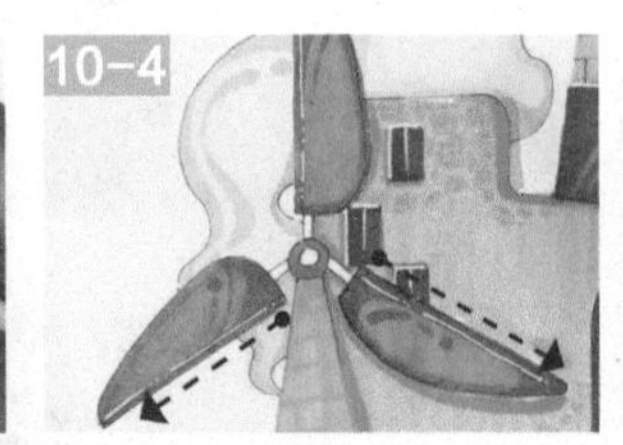

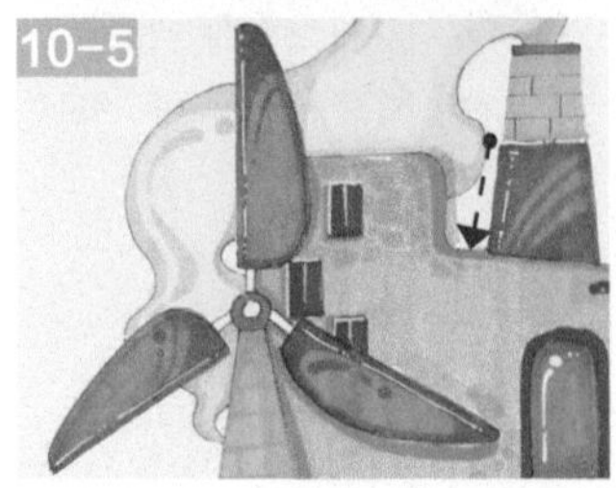

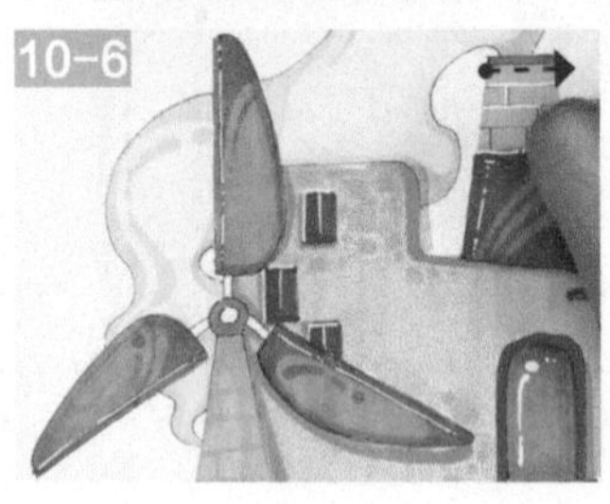

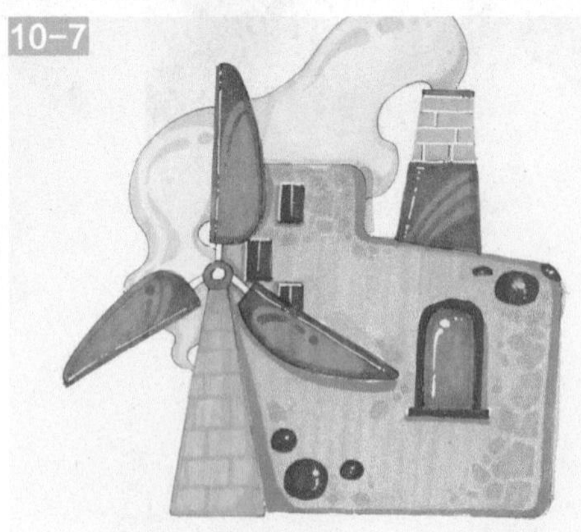

10

用橘色加深窗户的暗部。用高光笔画出窗户、风车扇叶和烟囱上的高光。要沿着边缘轮廓来绘制。

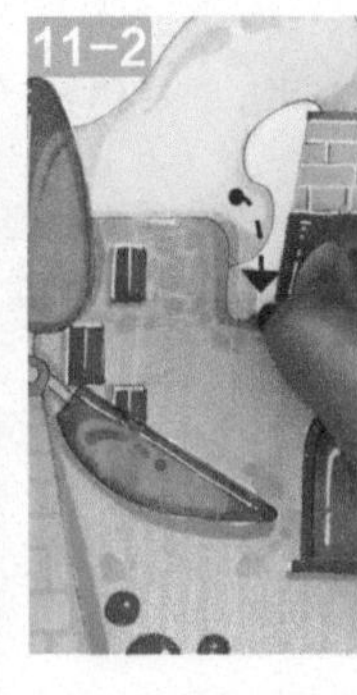

11

完善风车细节。用黄色画出工厂后面的城市背景。

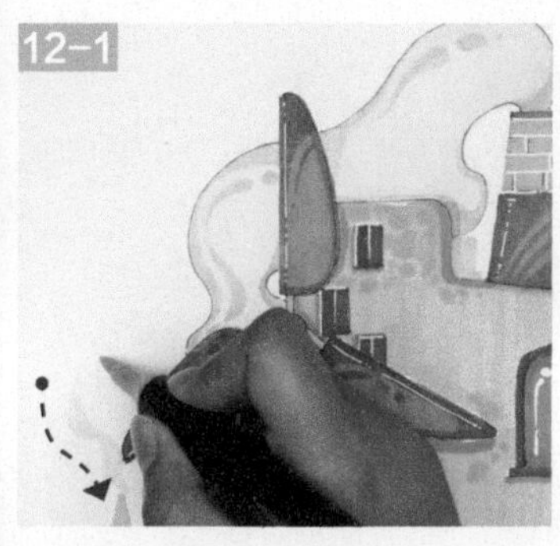

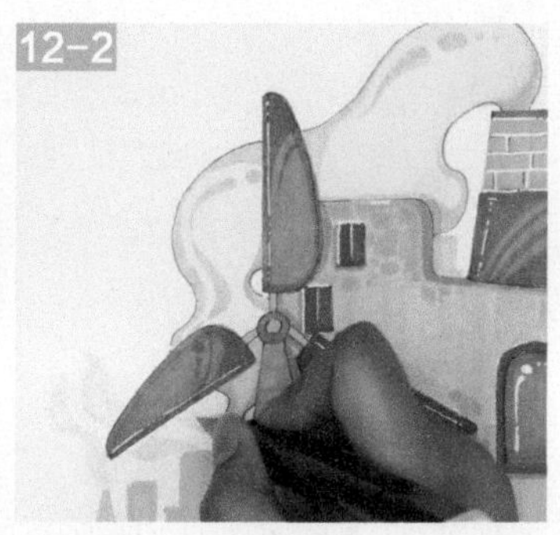

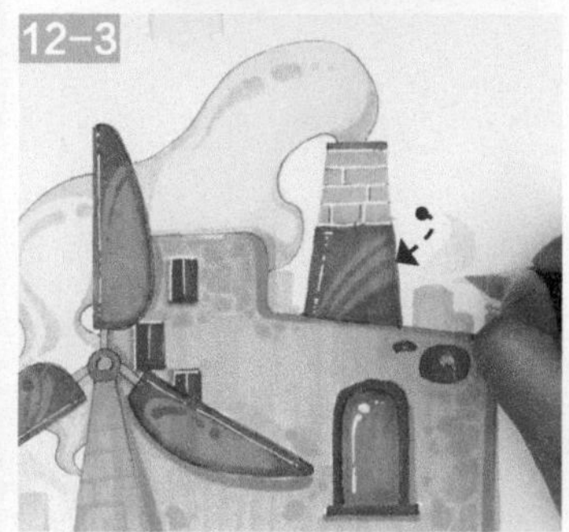

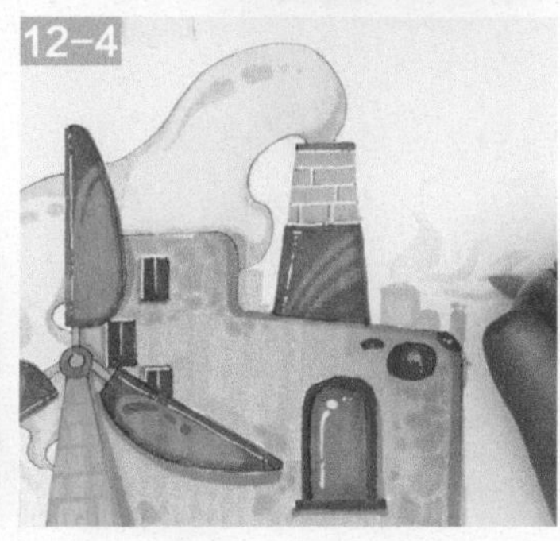

12

换用极浅的黄色，画出后面城市飘荡的浅色烟雾。注意要有随风飘荡的感觉。

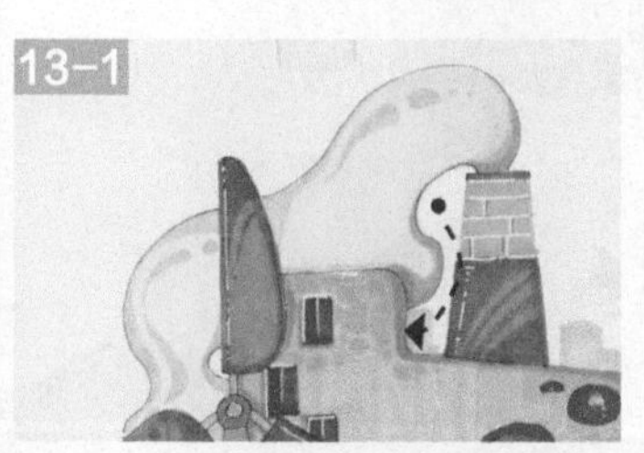

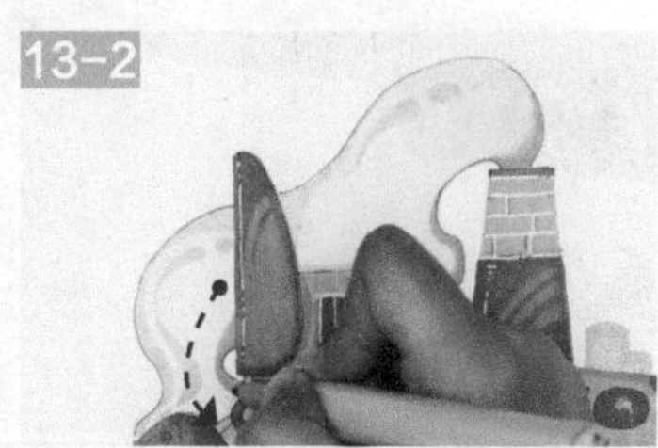

13-5

13

加深灰色烟雾的暗部，增强体积感。并在烟雾周围添加装饰图案，增加动感。

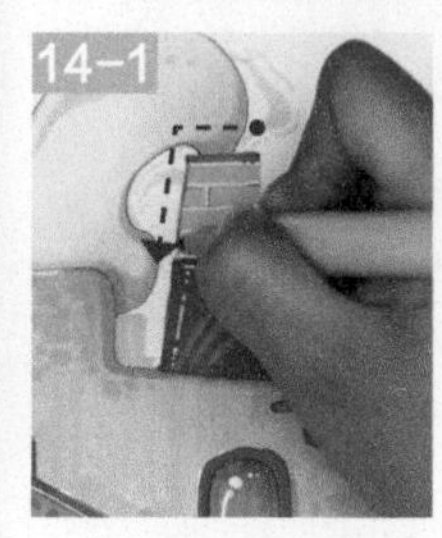

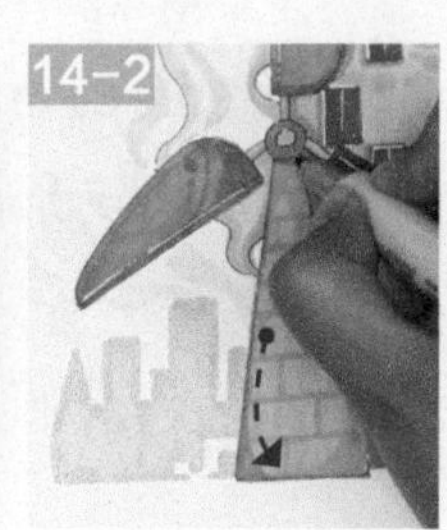

14

加深烟囱和风车底座的暗部，配合高光笔加强方砖的纹路。最后完成作品。

02

熟悉的大门口

绘画要点

1. 在摩天高楼林立的城市，偶尔还会看到这样老式的门口，它们掩映在生长多年的植物丛里，默默记录着这个城市的变迁。需要注意整体画面中物体远近关系的表现是重点，近处的景物细致，远处的只有剪影。
2. 大面积的植物丛会把画面的层次感拉平，利用不同的绿色来上色来表现植物的远近。

参考配色

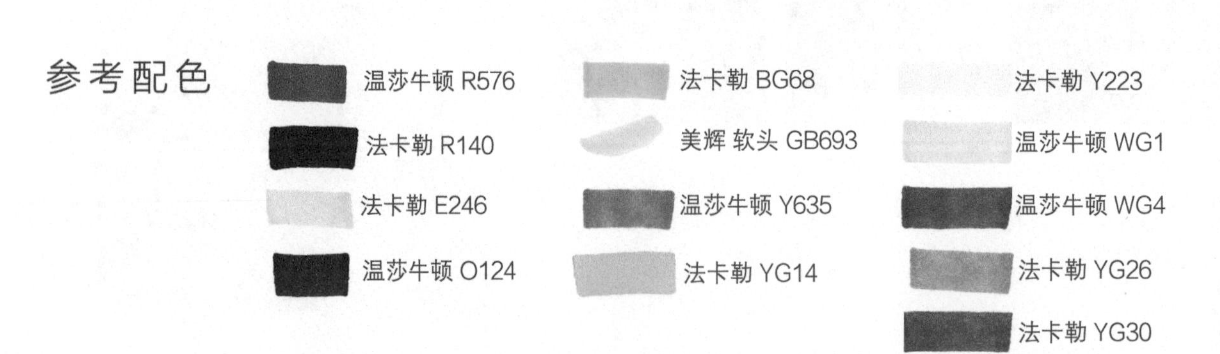

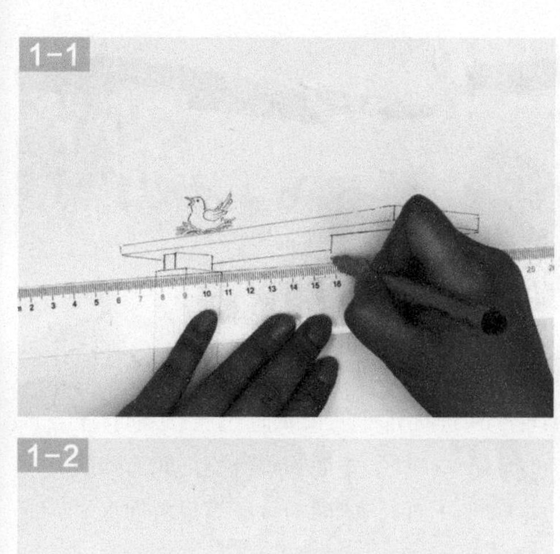

1

用铅笔起稿后从主体物开始，从前向后依次用勾线笔画出所有建筑物。近处的大门的结构要画得仔细一些，注意树丛和建筑物的前后遮挡关系。等笔迹干后，擦掉铅笔线稿。

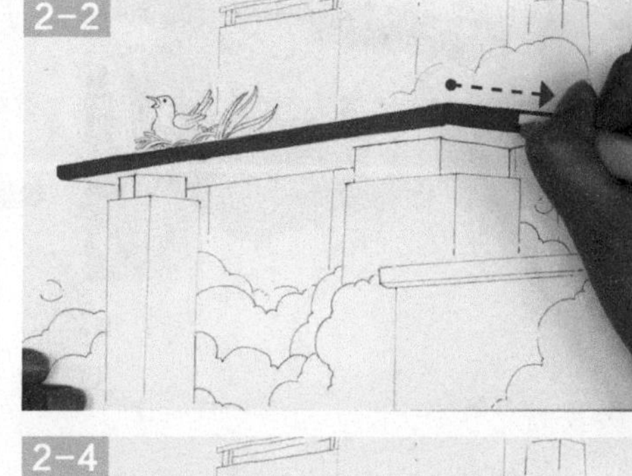

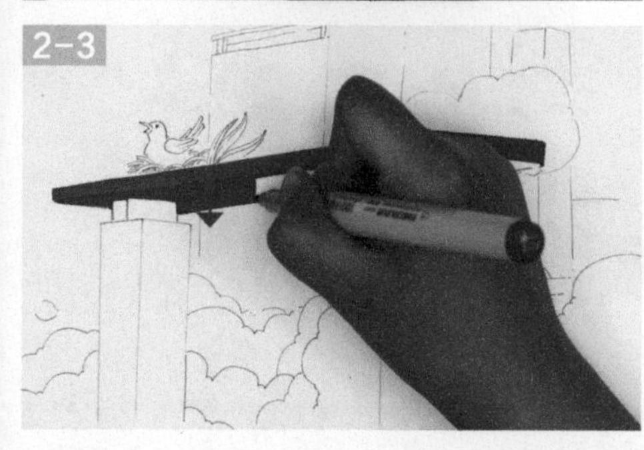

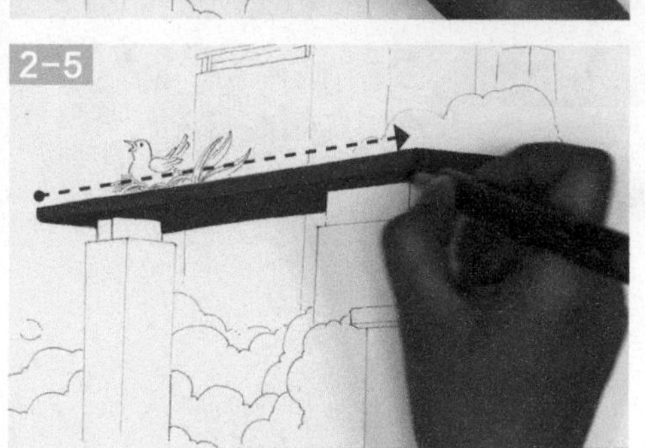

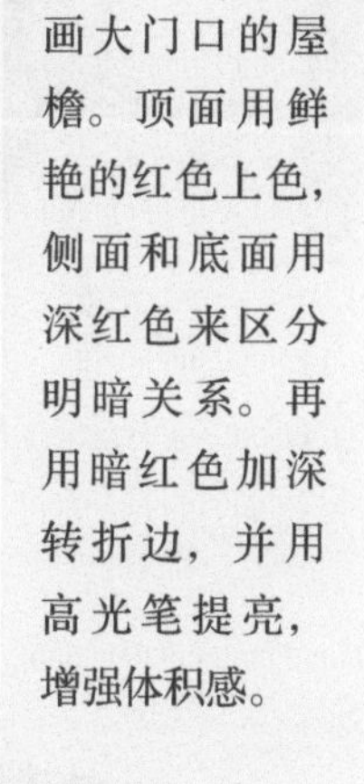

2

画大门口的屋檐。顶面用鲜艳的红色上色，侧面和底面用深红色来区分明暗关系。再用暗红色加深转折边，并用高光笔提亮，增强体积感。

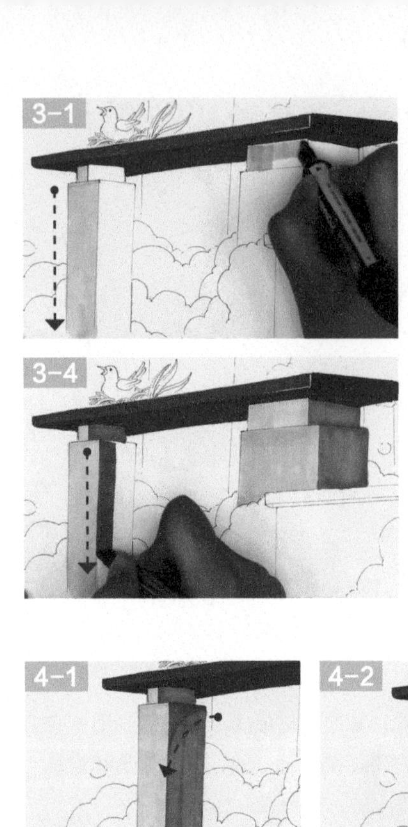

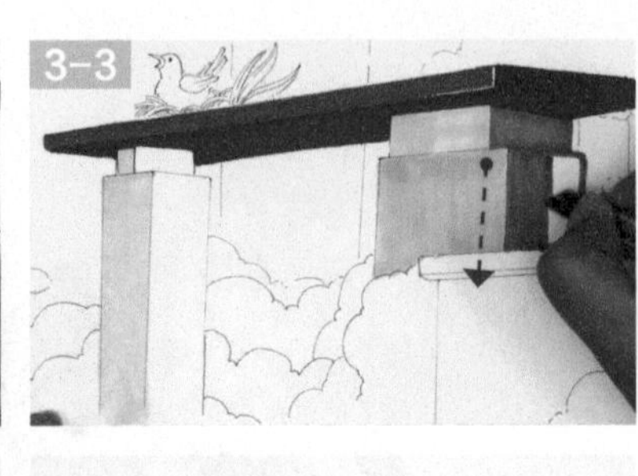

3

用浅灰和灰画出大门的水泥立柱。正面的颜色浅，侧面的颜色深。侧面的轮廓需要再加深。

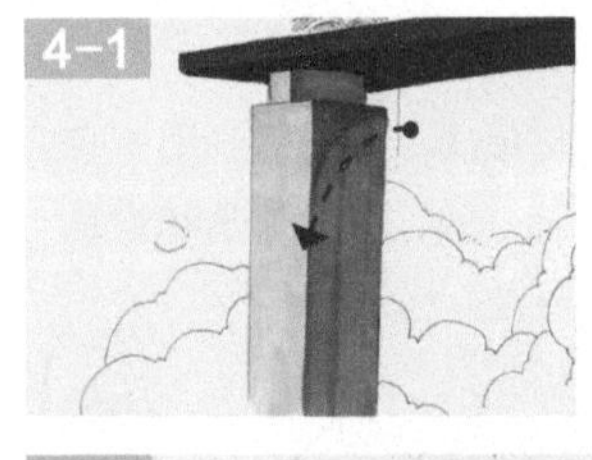

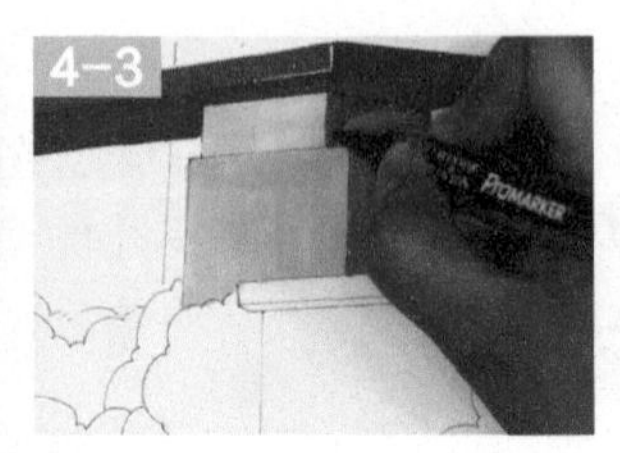

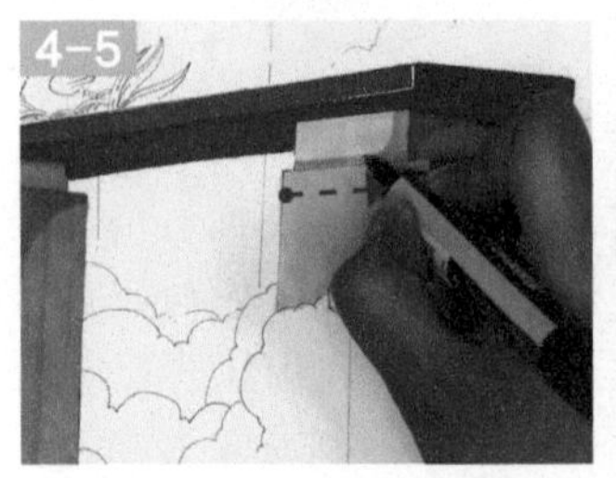

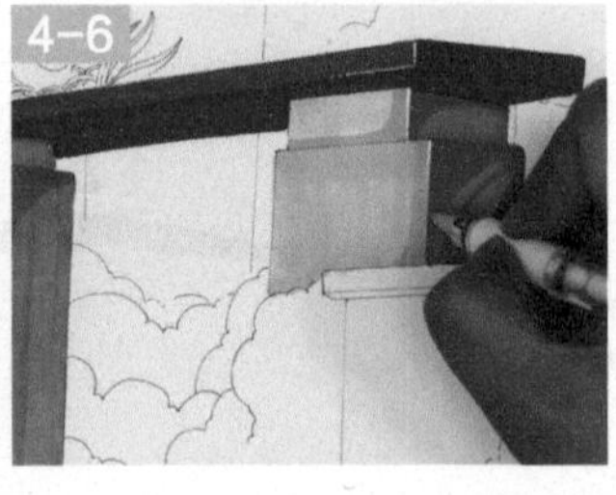

4

加深立柱暗部之后，要用高光笔画出两个面的交界线的高光。

5

画立柱周围的植物丛。先勾勒轮廓线，再平涂，最后添加装饰。

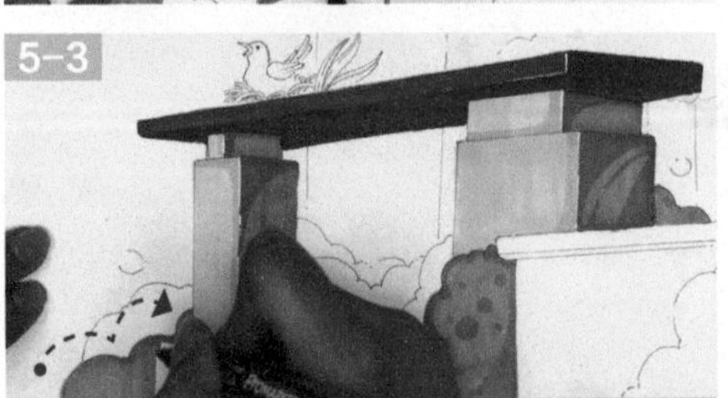

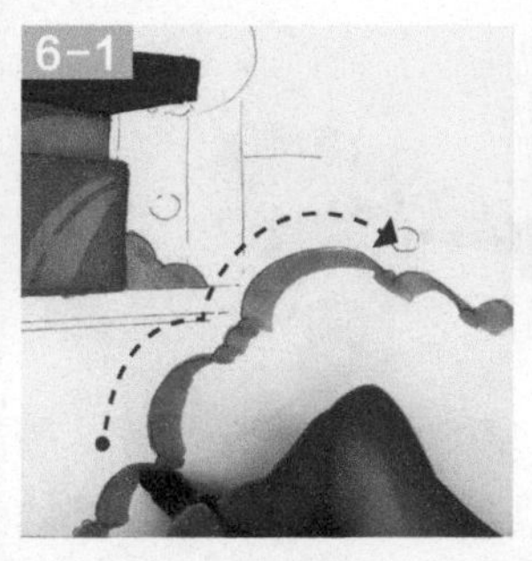

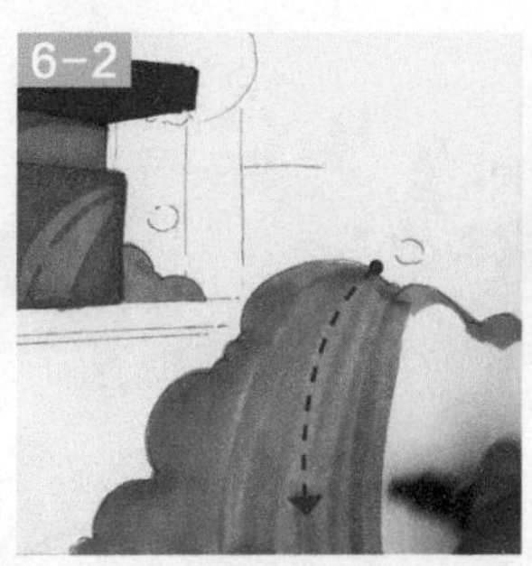

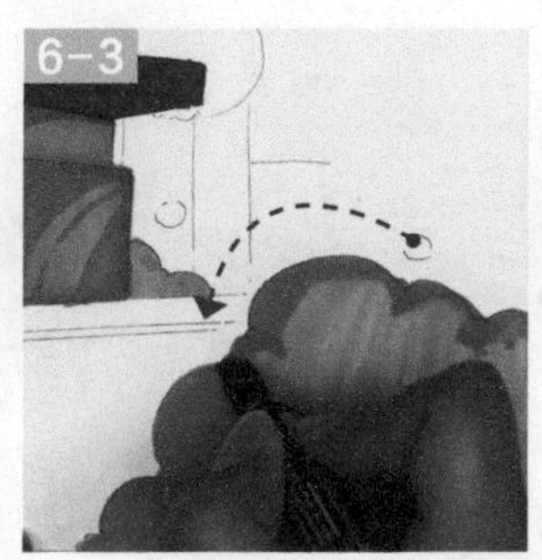

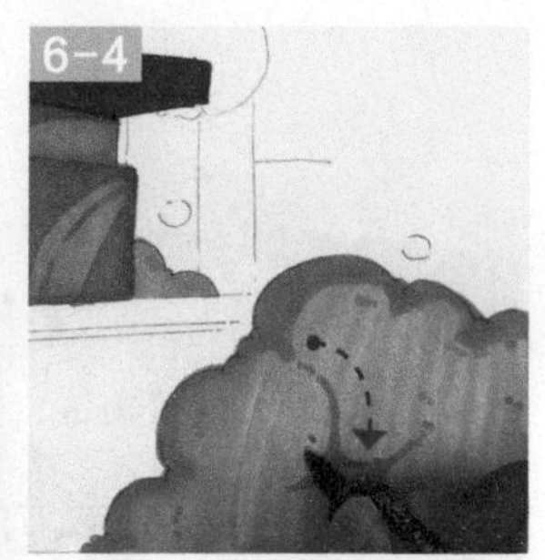

6

用同样的颜色画右下角的植物丛。加深边缘，中心画弧形的装饰线，使植物丛有膨起来的感觉。

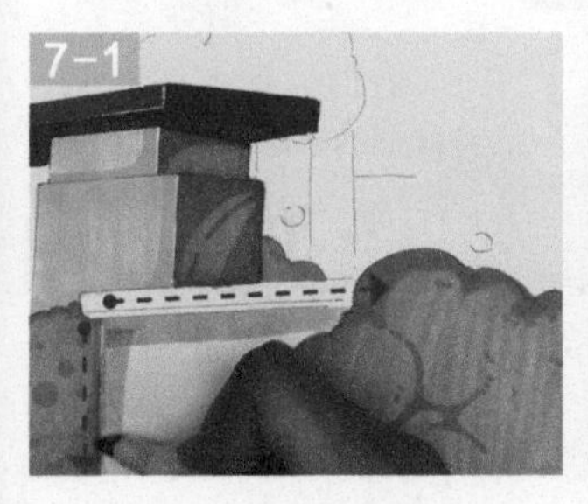

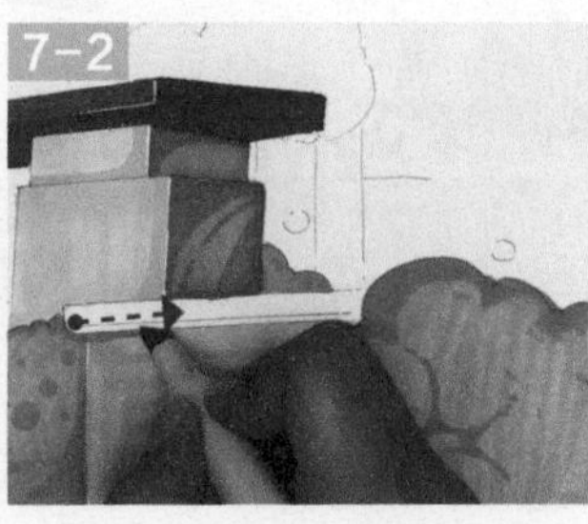

7

用暖灰色画植物丛中的墙壁。边缘的暗部需要加深。

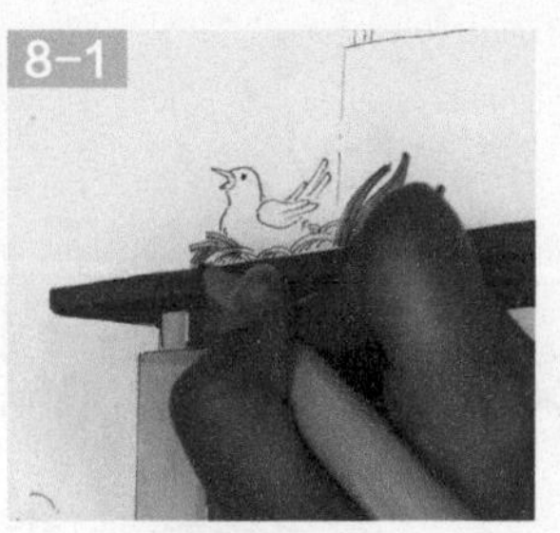

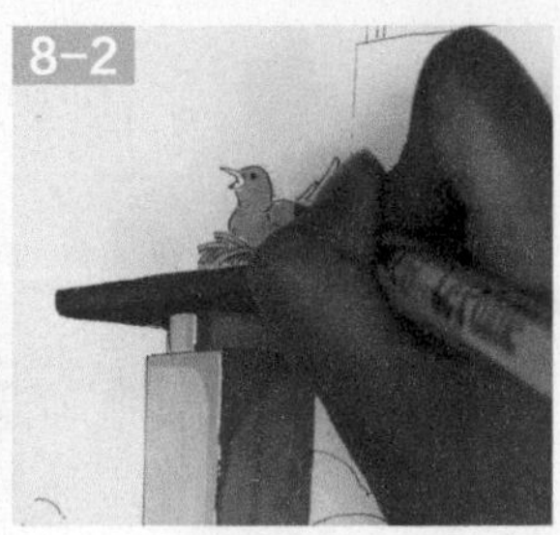

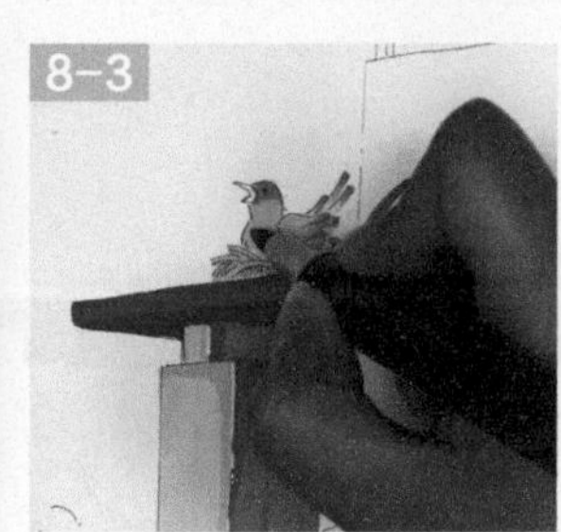

8

画出屋顶上的报喜鸟。鸟身上的深色是用软头马克笔扫画出来的，使过渡更加自然。

9

换用偏冷的绿色的马克笔继续刻画门口的植物丛。颜色的明度相仿，但是饱和度稍稍高一些，差别不要太大。

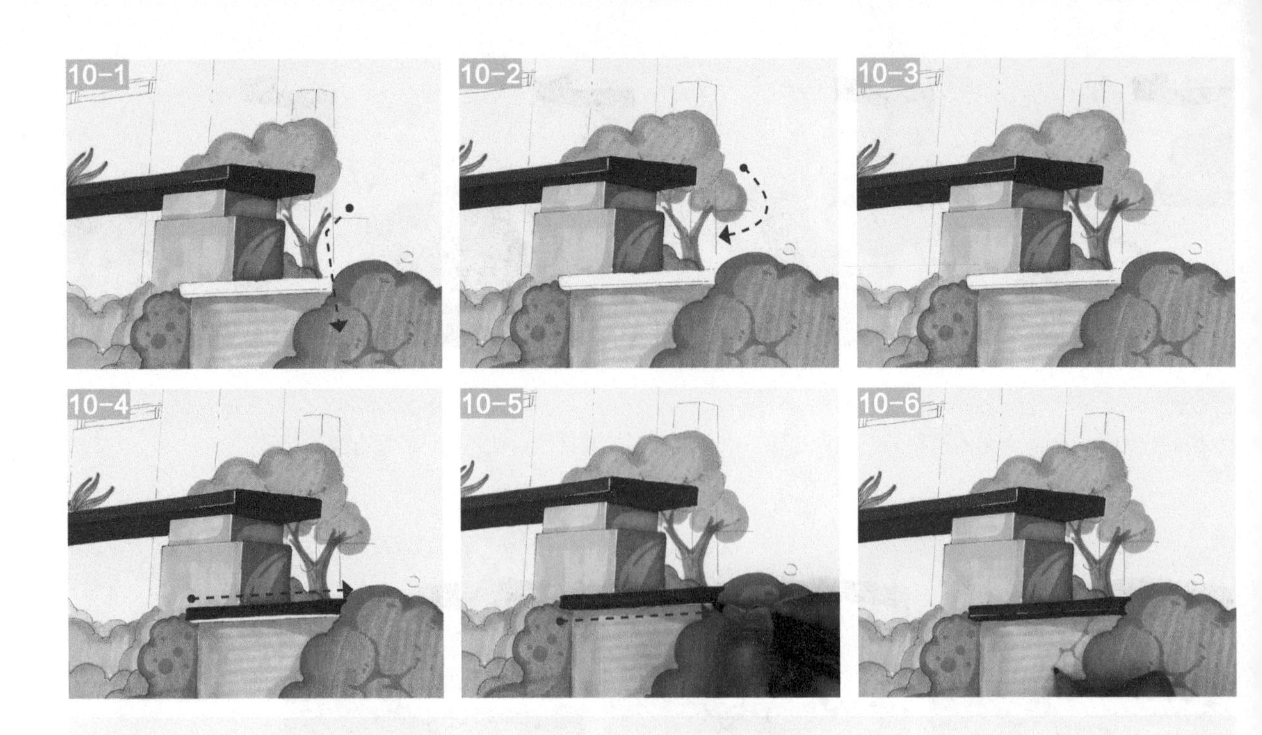

10

画出门后的树干和侧枝上的树叶团。前面的墙顶的屋檐用深暗红色来画，屋檐的底面多层叠加，用高光笔提亮边缘，区分块面。再用墙面固有色在墙面上画出裂缝，表现陈旧的感觉。

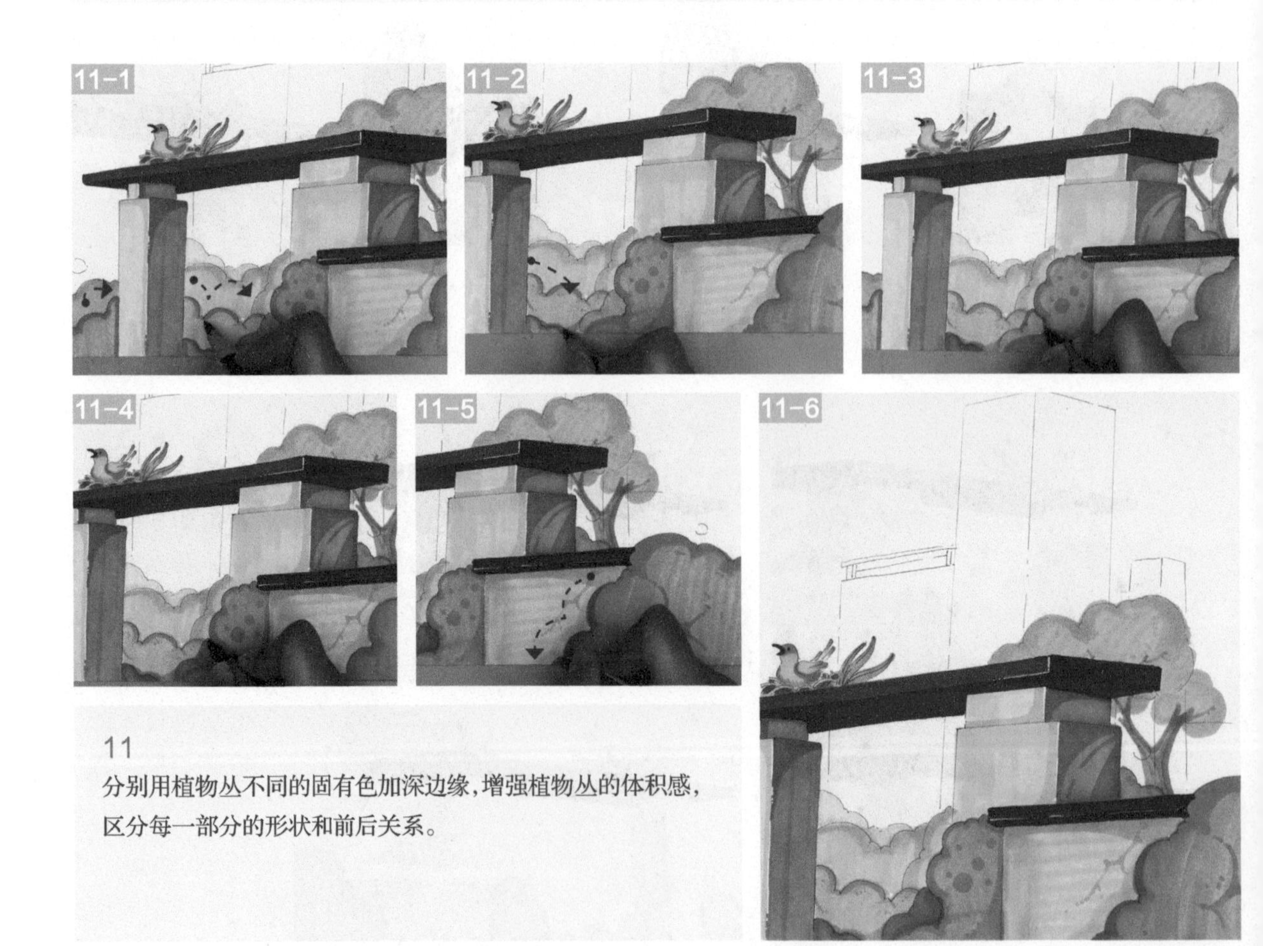

11

分别用植物丛不同的固有色加深边缘，增强植物丛的体积感，区分每一部分的形状和前后关系。

12

用浅绿色平涂叠加后面的植物丛和其他草丛的边缘轮廓或阴影。用高光笔画出圆点装饰。

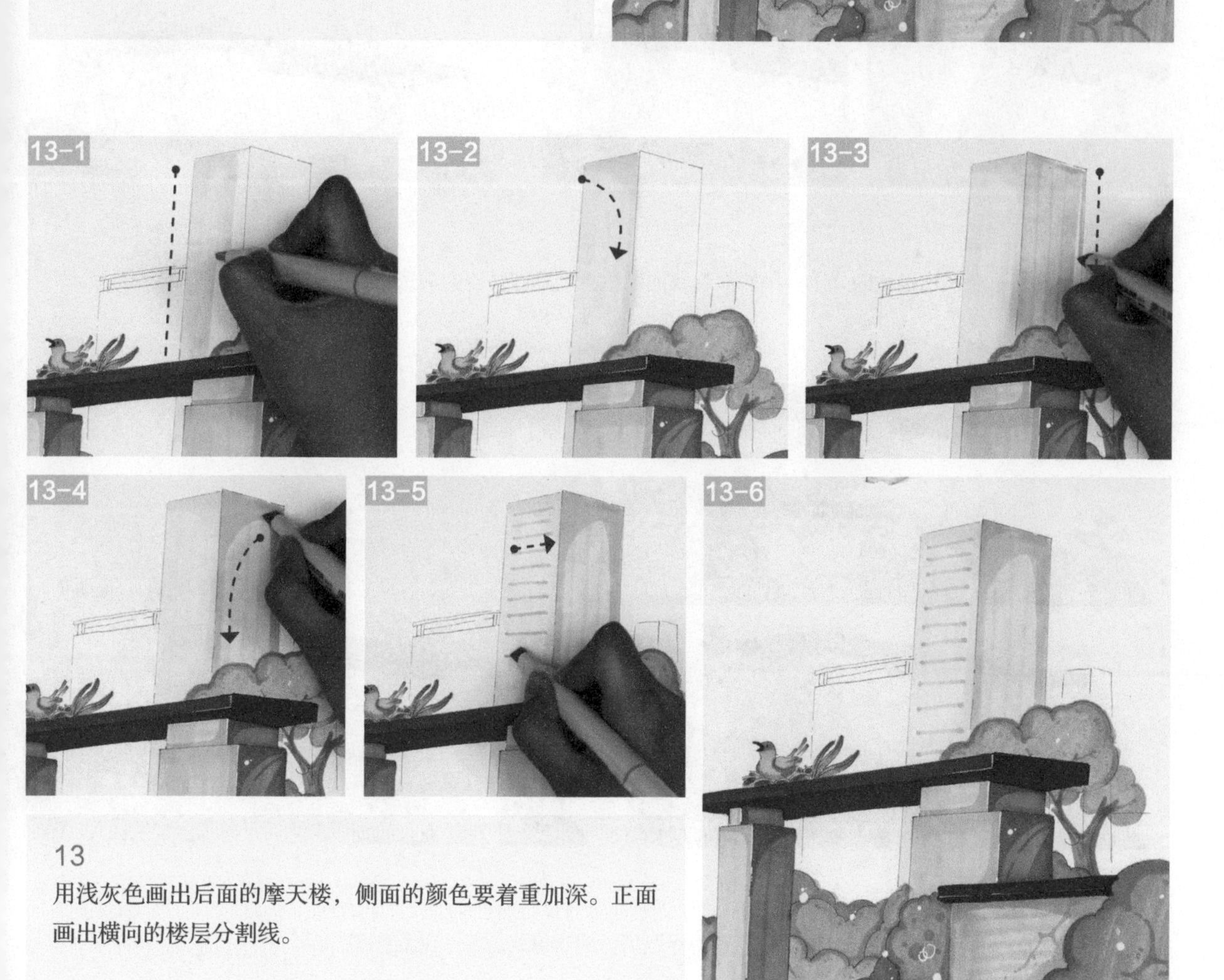

13

用浅灰色画出后面的摩天楼，侧面的颜色要着重加深。正面画出横向的楼层分割线。

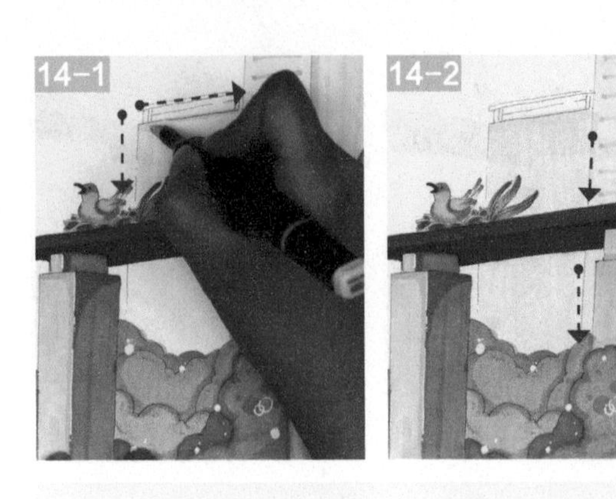

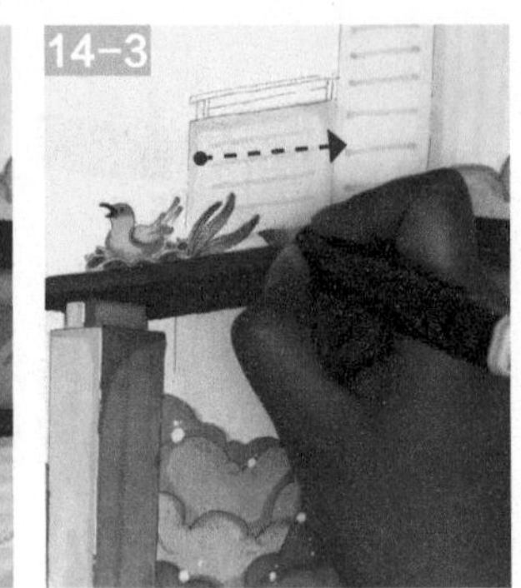

14
用淡黄色画出后面的高楼。画出正面楼层的分割线。

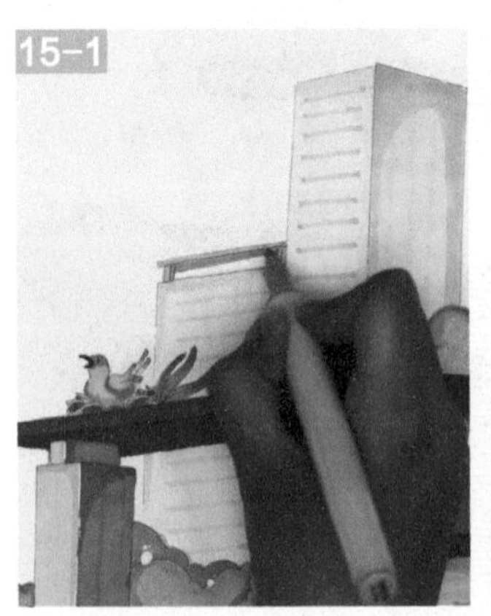

15
再用深一些的黄色画出楼顶的架子。用楼面的相同颜色画出周围楼群的剪影。

16
用深绿色画出远处的植物丛。再用高光笔勾勒一遍门口的建筑的边缘。最后完成作品。

03

巷子口的小蔬菜店

绘画要点

1. 这幅作品是 45° 视角。这种情况下需注意店铺的透视关系，纵向线条竖直，但是横向线条有倾斜角度。同时，门窗和门口的置物箱的透视也与房屋相同。

2. 画面中的主色调属于冷色和中性色，可以考虑使用纯度较高的暖色作为配色，比如黄色、红色。

参考配色

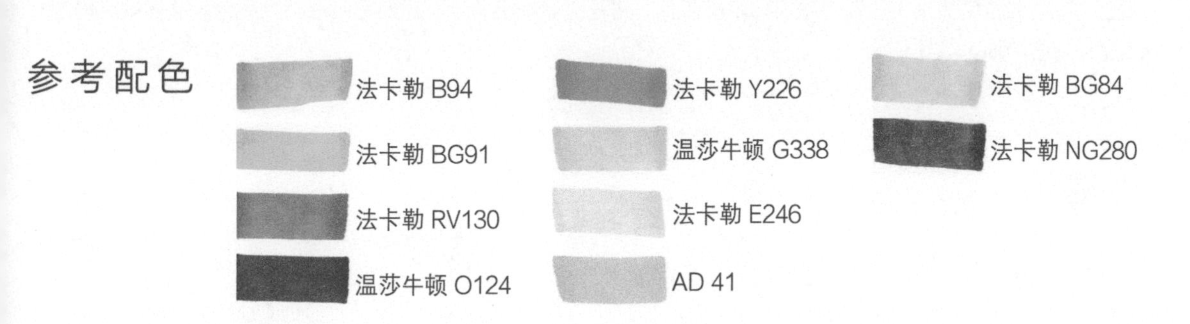

1

用铅笔起稿，用勾线笔画出准确的轮廓线。先画大框架，再绘制房屋门窗等细节。

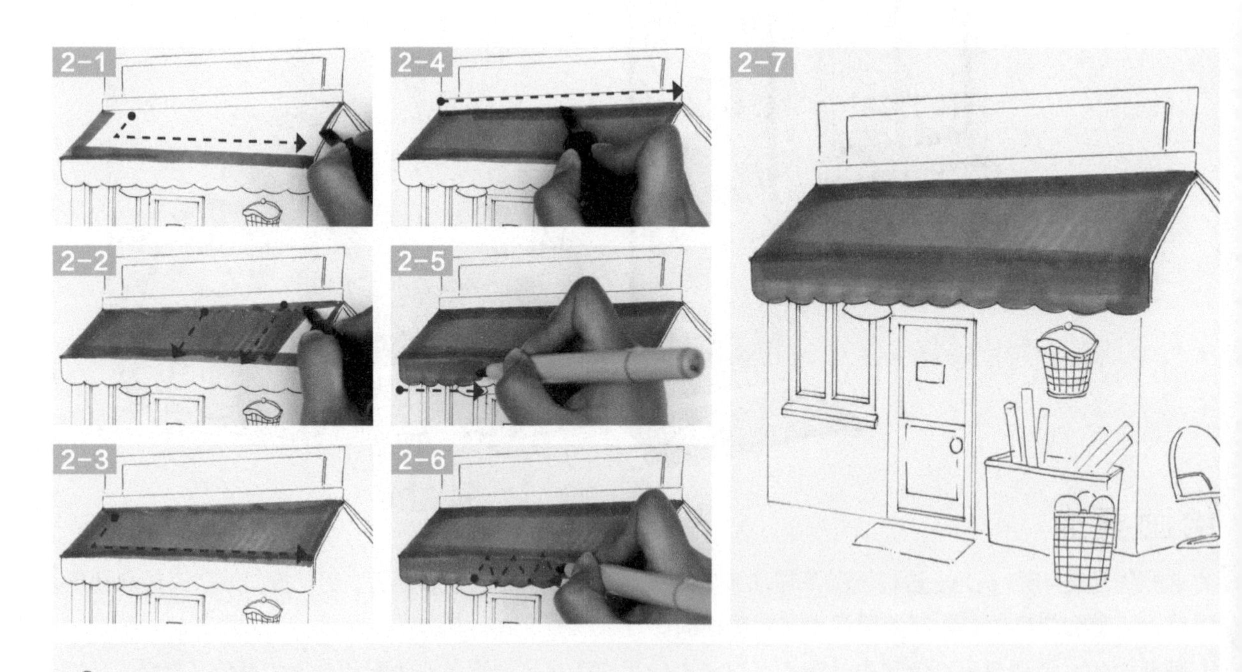

2

用蓝色马克笔的宽笔头画出店铺的屋顶。用浅蓝色，用马克笔细笔头给屋檐的遮阳帘涂上颜色。这样做可以区分出屋顶的两个面，且颜色统一。

小提示

相同色相的不同块面区域，会用颜色稍微不同的两支笔来上色。上色时候先勾勒边缘，再快速平涂，利用边缘区域本身有阴影的优势，稍有颜色不均匀也不明显。

3

分别用各自的固有色加深屋顶和遮阳棚的边缘和阴影。最后用高光笔勾勒出交界线。

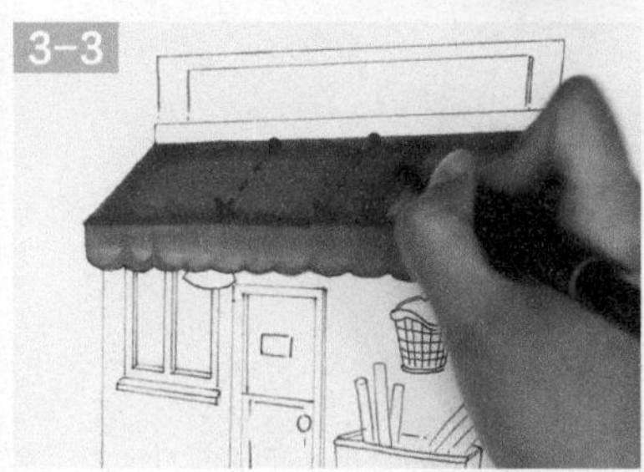

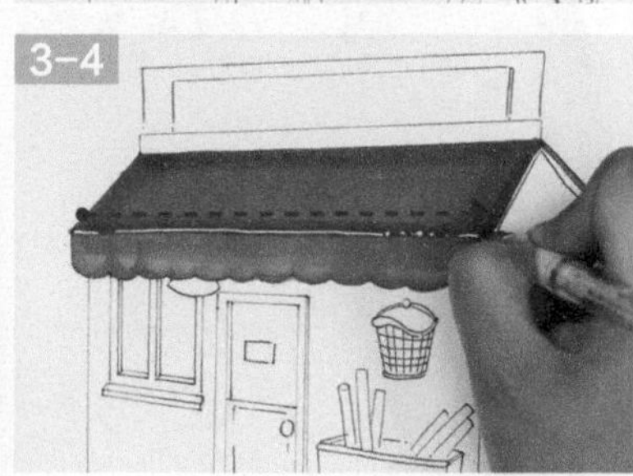

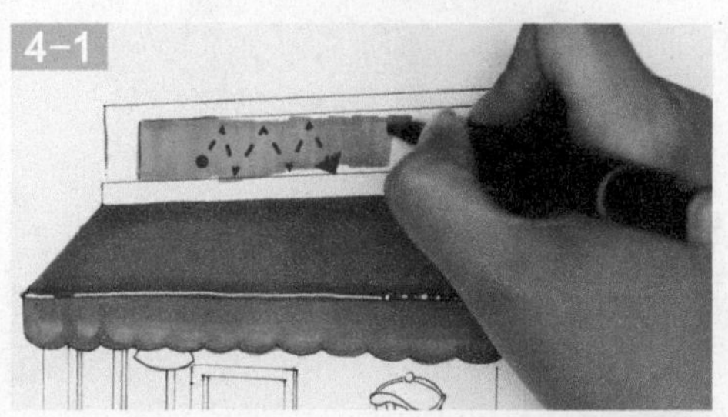

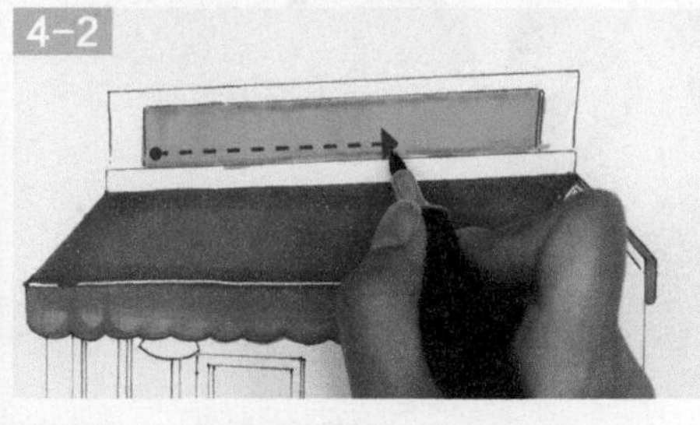

4

用浅蓝色画出屋脊上的色块。加深边缘线，添加弧形暗部。

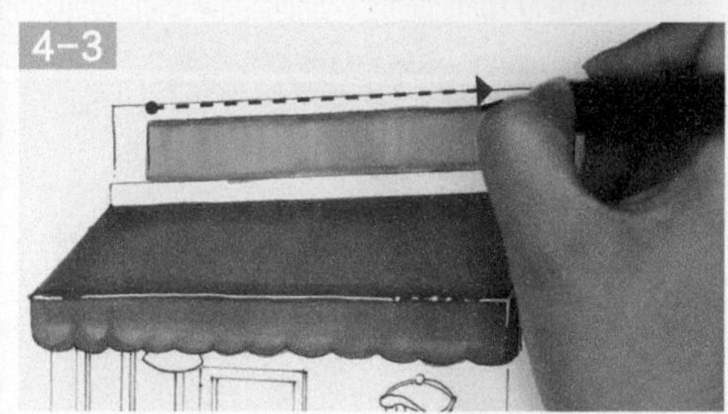

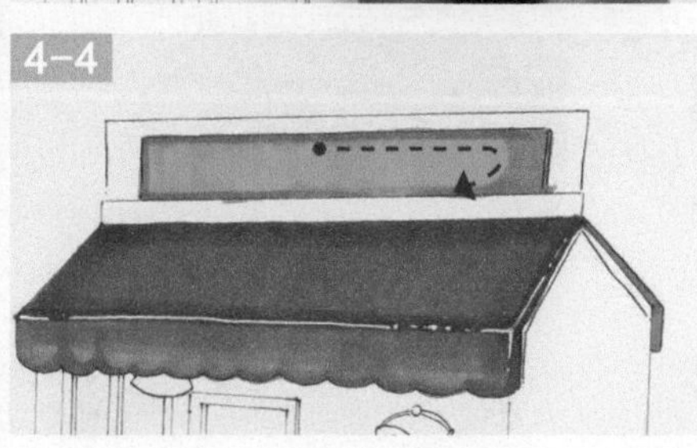

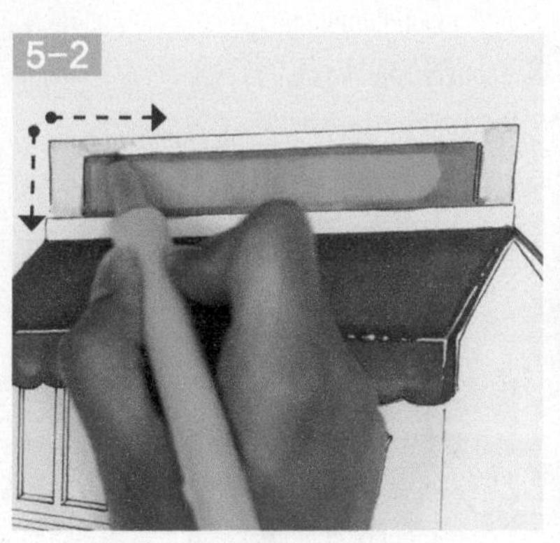

5

选一只浅灰色马克笔，给屋脊蓝色块的四周上色。

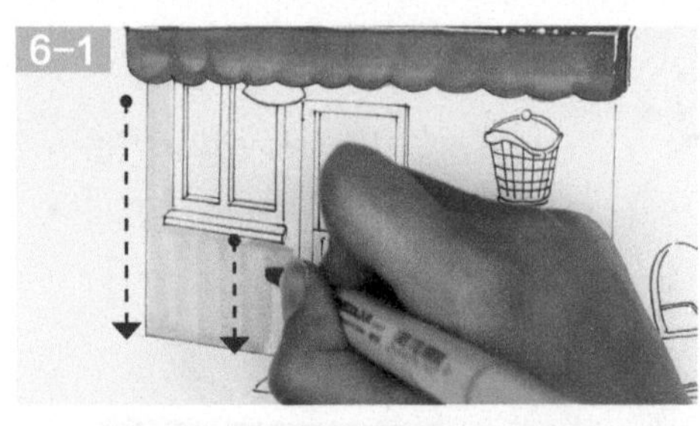

6

用浅灰色马克笔平涂店铺正面的墙面。要注意墙角堆的物品与边缘。

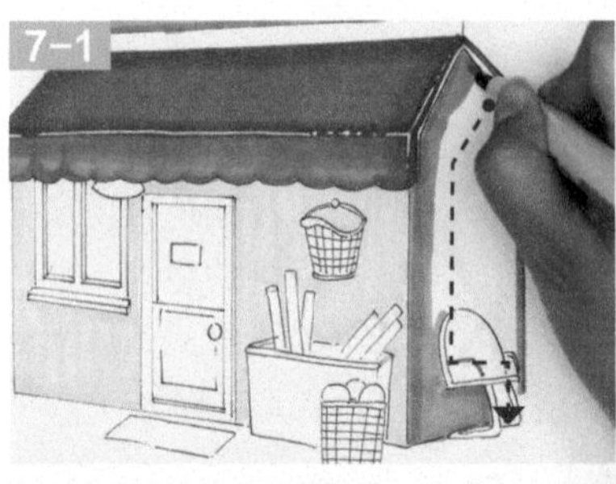

7

用中灰色区分正面和侧面的墙面。椅子周围的阴影颜色着重加深，再画上装饰花纹，丰富空白区域。

8

换用蓝色马克笔画上装饰线条，遮阳帘画上深色褶皱。

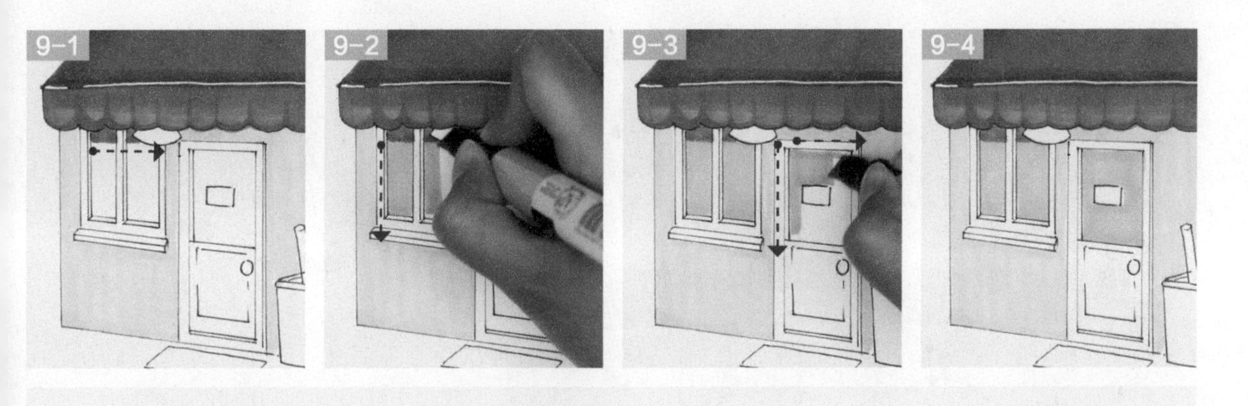

9

先画出遮书棚的阴影，再用黄色把所有透光玻璃的区域涂上颜色。

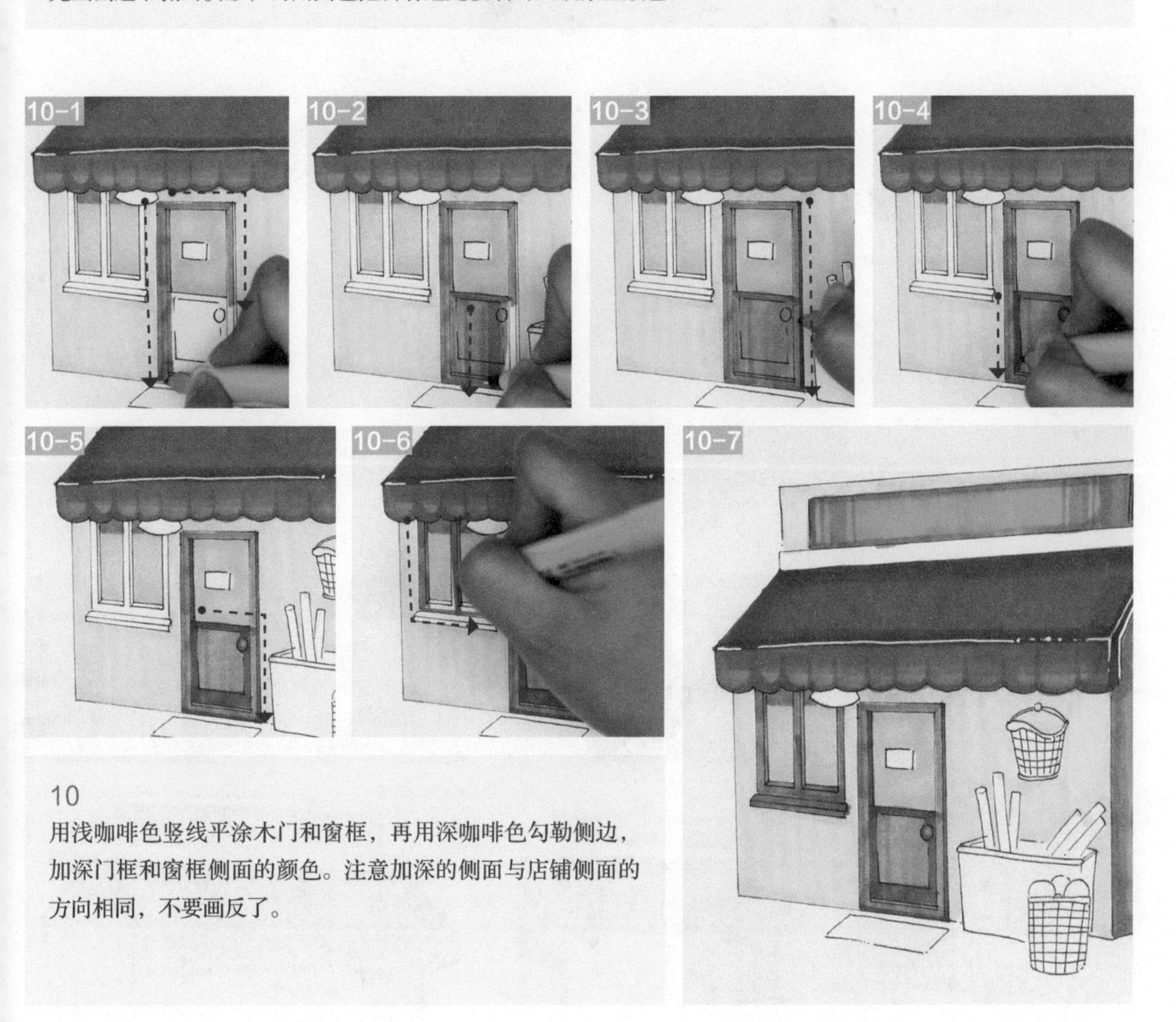

10

用浅咖啡色竖线平涂木门和窗框，再用深咖啡色勾勒侧边，加深门框和窗框侧面的颜色。注意加深的侧面与店铺侧面的方向相同，不要画反了。

小提示

画条状的物体时，可以用深浅两种颜色的笔来画出体积感。如步骤 10 中的门框和窗框，先用浅色平涂，再用深颜色画出边框的侧边，这样能表现出边框的厚度，增强体积感。

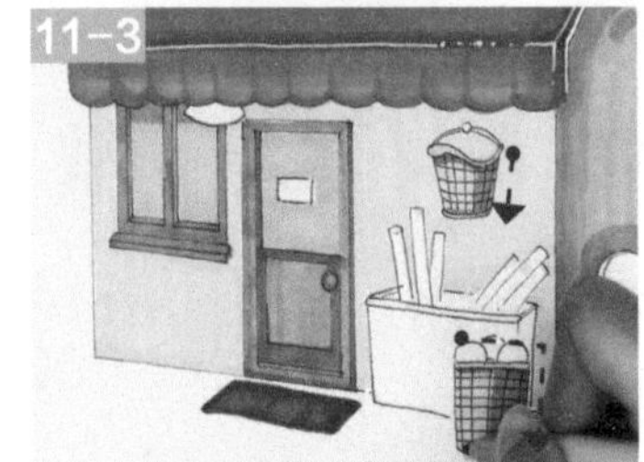

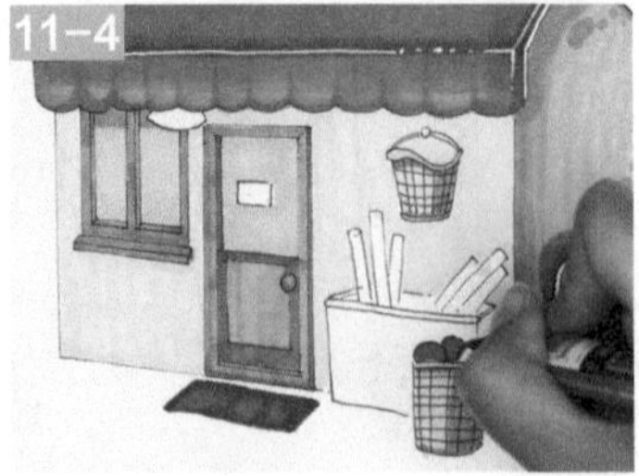

11

画出店铺的细节。比如门口的地垫，旁边的竹筐、西红柿和大葱。

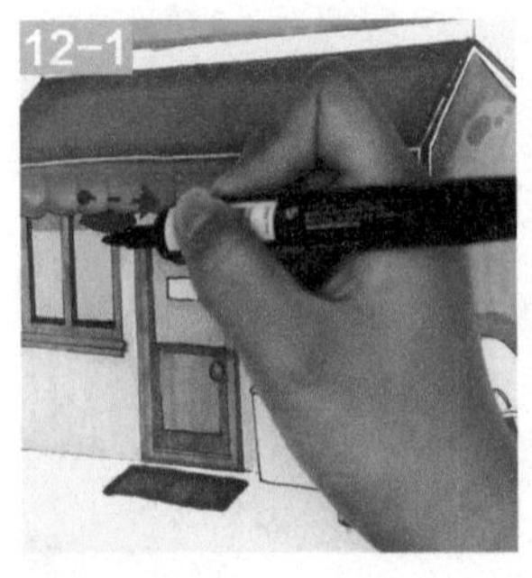

12

继续细化画面。画出黄色椅子和蓝色的置物箱。暗部的地方用同色叠加来加深颜色。

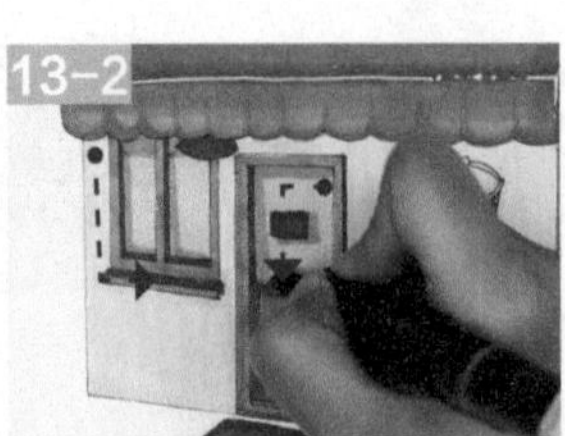

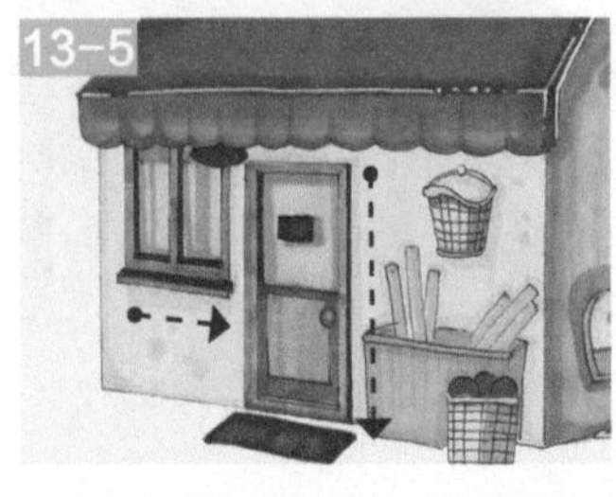

13

用深黄色依次画椅子的轮廓，边框在玻璃上的阴影。正面墙面上的阴影。最后用高光笔画出高光和光斑装饰。最后完成作品。

04

路边那幢别墅

绘画要点

1. 画面中有多间房屋时，如果都是正面视角，画面就略显单调。所以这里画了两个视角的房子，并添加了很多道路设施，增强了街道的生活气息。

2. 房屋的颜色比较写实，都是灰色调的，画面里的路牌就可以用明亮的颜色来画，很好地保持了画面的写实色调。

参考配色

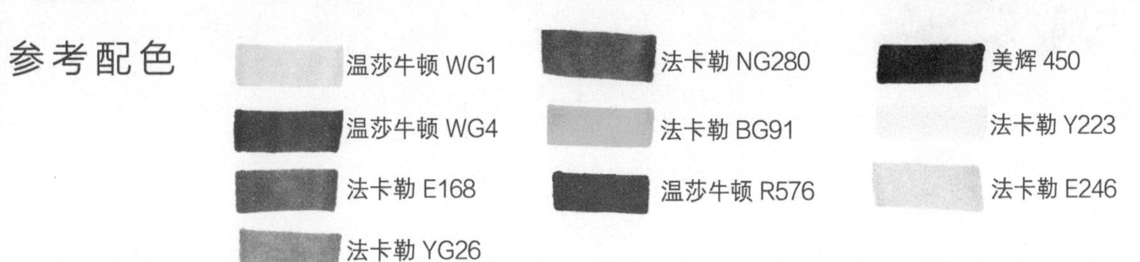

1

起稿时，先把大的框架画出来，确定屋檐的高宽比例。再画出树丛和屋子前面的小细节。然后擦掉铅笔稿。

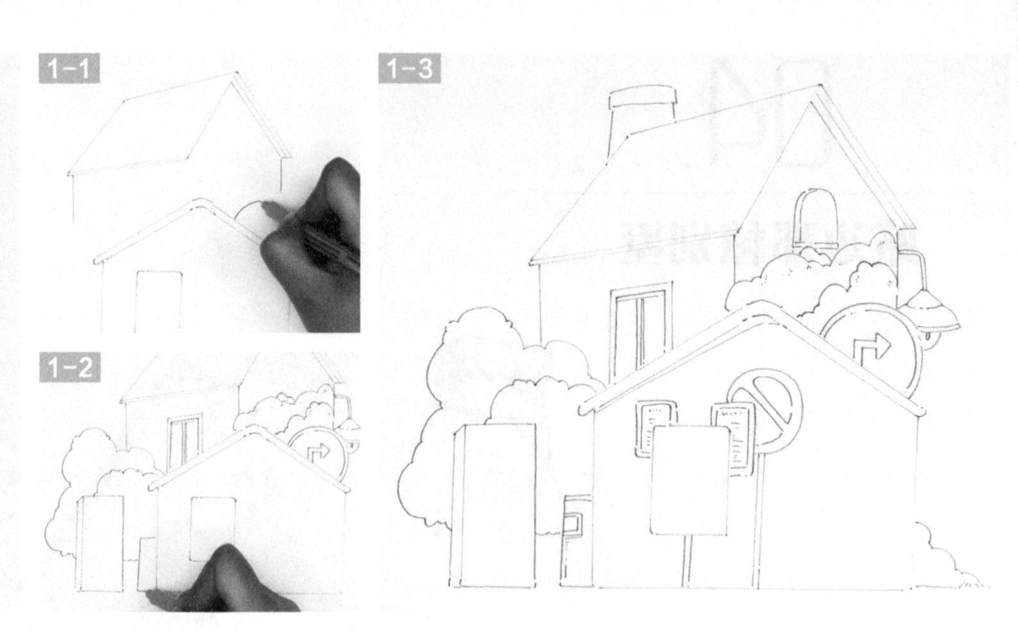

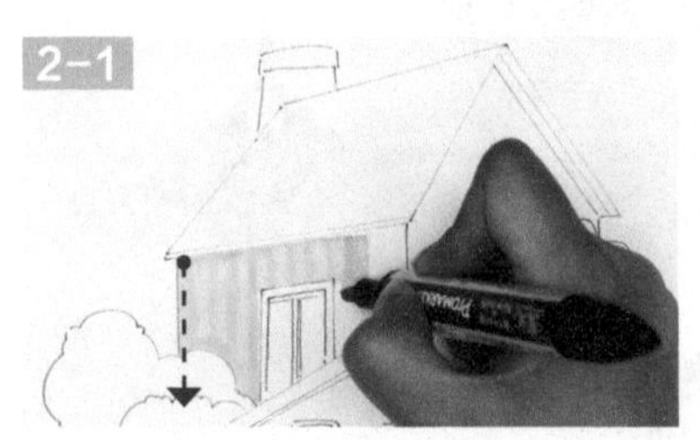

2

先用浅灰色竖向平涂后面房屋的两个面，勾勒右侧面墙的轮廓线。

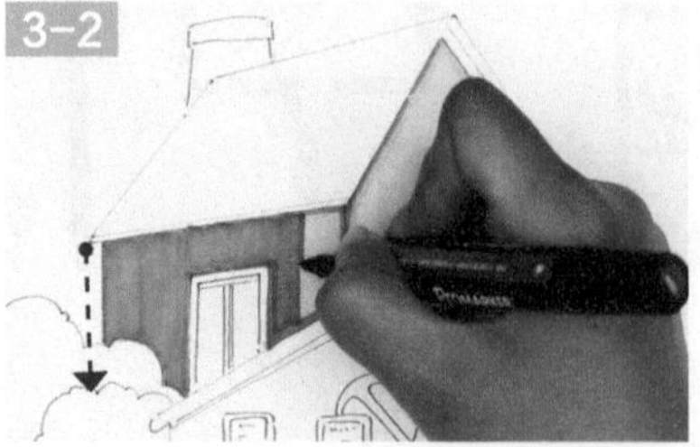

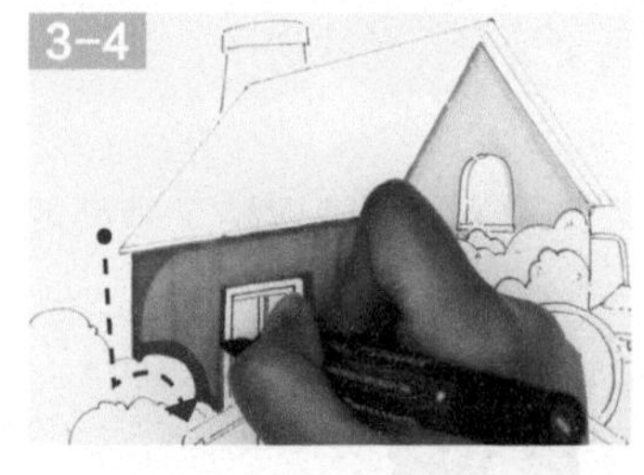

3

用中灰色勾勒左侧墙面的轮廓，然后平涂上色，叠加暗部区域的颜色。右侧的墙面用浅色叠加暗部，同时在空白的地方画上装饰花纹。

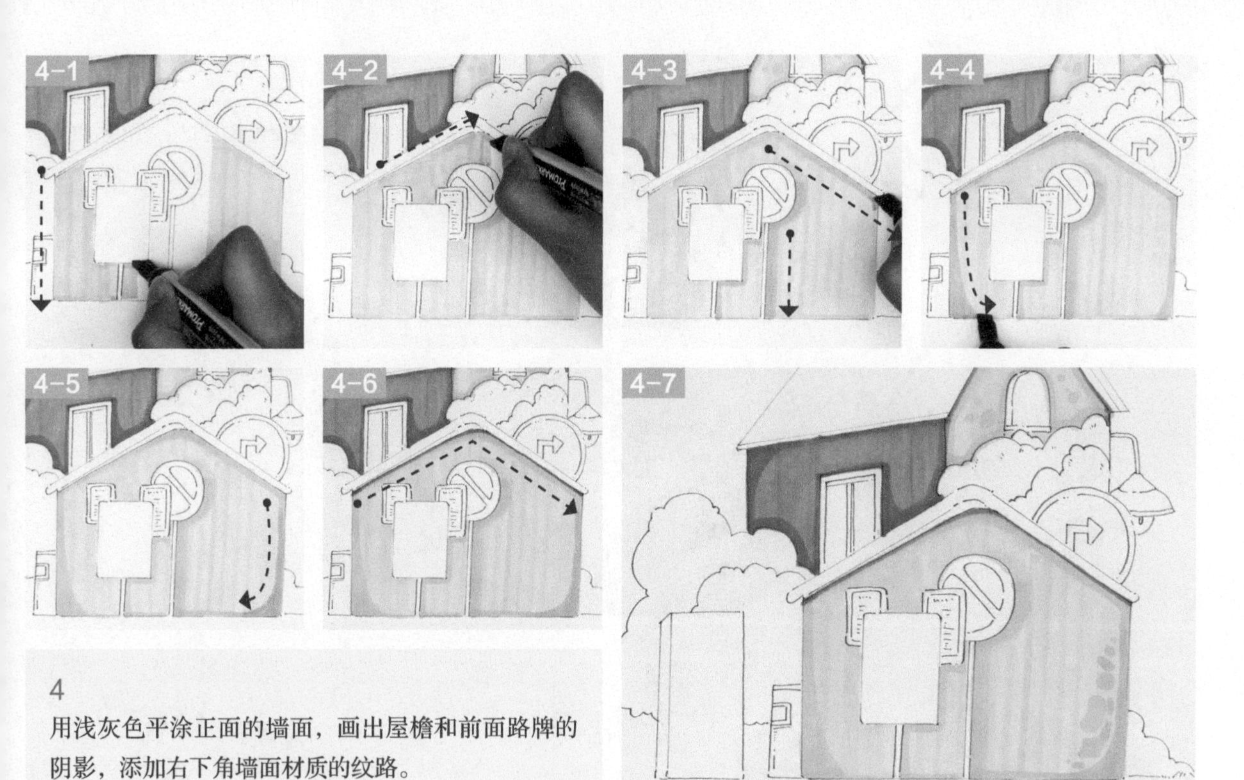

4

用浅灰色平涂正面的墙面，画出屋檐和前面路牌的阴影，添加右下角墙面材质的纹路。

5

用暖灰色画屋顶区域，叠加暗部的颜色，沿着屋檐的方向用短小的笔触来表现草木质感。

6

给屋檐的侧边上色，正面的屋檐用深浅两种不同的颜色来区分不同的朝向，屋檐下暗部用深颜色加深。

7

用绿色画出房屋周围的树丛，用叠加颜色和单层平涂区分树丛的深浅颜色。

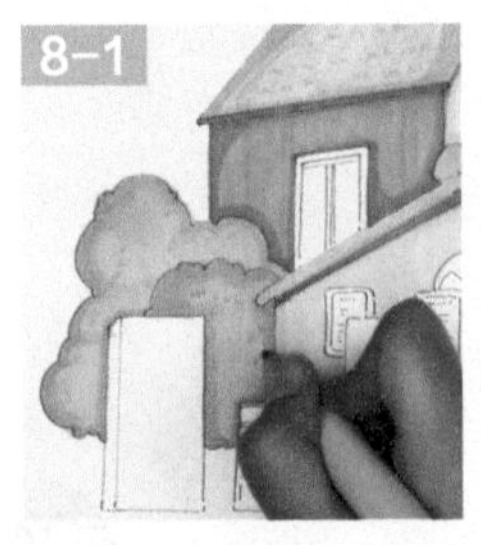

8

用成簇的短线表现树丛的树叶质感，并且勾勒边缘和暗部。再在房屋右侧添加一丛绿色植物。

9

用浅咖啡色画出房屋的烟囱和窗户的底色，再用深咖啡色勾勒边缘和暗部，最后用浅咖啡色斜向用笔，画出窗户玻璃质感的线条。

10

用深咖啡色勾勒烟囱的边缘和弧形的暗部。

11

用深色给路灯灯罩上色，再分别用黄色、红色和蓝色画出灯泡和路牌边框。

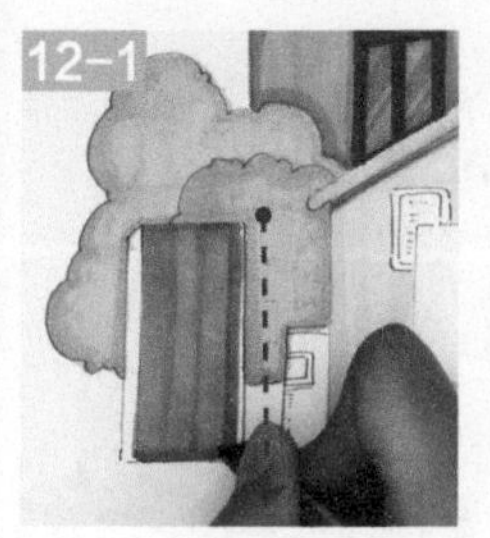

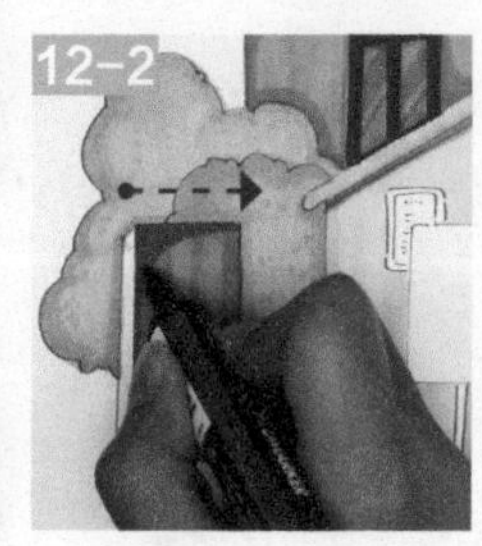

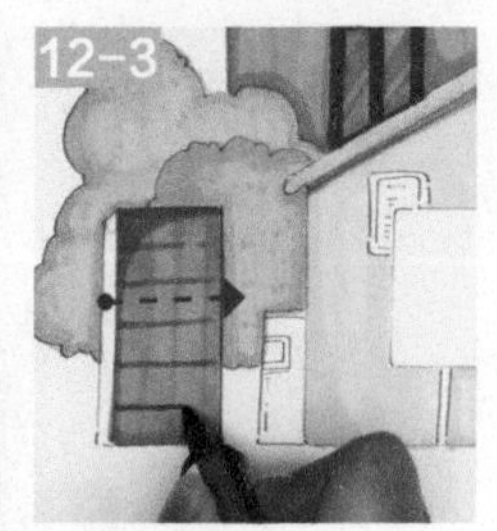

12

画出房屋左侧的配电箱，添加横向的条纹，并用深颜色画出左侧的暗部。

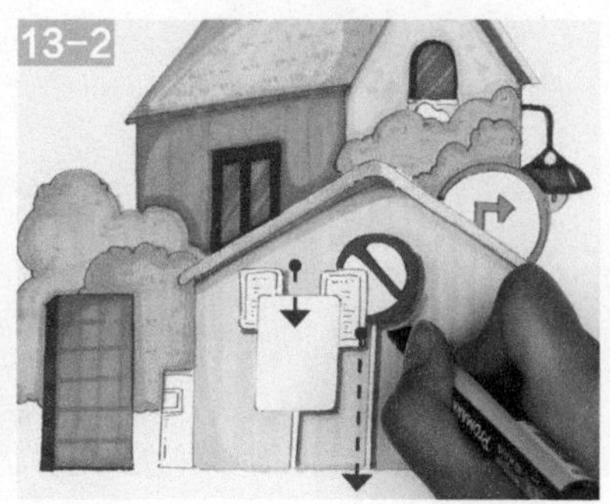

13

用深灰色马克笔的细笔头沿着路牌的形状，勾勒出路牌阴影。

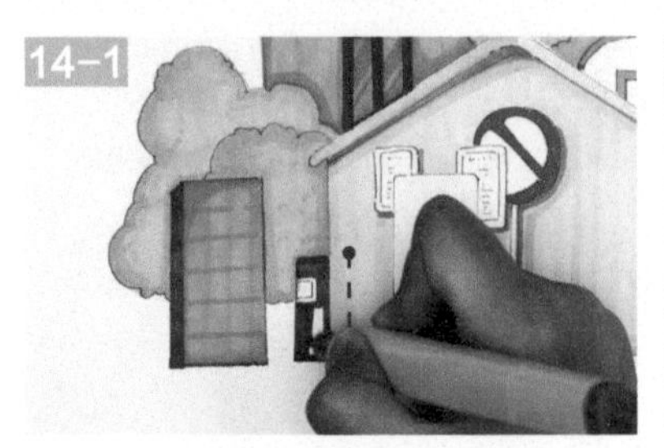

14

给房屋旁边的深绿色邮筒上色，再用同色勾勒路牌的边框，用黄色平涂内部区域。最后用高光笔提亮旁边的配电箱。

小提示

画路牌的阴影时，阴影的颜色越深，边缘越整齐，表现出路牌与墙面的距离越近。反之，阴影颜色越浅，边缘越模糊，甚至没有阴影，则路牌与墙面距离越远。画建筑物时，利用阴影就可以表现距离感。

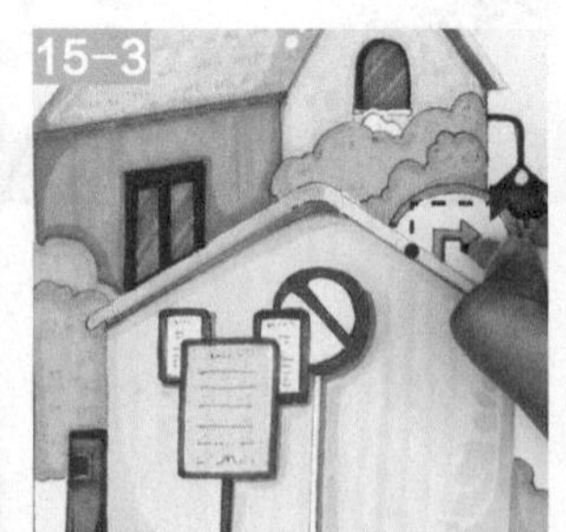

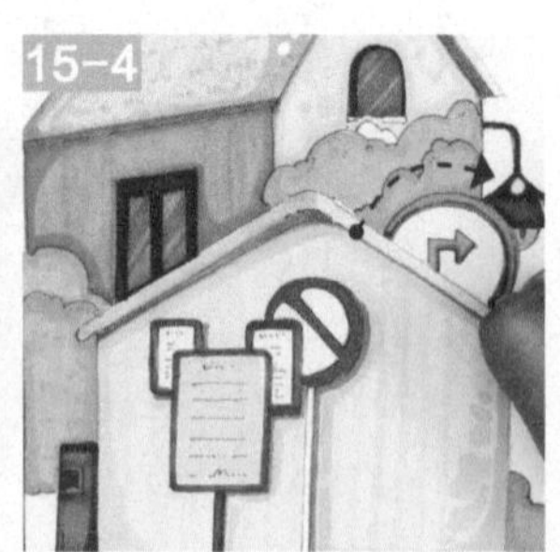

15

继续用深绿色画路牌的立柱和边框，加深邮筒的暗部。再用同色加深蓝色路牌上的箭头和轮廓。完善上面房屋窗户的细节，如窗台和临近的树丛。

16

用浅灰色画正面墙面的暗部和材质纹路。画出树丛的质感和正面红色路牌的暗部。完善各种设施的细节。

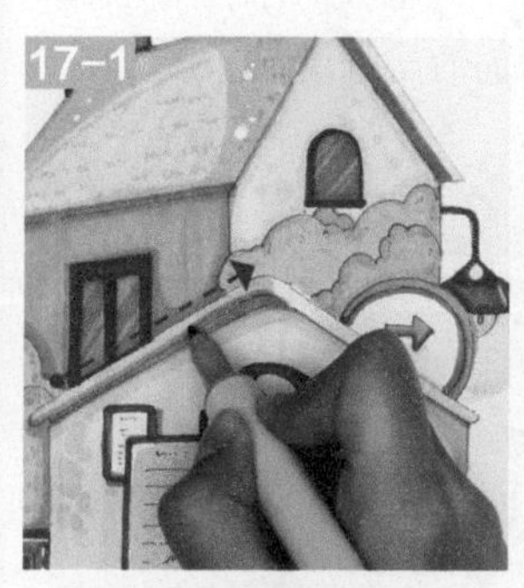

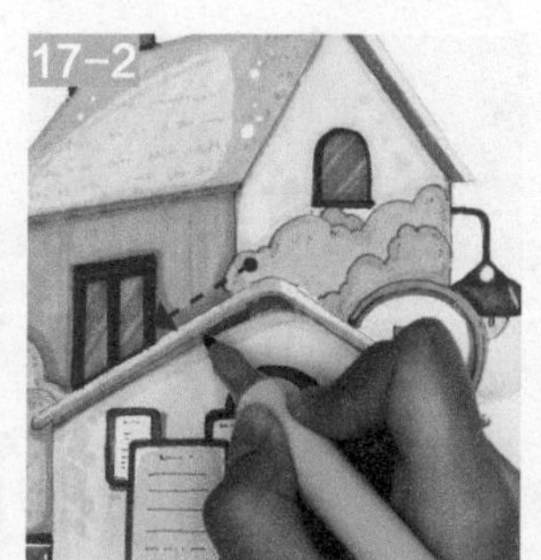

17

加深正视角房屋屋檐下的暗部，用浅灰色画出后面的房屋屋檐下的弧形阴影。用树丛的绿色画出房屋四周的草丛装饰纹，形状像树叶一样，注意要有风吹起的感觉。

05

海边的快餐店

绘画要点

1. 店铺宽度要大于高度，注意高宽比例，确定开窗的方向及遮阳伞的高度，并在墙面的空白地方添加细节，比如添加顶部的探照灯和正面的墙面上的贴纸。

2. 沙滩边的店铺都会为了阻挡烈日装上宽大的遮阳棚，屋外还有巨大的太阳伞。店铺配色整体比较复古，有几十年老建筑的沉稳感，只有在背景和窗户内有零星的鲜艳颜色。

参考配色

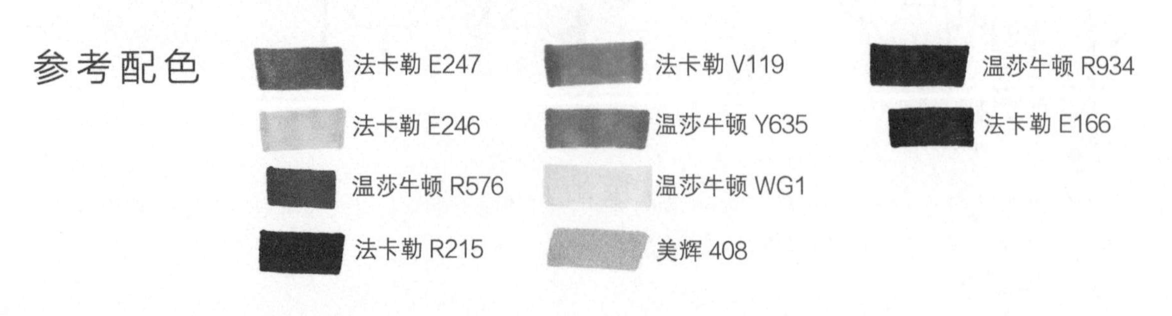

1

先用铅笔画出草稿，再用勾线笔确定轮廓线。房屋大的形体结构可以借助直尺来画，剩下的细小的物品，依次添加。注意物品的前后遮挡关系。

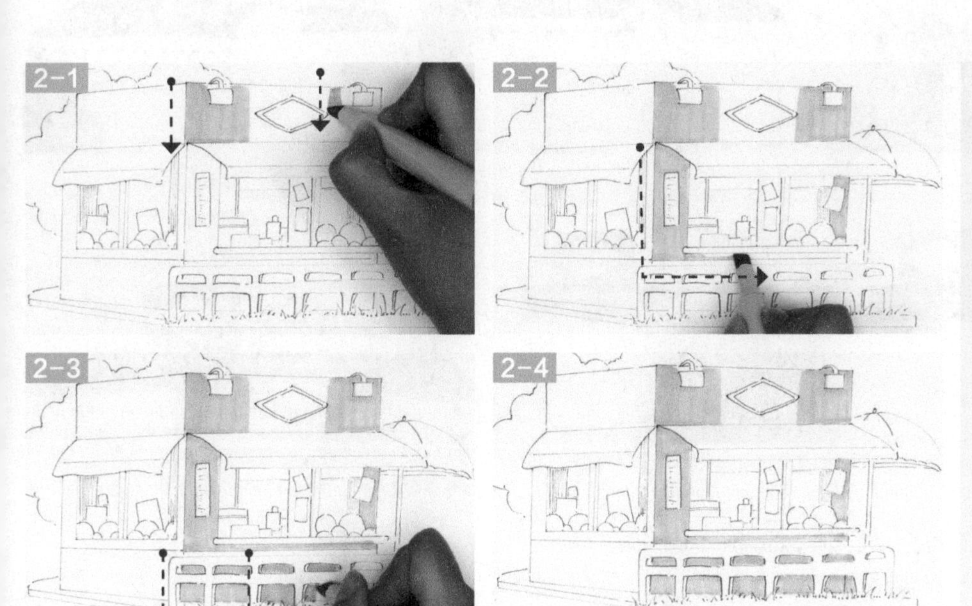

2

用浅咖啡色为店铺的正面上色。这是墙体的主体色，按照不同的区域，分块平涂，保证颜色一致。

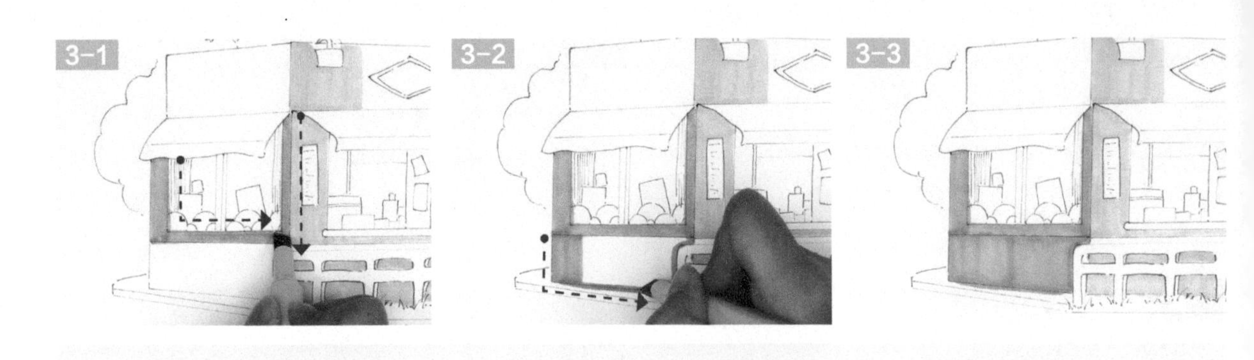

3

用较深的咖啡色为店铺的侧面上色，这边是背光面，会比正面受光面颜色深。

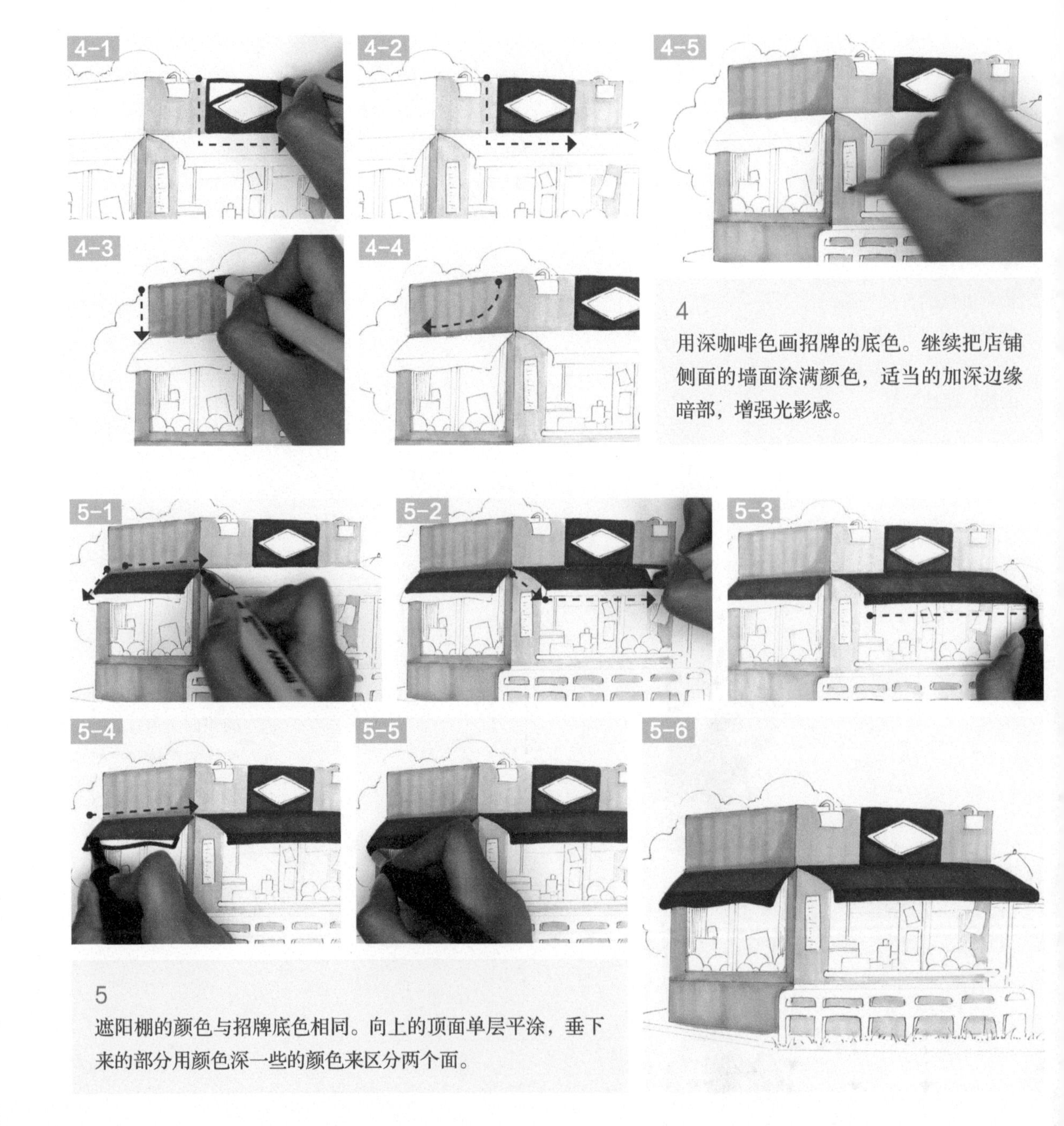

4

用深咖啡色画招牌的底色。继续把店铺侧面的墙面涂满颜色，适当的加深边缘暗部，增强光影感。

5

遮阳棚的颜色与招牌底色相同。向上的顶面单层平涂，垂下来的部分用颜色深一些的颜色来区分两个面。

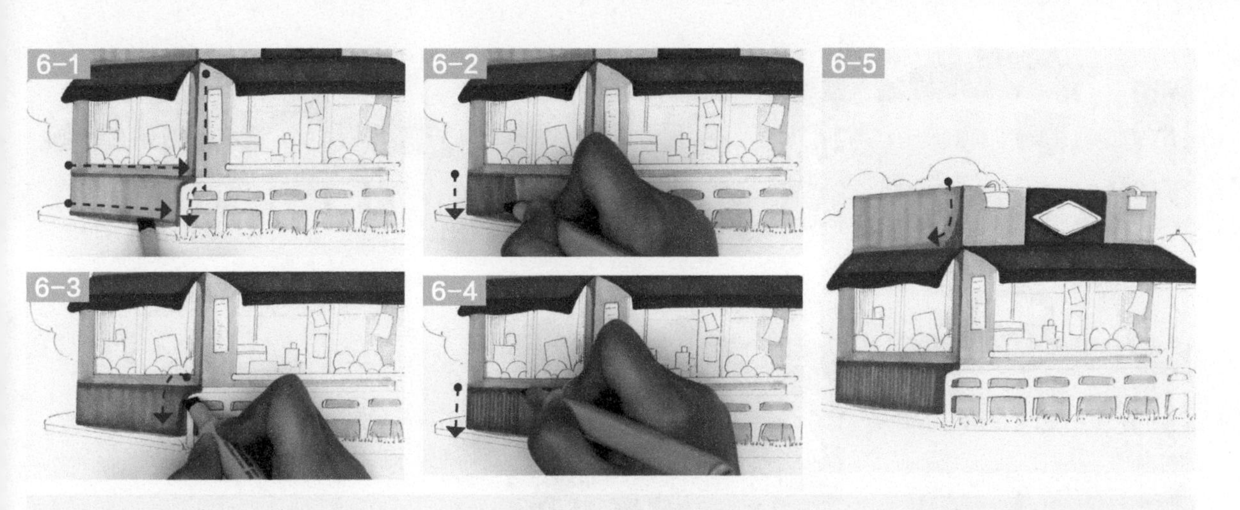

6

用咖啡色加深店铺侧面，如6-2、6-3，用马克笔的宽笔头勾勒边缘后平涂。如6-4，用细笔头画竖线来装饰墙面。并用相同的颜色加深顶部墙面的暗部。

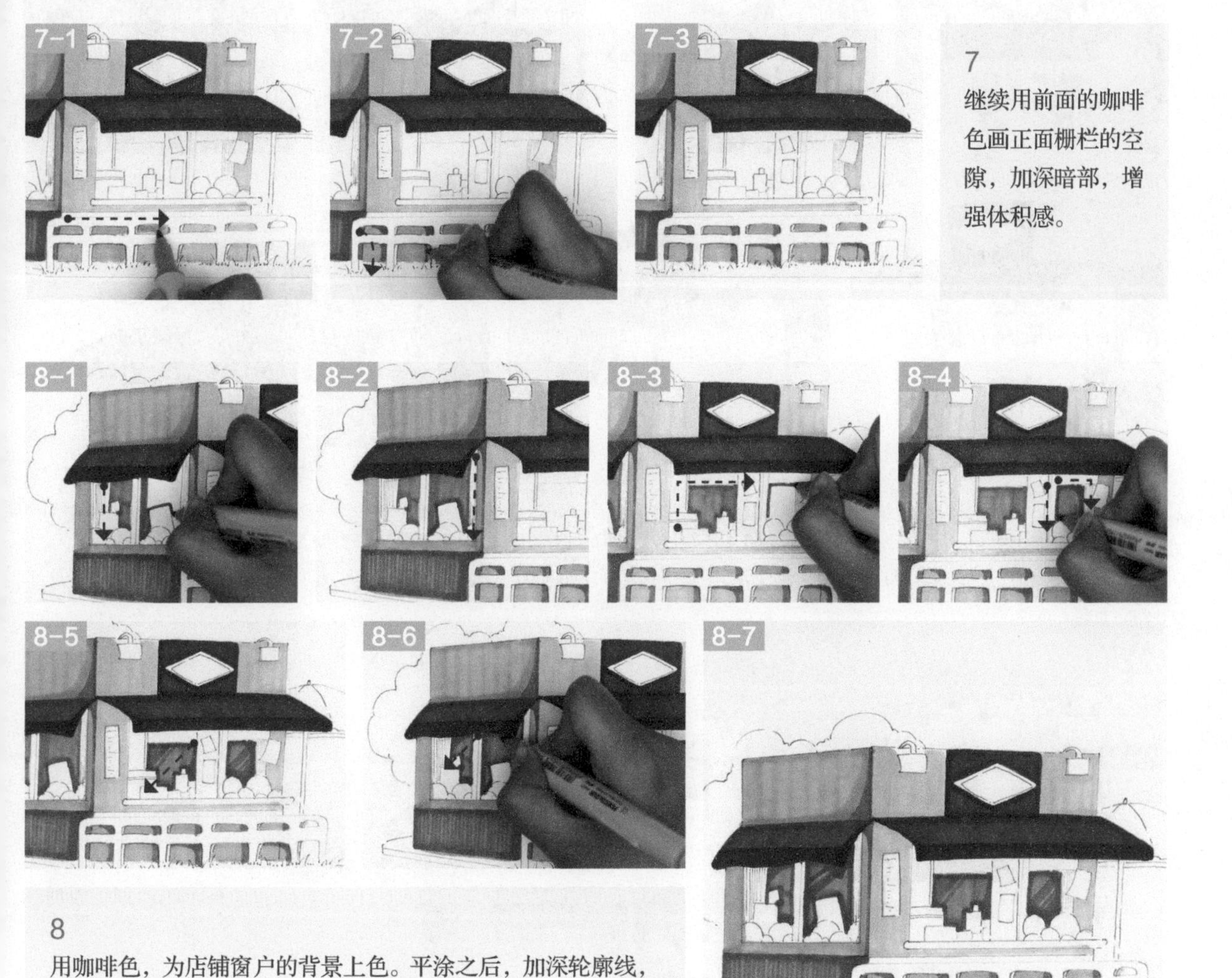

7

继续用前面的咖啡色画正面栅栏的空隙，加深暗部，增强体积感。

8

用咖啡色，为店铺窗户的背景上色。平涂之后，加深轮廓线，增强体积感。画斜向的线条来表现窗户的玻璃质感。

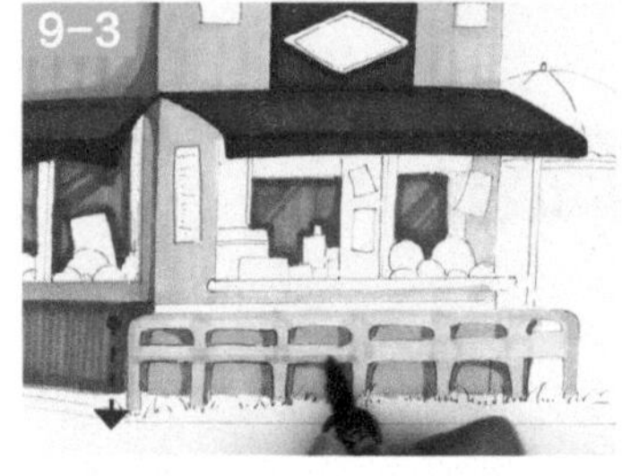

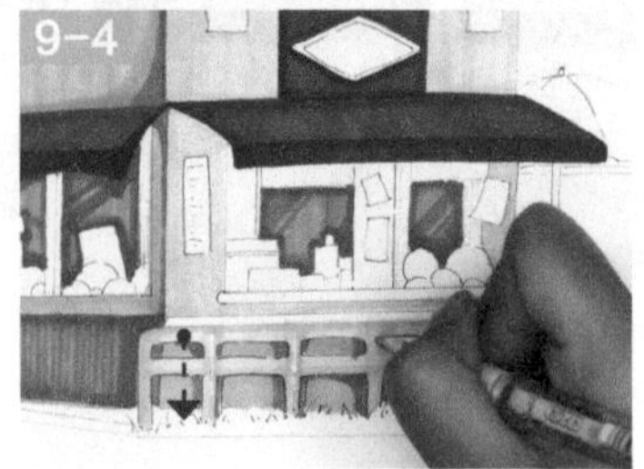

9

用灰色画出正面的栏杆。加深栏杆边缘，增强体积感。用高光笔添加栏杆的高光。

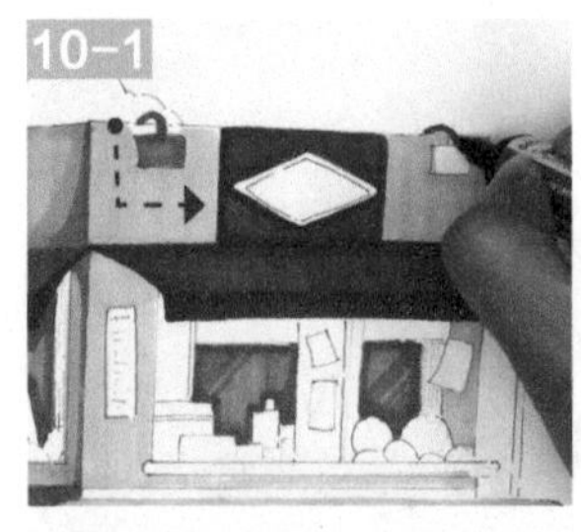

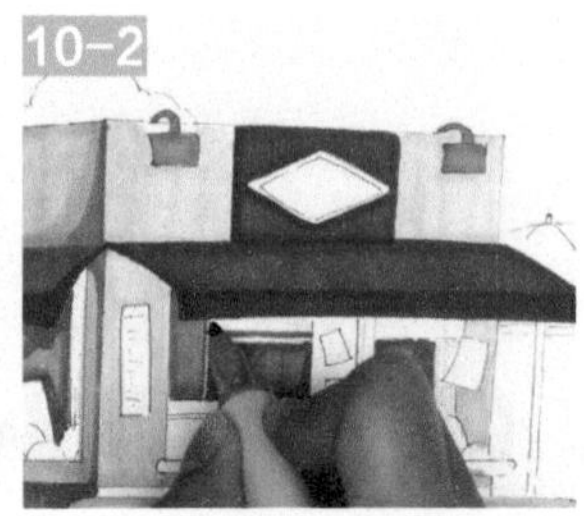

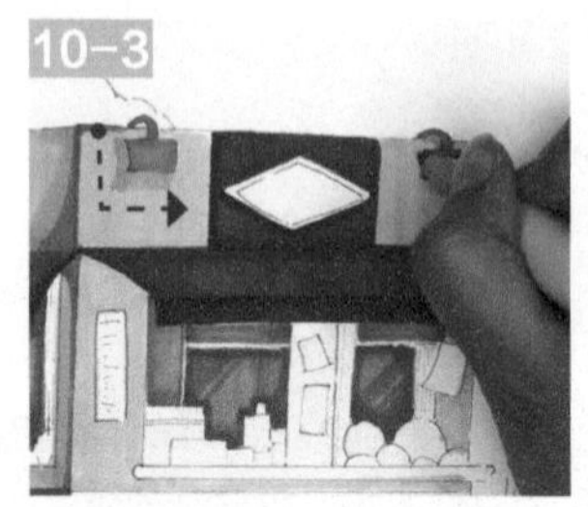

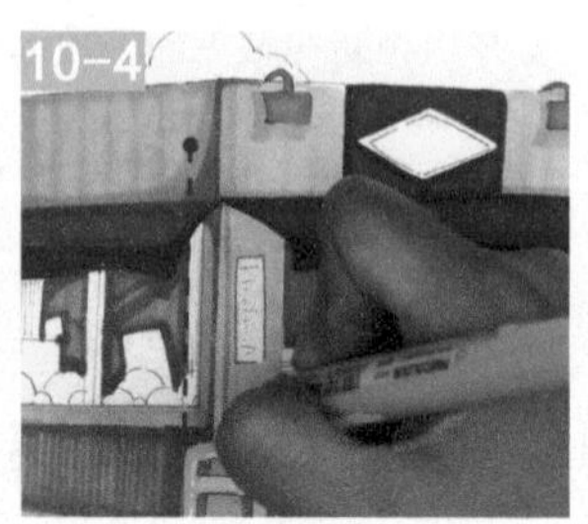

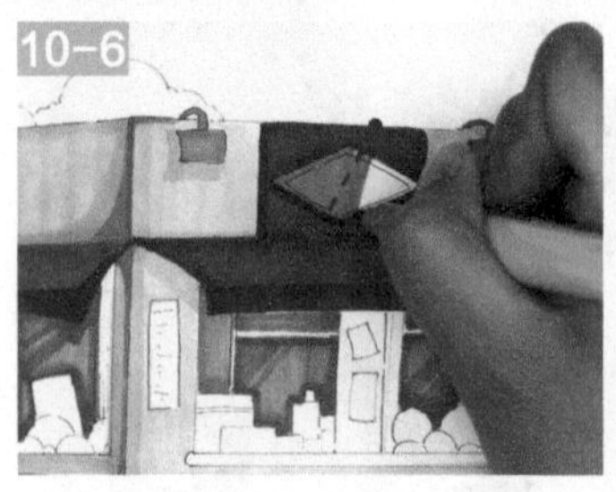

10

用深色给店铺上面的灯上色。如10-2，把剩下的窗户背景颜色涂满。如10-3，用浅色画出灯在墙面上的阴影。加深店铺正面与侧面的交界线，加深遮阳棚在墙面上的阴影，并给招牌上色。

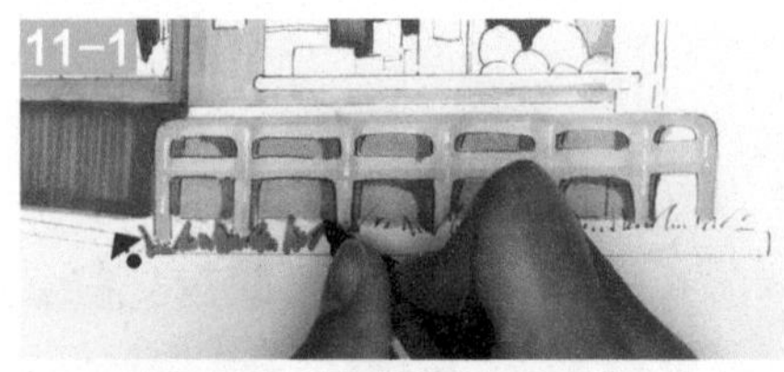

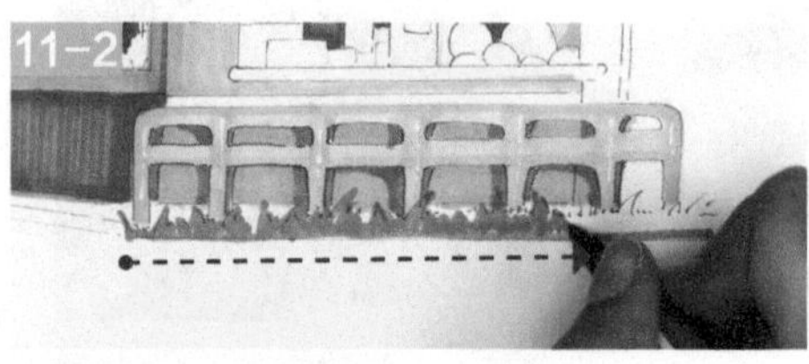

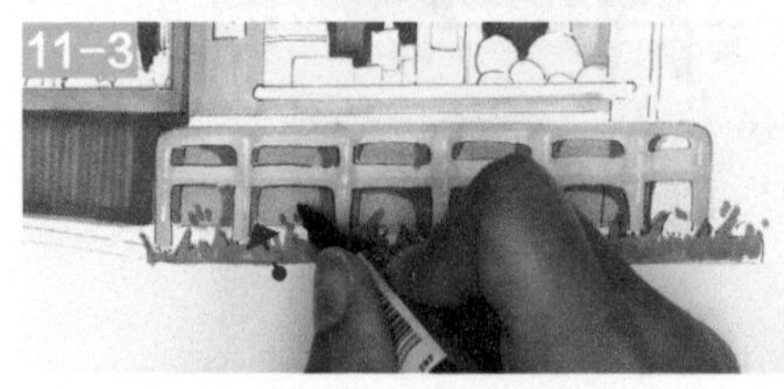

11

用绿色画出栅栏下的草坪，加深底部颜色，同时画出栏杆下的碎草，添加圆形的装饰点。

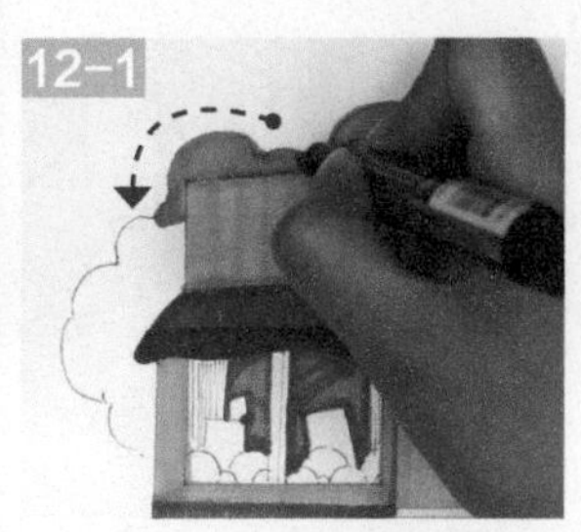

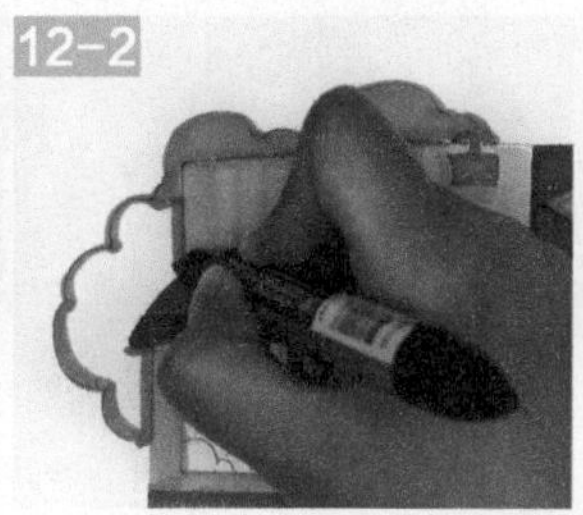

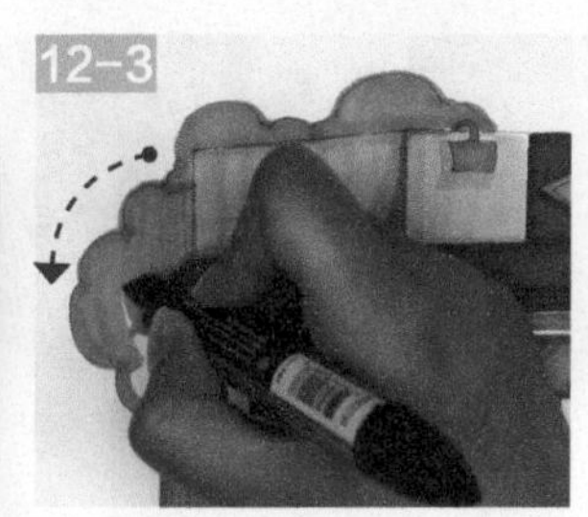

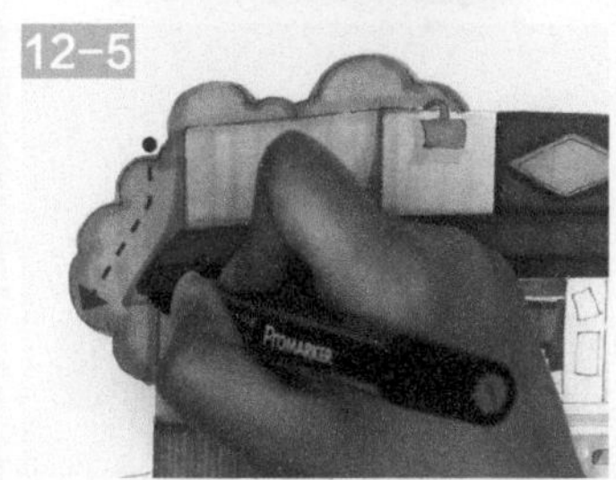

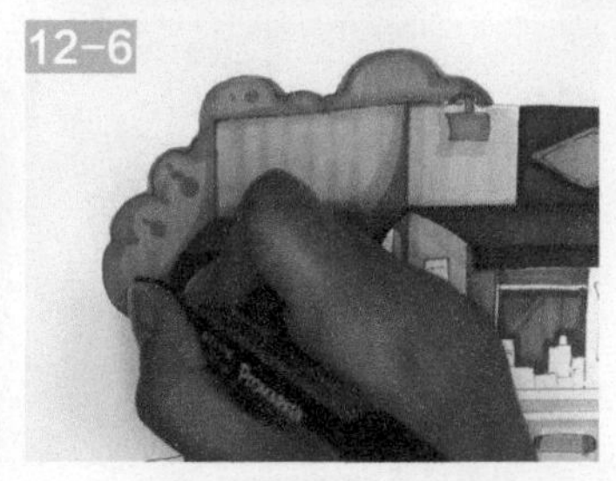

12

用绿色给店铺后面的植物上色。先勾勒轮廓，再平涂上色区域，最后加深轮廓线暗部，画上装饰纹。

13

用鲜艳的红色给植物的周围添加装饰。这样的装饰纹，可以增加植物茂盛的感觉。

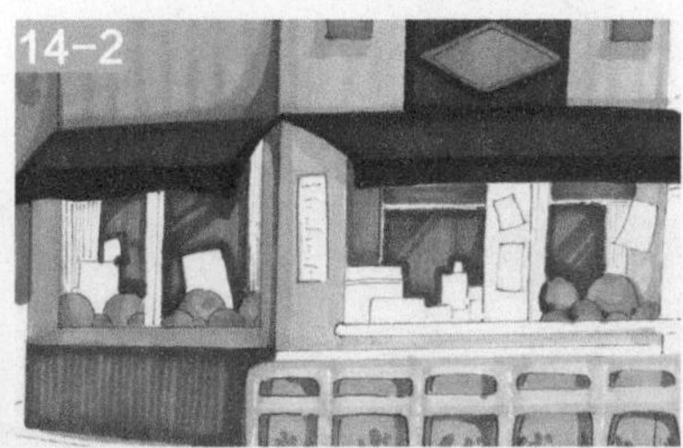

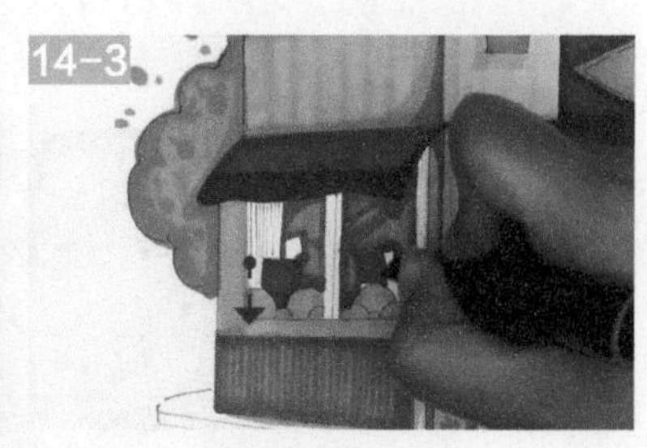

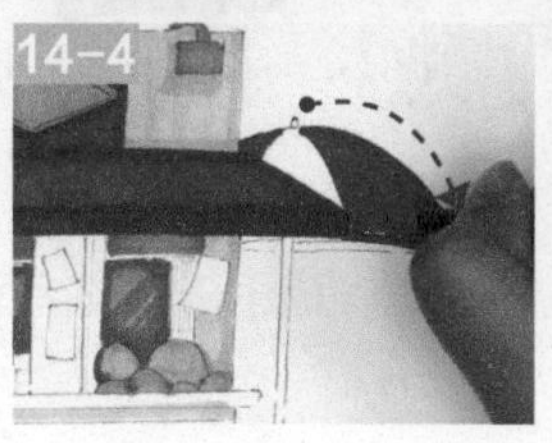

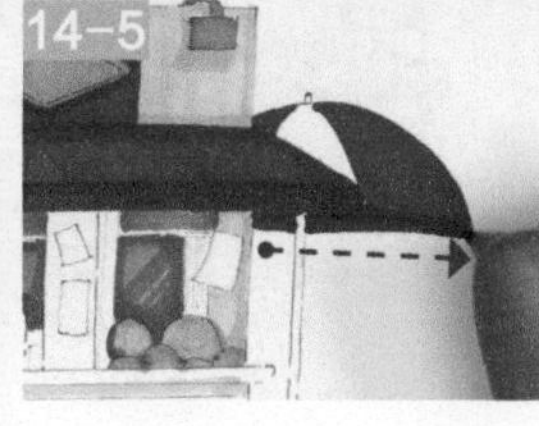

14

用浅紫色给窗台上的圆形摆件上色，并勾勒暗部来增强体积感。再用鲜艳的红色画窗台上物品的细节。旁边的太阳伞也用同样红色上色，底面颜色加深。

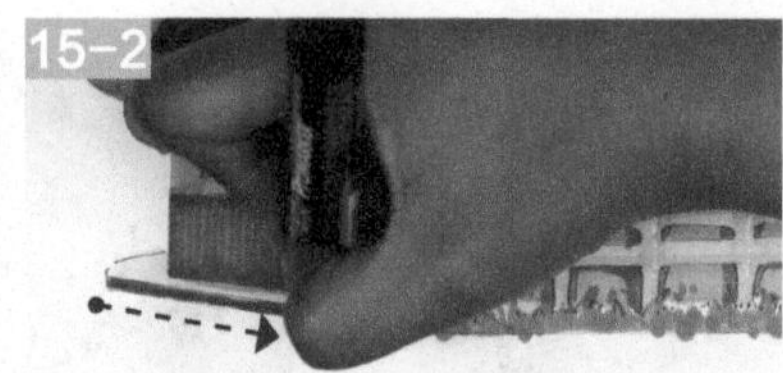

15

用浅灰色和深灰色分别画出侧面地面的台阶。

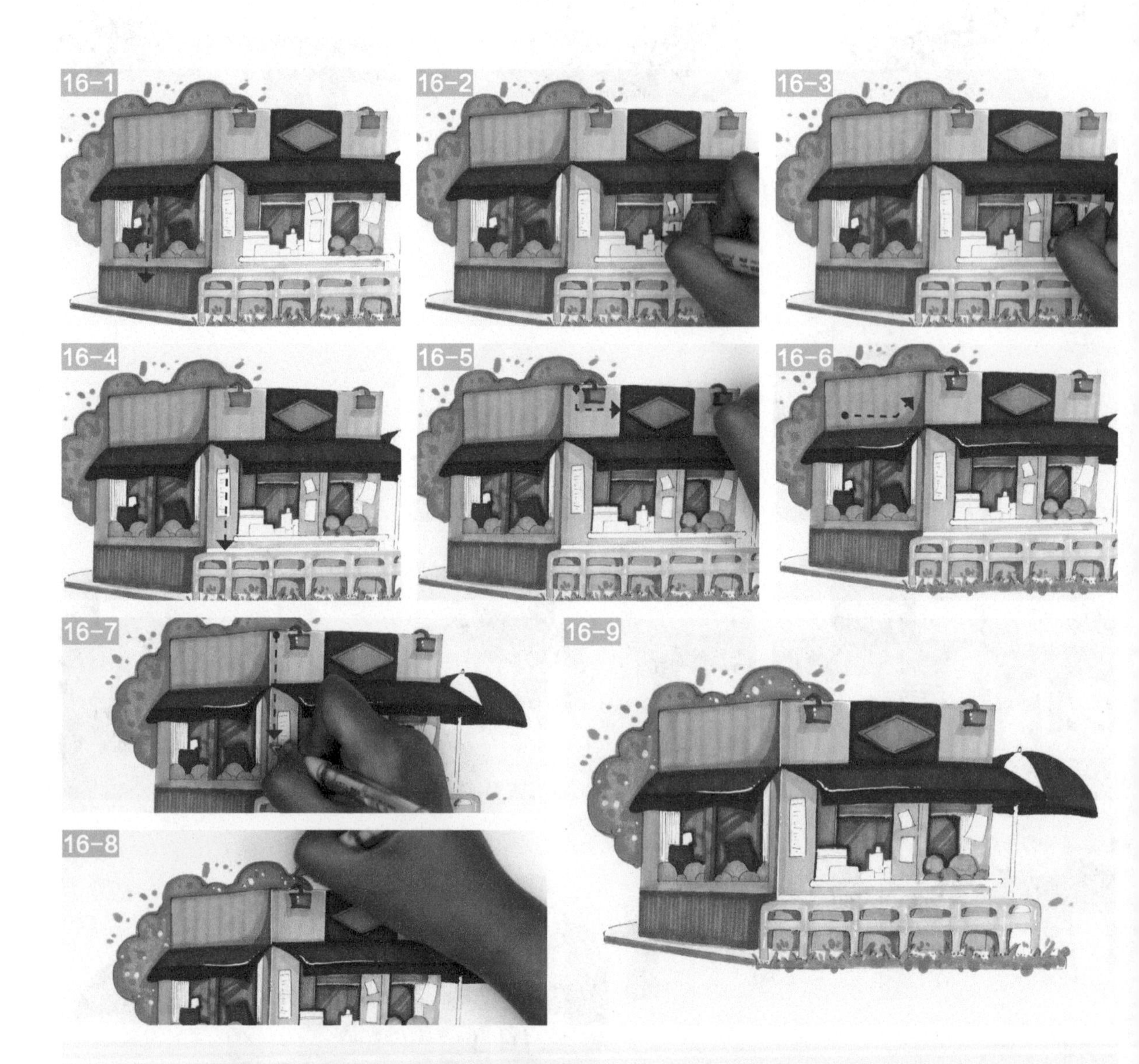

16

画出窗户之间的墙面的颜色。侧面的颜色与窗户背景颜色相同，正面的用墙面的颜色来上色。如16-3、16-4，用深色勾勒窗户的边缘，加深暗部。如16-5，加深灯的暗部。用高光笔依次画出遮阳棚的亮部，店铺正面与侧面的交界线，以及屋后植物的装饰点。

17

继续画出窗户周围的物品的细节。用灰色勾勒出来墙面上的便签条和阳伞的支杆。

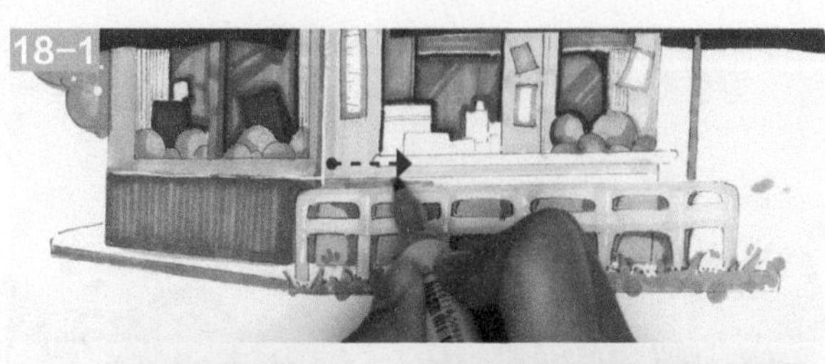

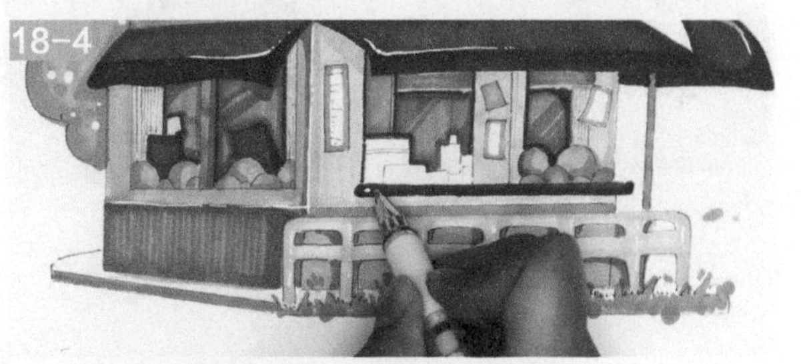

18

画出店铺正面的窗台。先用浅色涂满墙面的区域，再用深咖啡色加深暗部，最后用高光笔画出亮部，窗台的体积感就出来了。

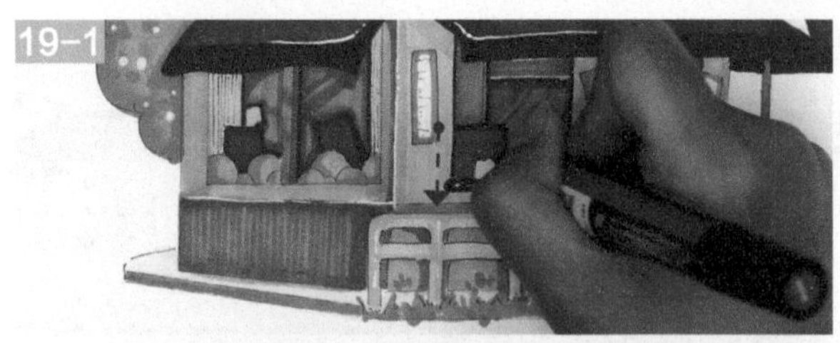

19

再用红色、黄色和绿色画店铺窗台上物品的底色。在颜色和谐的前提下，确保每一个小细节都有颜色。

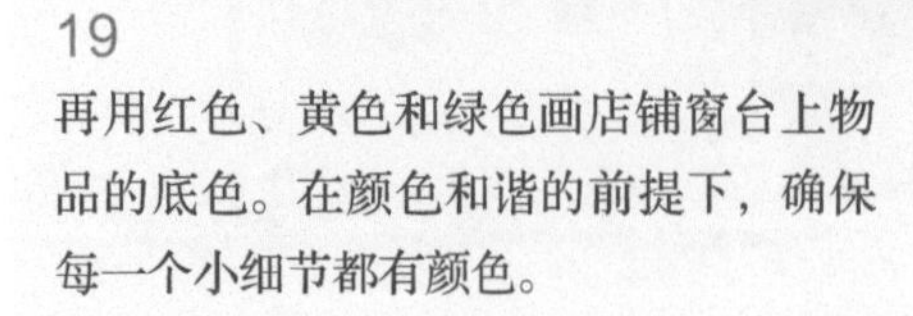

小提示

为了提高画面的丰富性，大面积整块的颜色，需要添加装饰或者加深暗部。如 20-2，就是在加深墙面的暗部，并美化暗部边缘。如 20-3、20-4，给招牌加双线装饰边，背景的花纹更加丰富。

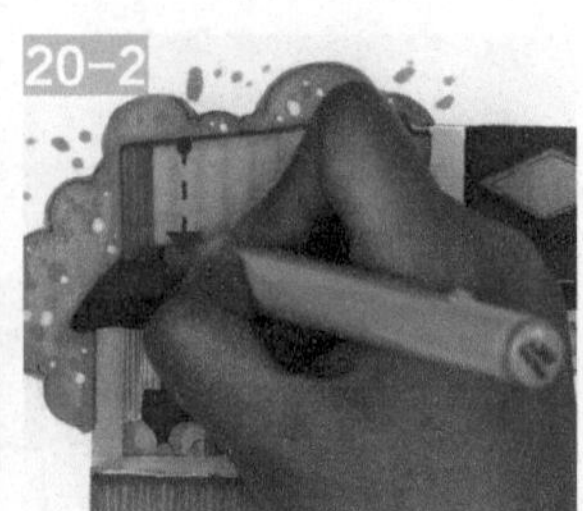

20

继续完善画面中店铺的细节。加深店铺正面窗台的暗部，侧面墙面的左上角。招牌的菱形区域画上起装饰作用的线。再次用鲜艳的颜色添加植物周围的装饰花纹。最后完成作品。